自動控制

劉柄麟、蔡春益　編著
蘇德仁　博士　校閱

全華圖書股份有限公司

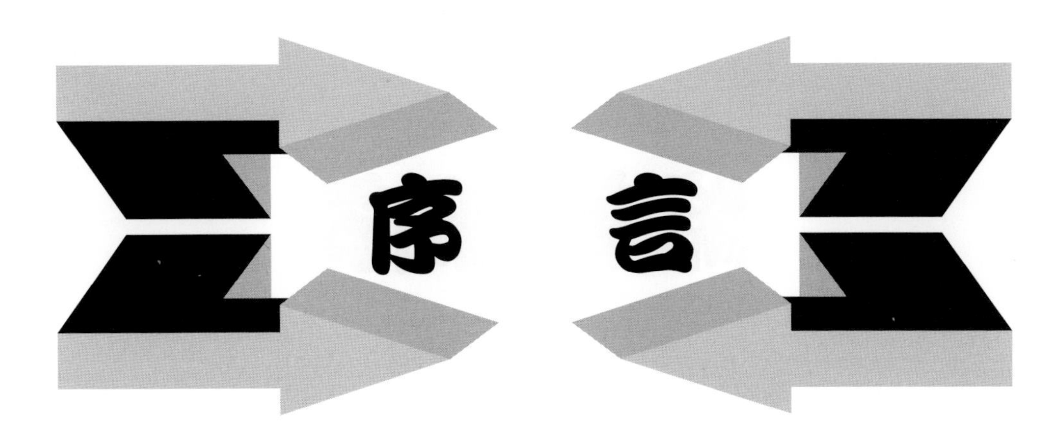

筆者從事科大、技術學院自動控制科目的教學已有多年的經驗，每年都爲了選擇一本適合科大、技術學院學生用的教科書感到頭痛。因爲坊間使用的自動控制書籍不是寫的太深，就是篇幅太多，只適合大學程度者；而且一學期每週授課時間僅三小時情況下，經常一本書只能去頭去尾，無法兼顧教學內容與品質。有鑑於此，乃在全華蔡經理的極力鼓吹下，勉力編寫此書。

本書適合科大、技術學院電機科或相關科系自動控制一學期的上課使用，其內容包括控制系統的概論、數學基礎、控制系統的表示法、物理系統之數學模式、狀態空間分析、控制系統的時域及頻域分析、系統的穩定度與靈敏度及根軌跡分析等。其特色是簡要及淺顯易懂，且加入部份歷屆研究所及高考考題，使有意升學同學了解考題趨勢。

編寫此書對我而言是一項新嘗試，因有劉柄麟主任極力推動及指導，共得蘇德仁教授的指正，特此感謝。本書倉促成書，難免疏漏，尚請前輩先進不吝指正。

「系統編輯」是我們的編輯方針，我們所提供給您的，絕不只是一本書，而是關於這門學問的所有知識，它們由淺入深，循序漸進。

本書一開始介紹自動控制的定義及分類，複習有關自動控制所需的數學工具；接下來介紹控制系統的表示法，諸如轉移函數、狀態圖、方塊、狀態方程式等，物理系統是如何將其數學模式化及了解控制系統的分析－－穩定度、時域、頻域。本書適合科大及技術學院電機科授課之用。

同時，爲了使您能有系統且循序漸進研習相關面的叢書，我們以流程圖方式，列出各有關圖書的閱讀順序，以減少您研習此門學問的摸索時間，並能對這門學問有完整的知識。若您在這方面有任何問題，歡迎來函連繫，我們將竭誠爲您服務。

相關叢書介紹

書號：05924
書名：PLC 原理與應用實務
(附範例光碟)
編著：宓哲民.王文義.
陳文耀.陳文軒

書號：06085
書名：可程式控制器 PLC
(含機電整合實務)
(附範例光碟)
編著：石文傑.林家名.江宗霖

書號：05803
書名：可程式控制器程式設計與實務-FX2N/FX3U(附範例光碟)
編著：陳正義

書號：06466
書名：可程式控制快速進階篇
(含乙級機電整合術科解析)
(附範例光碟)
編著：林 憬

書號：06297
書名：可程式控制器實習與電腦圖形監控(附範例光碟)
編著：楊錫凱.林品憲.
曾仕民.陳冠興

書號：06513
書名：機器人控制原理與實務
(附部分內容光碟)
編著：施慶隆.李文猶

流程圖

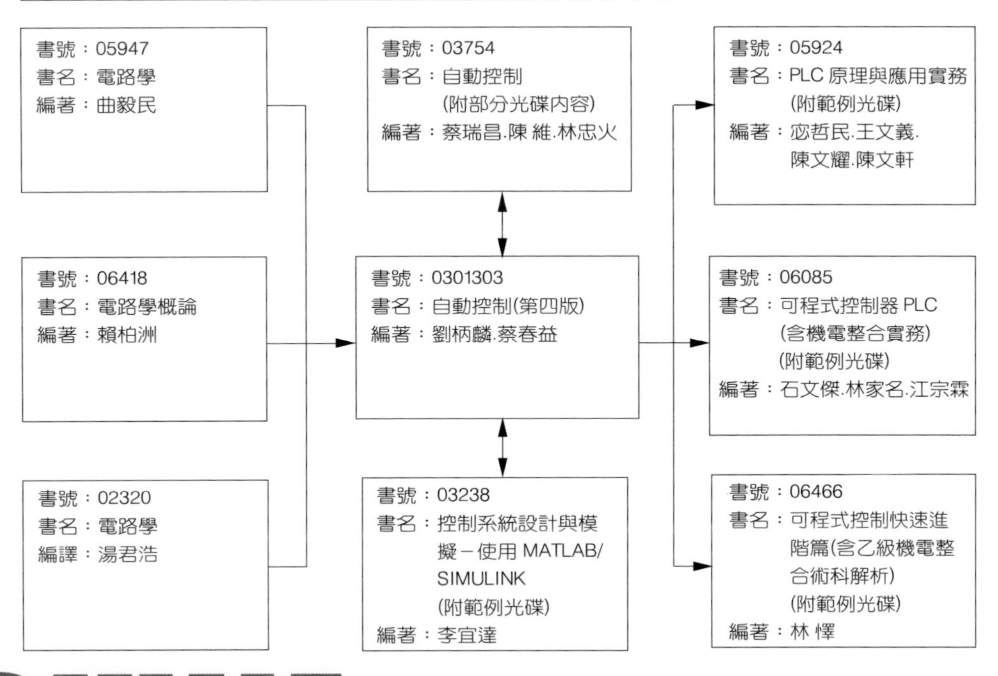

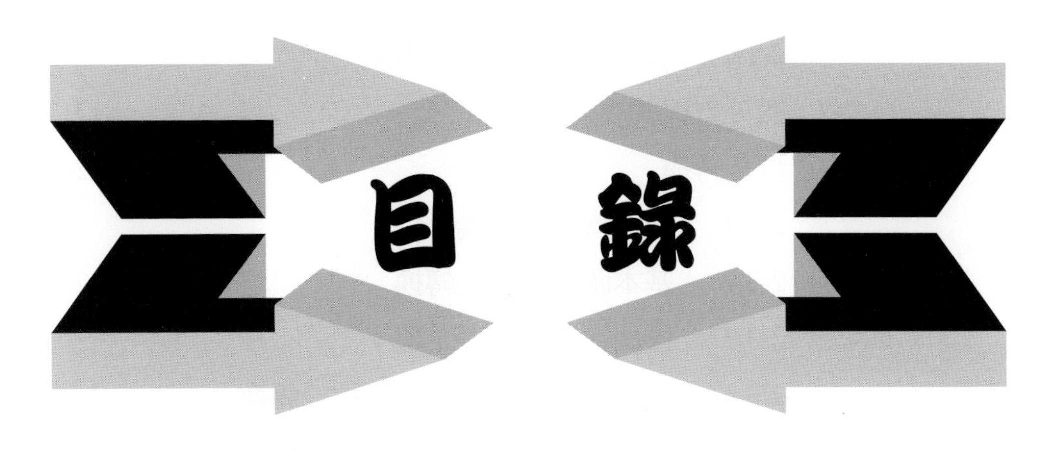
目 錄

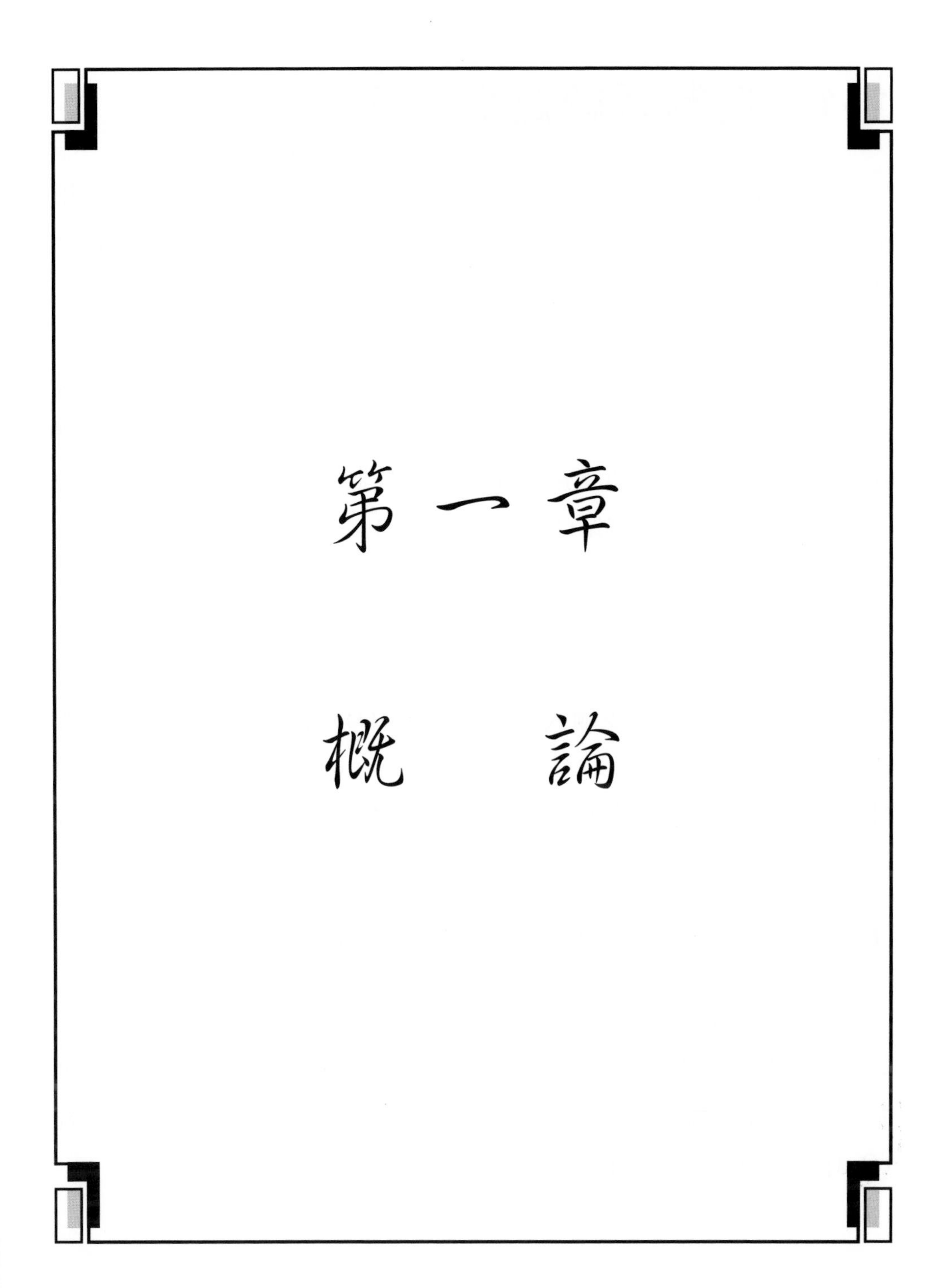

第一章
概　論

1-1　控制系統之發展與展望

控制理論起源於十八世紀詹姆士．瓦特發明了離心調速器，用於蒸汽引擎之轉速控制；至今，各項控制理論更趨完備，而其實際應用於日常生活中、產業上、軍事上等也日趨重要。

在工業上，例如：產業自動化控制、化工程序控制、機器人定位控制、CNC工具機之數值控制等；在軍事上的用途，例如：飛機之導航系統、飛彈之射控系統、雷達偵測系統等；日常生活中的應用更是不勝枚舉，例如：電冰箱的恒溫控制系統、水塔的水位控制系統及最新穎的模糊控制(Fuzzy control)。

控制理論依其發展的時代背景，可分爲古典控制理論與近代控制理論。古典控制理論之核心，在於利用頻域響應法與根軌跡法設計出符合性能要求之穩定系統。但自1960年以後，近代控制理論開始發展，其要能處理多輸入多輸出(MIMO)系統，且能滿足一些較嚴格的控制目的；所以狀態方程式(State equation)的描述方式與矩陣的運算被用於求最佳控制(Optimal control)、適應控制(Adaptive control)等課題。

1-2　控制系統之定義及組成

凡是可經由某一輸入信號的操縱，進而改變輸出信號狀態之系統，均可稱爲控制系統(Control system)。意即一控制系統至少應包括三個部分：輸入信號(Input signal)、受控體(Plant)、輸出信號(Output signal)，如圖1-1所示。

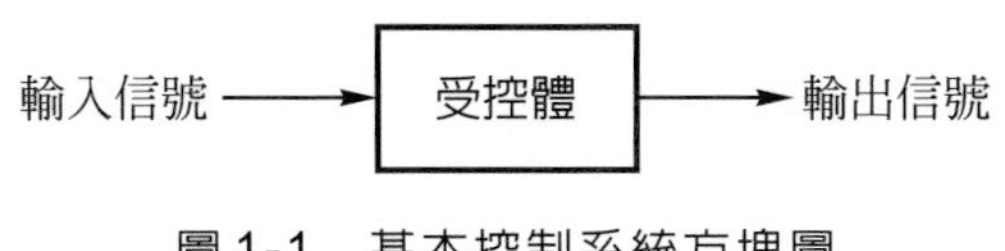

圖 1-1 基本控制系統方塊圖

1-3 控制系統之分類

控制系統的分類方式有很多種方式，我們選擇比較常見的幾種方式說明如下：

1-3.1 開迴路與閉迴路控制系統(Open-loop and closed-loop control system)

一個不含回授元件的控制系統，其輸出信號不會影響系統的輸入信號，稱爲開迴路控制系統(Open-loop control system)。如圖 1-2 所示爲開迴路控制系統之基本構造，包括控制器(Controller)、受控體(Plant)兩部分，輸入信號r加於控制器可得輸出信號u，此信號再被當成受控體的激勵信號加到受控體，以使受控體的輸出信號 c 達到系統所期望的目標。

傳統的洗衣機就是一個開迴路控制系統的例子，我們依照衣物的多寡及衣服骯髒的程度，憑經驗來設定用水量及洗衣的時間，一旦啓動洗衣開關後，不管是否能把衣服洗乾淨，洗衣機都不會自動修正洗衣時間的長短。另一個開迴路控制系統的例子是射箭，當張弓瞄準箭靶將箭射出後，如果隨後吹來的一陣風將箭吹偏，我們也無法修正其方向。

一般而言，一個系統的輸出除了受輸入信號支配外，也會受其它不可預測的雜訊干擾，或者因負載的變動、控制器或受控體本身特性的變化等因素影響而產生誤差；從上述的開迴路系統可看出，其本身並無法藉自動調整輸入信號而修正此項系統的誤差。

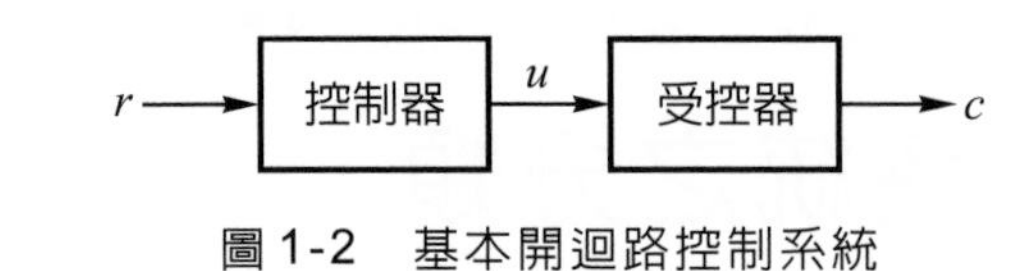

圖 1-2　基本開迴路控制系統

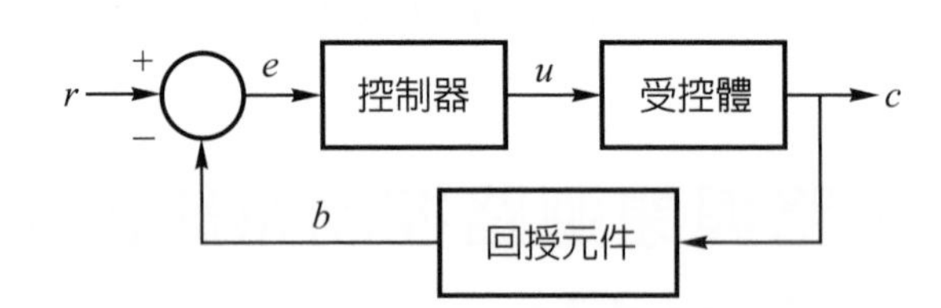

圖 1-3　基本閉迴路控制系統

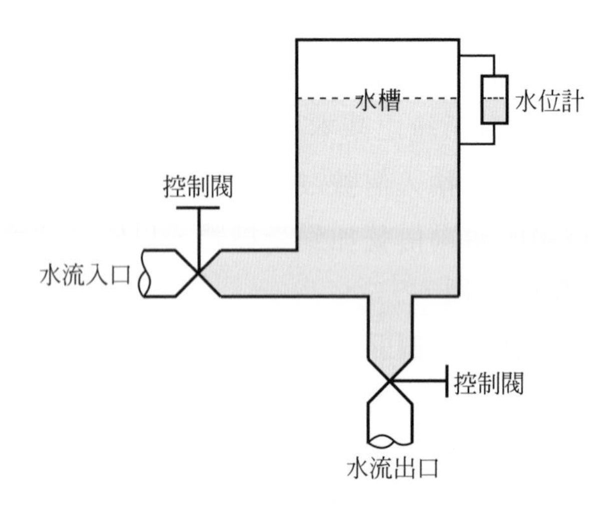

(a) 示意圖

圖 1-4　開迴路水位控制系統

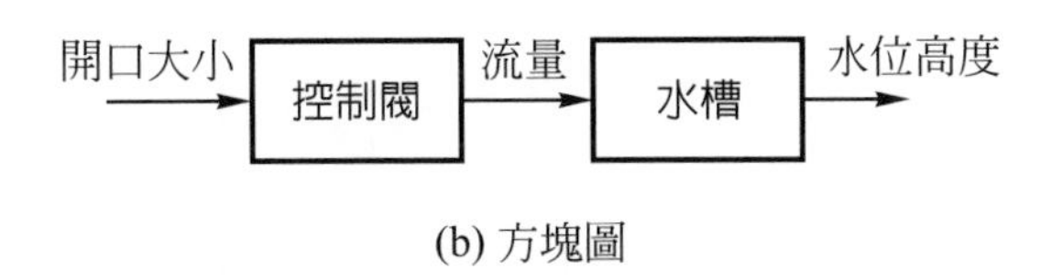

(b) 方塊圖

圖 1-4　開迴路水位控制系統(續)

如圖 1-3 所示，爲了使系統能更準確的控制，於是加入回授元件，讓輸出信號c經由回授元件產生回授信號b，然後再與輸入信號r於比較器做比較而得到誤差信號e，以作爲控制器的修正輸入；整個系統將持續此一回授動作，直到達成原先預期的輸入目標值爲止，此即爲閉迴路控制系統(Closed-loop control system)。

閉迴路控制系統的優點是：由於回授的加入使得系統對外來的雜訊干擾及內部元件參數的變動影響顯得較不敏感，亦即可增進系統控制的準確度。

以下兩種水位控制系統，可說明開迴路與閉迴路的差異。我們知道，水位控制的目的是不管水的流入及流出情況如何，水位都能夠維持一定高度，或至少維持在一定的範圍內。圖 1-4(a)爲開迴路的情況，很顯然的，我們只能藉由入口控制閥的開口大小來控制流量大小，進而控制水位的高低，可以用圖 1-4(b)的方塊圖來表示。

如圖 1-5(a)所示爲一閉迴路自動水位控制系統，當由出口流出的水量比由入口流入者爲多時，浮球會下降，由於槓桿原理會使控制閥的開口增大，以增加水的流量；相反的，當水流入量比流出量多時，浮球會上升，藉由槓桿原理，可使控制閥開口變小，以減少水的流入量；如此可使水槽中的水位，維持在一個固定的範圍，可以用圖 1-5(b)的方塊圖來表示。

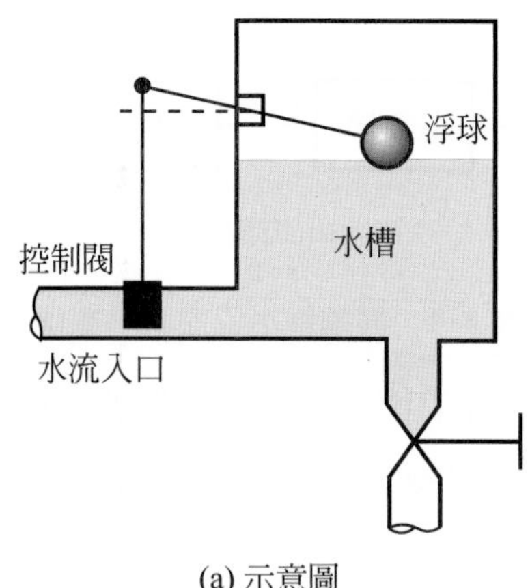

(a) 示意圖

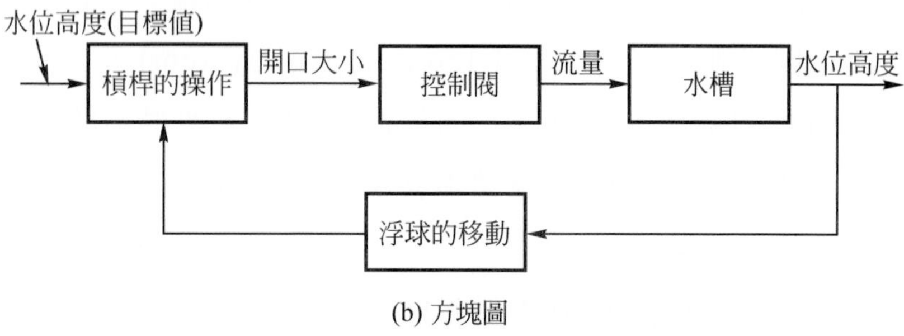

(b) 方塊圖

圖 1-5　閉迴路的水位控制

1-3.2　線性與非線性控制系統(Linear and non-linear control system)

所謂線性系統(Linear system)，是指其輸入與輸出之間成比例關係的系統，且符合疊加定理(Superposition theorem)。反之便是非線性系統(Non-linear system)。嚴格說來，線性系統是不存在的，任何物理系統均有或多或少的非線性，例如：飽和(Saturation)、死帶(Dead zone)、齒隙(Backlash)、遲滯(Hyteresis)等。非線性的存在常會使系統的分析與設計變得複雜不易，所以讓系統儘量於線性區使用，或者把系統線性化是經常使用的簡化方式。

1-3.3　時變與非時變控制系統(Time-varying and time-invariant control system)

當系統在工作時，其內部元件的參數是固定不變的，則稱此系統爲非時變控制系統(Time-invariant control system)；反之，如果參數會隨著使用時間而改變的，則稱爲時變控制系統(Time-varying control system)。事實上，絕大多數的物理系統其參數或多或少都會隨時間變化，例如：包含電阻特性的系統，使用一段時間後會因溫度的升高而使電阻值改變；又如火箭、飛彈等飛行器，會隨著飛行時燃料的消耗而使質量隨之減少。

1-3.4　連續時間控制系統與離散時間控制系統(Continuous-time and Discrete-time control system)

若系統各部份所處理的信號都是時間之連續函數，則稱此系統爲連續時間控制系統(Continuous-time control system)或類比控制系統(Analog control system)；若系統某些部份所處理的信號是脈波或數位碼型式，則稱此系統爲離散時間控制系統(Discrete-time control system)或數位控制系統(Digital control system)。以微處理機爲系統控制器之控制系統即屬於後者。

1-4　控制系統之設計程序

每一個系統所要達成的目標縱有所不同，但是使系統響應更快速、更穩定、更準確的準則應是一致的。基於這些基本準則來設計一個符合理想的系統，通常包含以下程序：

1. 建立模型(Modeling)：對一個實際系統，用一個與其相似且易於探討的近似模型來代替。
2. 數學描述(Mathematical description)：對於建立的模型，可依據適當的物理定律，用數學式來描述系統的輸入、輸出及其內部狀態之關係。
3. 系統分析(Analysis)：對系統進行定量之輸出輸入響應分析，以及定性之穩定度分析，以了解系統之行為，作為設計時之依據。
4. 系統設計(Design)：若系統的性能無法符合需求，可加入適當的控制器或作適當的補償，以達到預期的要求。
5. 系統測試(Testing)：以實際測試來評估系統的性能。

習題一

選擇題

(　)1-1 下列何者非閉迴路控制系統中之回授信號採用負回授之目的？ (A)提高系統靈敏度 (B)減低靈敏度 (C)減低雜訊對系統工作之影響 (D)減低非線性失真。

(　)1-2 閉迴路控制系統中之回授信號採用正回授之目的為 (A)產生振盪 (B)降低消耗功率 (C)增加穩定性 (D)以上皆是。

(　)1-3 控制系統中的比率積分微分控制器(PID Controller)的微分控制器其最大功用在於 (A)增加放大率 (B)降低穩態誤差 (C)增加阻尼 (D)降低雜訊。

(　) 1-4　系統之極點在下列何種情況為不穩定？　(A)均在 S 平面之右半面　(B)均在 S 平面之左半面　(C)均為負實數　(D)均為負實部之共軛複數。

(　) 1-5　下列系統方程式中，何者為時變系統(time-varying system)？
(A)$y(t)=u(t)$　(B)$y(t)=u^2(t)$　(C)$y(t)=tu(t)$
(D)$y(t)=2u(t)+1$。

問答題

1-1　請說明控制系統的定義與組成。

1-2　控制系統的分類方式有哪些？

1-3　開迴路與閉迴路系統如何區分，請畫出方塊圖並加以說明。

1-4　控制系統的設計程序為何？

1-5　請各舉出三個你所知道的開迴路與閉迴路系統實例。

1-6　試繪出家用冷暖氣自動調節系統的概略方塊圖。

參考資料

1. 廖東成編著，動態系統回授控制，曉園，1988，11月。
2. 陸仁傑編譯，自動控制系統，全華，84年1月。
3. 李嘉猷著，自動控制，三民，76年，8月。
4. 楊維楨著，自動控制，三民，76年，2月。
5. 黃燕文編著，自動控制，文京，78年6月。
6. 丘世衡等編著，自動控制，高立，81年2月。
7. 張振添等編著，自動控制，文京，83年1月。

第二章

數學基礎

§ 引言

爲了便於分析與設計一個複雜的控制系統，我們經常以數學方程式來描述此一系統，此即系統的數學模式。在古典控制理論中，通常以微分方程式或轉移函數來描述系統，所以在分析其系統響應及性能時要用到的數學理論有拉氏轉換、複變函數。而近代控制理論則以狀態方程式來描述系統，所以用到的數學理論尚有矩陣理論及線性代數等。本章僅就微分方程式、複變函數、拉氏轉換及矩陣理論幾個主題作簡單介紹，更詳細的資料可參考相關專門書籍。

2-1 複變數的觀念(Complex variable concept)

2-1.1 複變數與複變函數(Complex variable and complex variable function)

一複變數(Complex variable)通常由兩個部分組成：實部σ與虛部ω，可寫成

$$s = \sigma + j\omega \tag{2-1}$$

式中σ與ω均爲實數，而$j = \sqrt{-1}$。任一複變數均可用複數平面(s-平面)上的一點來表示(圖 2-1)，σ就是該點的橫座標，ω就是縱座標。由複變數所組成的函數，稱爲複變函數(Complex variable function)。也包含實部與虛部，而可表示爲

$$G(s) = Re[G(s)] + jIm[G(s)] \tag{2-2}$$

式中$Re[G(s)]$表示$G(s)$的實部，$Im[G(s)]$表示$G(s)$的虛部。$G(s)$亦可用 G-平面上的一點來表示，其橫軸表示$Re[G(s)]$，縱軸表示$Im[G(s)]$。

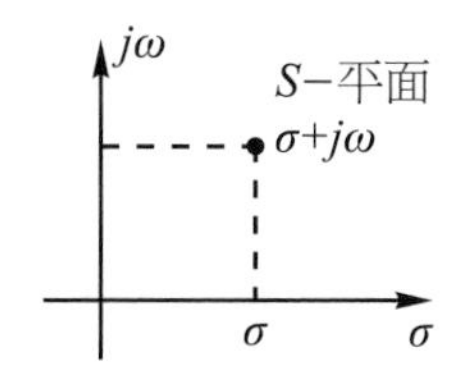

圖 2-1　s-平面上的複數點

2-1.2　解析函數、極點與零點(Analytic function, pole and zero)

如果對每一個s值，僅有一個相對應的函數值$G(s)$，則$G(s)$稱為單值函數(Single-valued function)，如圖 2-2 所示。

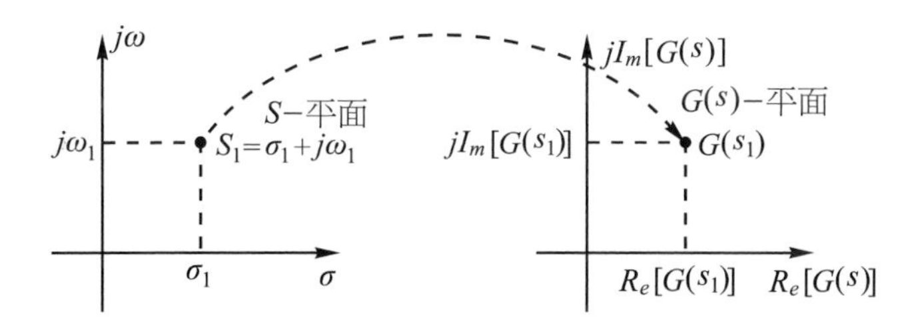

圖 2-2　單值函數對映關係

對於 s-平面上某個區域內的所有點，均使得函數及其所有導數都存在(為有限值)，則稱此函數在此區域內為解析函數(Analytic function)。

例 2-1 函數$G(s)=\dfrac{s+3}{(s+1)(s+2)}$，在 s-平面上除了$s=-1$及$s=-2$兩點外，都是可解析的。

函數$G(s)=s^2+s+1$，在 s-平面上每一點都是可解析的。

在s-平面上使函數$G(s)$和其導數均不存在的點，稱爲函數$G(s)$的奇異點(Singularities)。極點(Pole)就是最常見的一種奇異點，其在古典控制理論中扮演很重要的角色。極點的定義爲：在s-平面上除了s_i點外，函數$G(s)$在s_i點附近都是可解析與單值的，即下列極限

$$\lim_{s \to s_i}(s-s_i)^r G(s) \tag{2-3}$$

是不爲零的有限值，則稱函數$G(s)$在$s=s_i$有 r 階極點。換言之，當函數$G(s)$的分母含有$(s-s_i)^r$項，而使$s=s_i$的函數值爲無窮大時，即稱$s=s_i$有 r 階極點。

零點的定義爲：如果函數$G(s)$在$s=s_i$處是可解析的，即極限

$$\lim_{s \to s_i}(s-s_i)^{-r} G(s) \tag{2-4}$$

是不爲零的有限值，則稱函數$G(s)$在$s=s_i$有階r零點。換言之，當函數$G(s)$的分子含有項$(s-s_i)^r$，而使$s=s_i$的函數值爲零時，即稱$s=s_i$有r階零點。

例 2-2 函數$G(s)=\dfrac{s+3}{s(s+1)(s+2)^2}$在$s=0$及$s=-1$處各有一單階極點，在$s=-2$處有一二階極點，以及$s=-3$處有一單階零點。

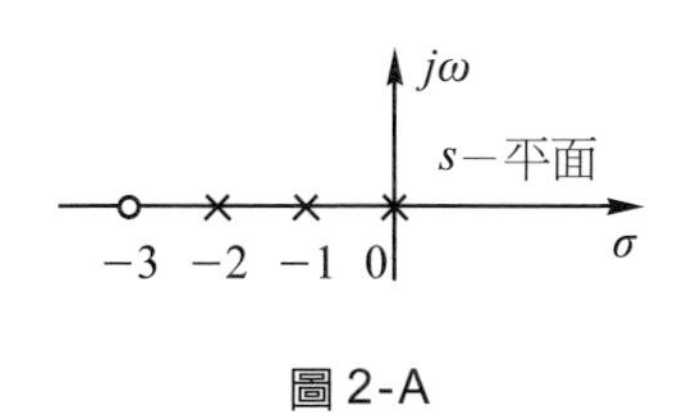

圖 2-A

練習題

1. 求下列函數的極點和零點，並在s－平面上用×標出極點，用∘標出零點。

(a) $G(s)=\dfrac{s^2+4}{s(s+1)^2(s+4)}$

(b) $G(s)=\dfrac{s+1}{(s+2)(s^2+4s+5)}$

答案：(a) 極點：0，－1，－1，－4；零點：$\pm j2$

(b) 極點：－2，－2$\pm j1$；零點：－1

2-2　微分方程式

一個n階線性常微分方程式(Linear ordinary differential equation)可寫成

$$a_n\frac{d^ny(t)}{dt^n}+a_{n-1}\frac{d^{n-1}y(t)}{dt^{n-1}}+\cdots+a_1\frac{dy(t)}{dt}+a_0y(t)=r(t) \qquad (2\text{-}5)$$

其中a_n，a_{n-1}，⋯，a_1，a_0均為常數。通常一個n階系統可以一個n階線性常微分方程式來表示。

例 2-3　如圖 2-3 所示的 RLC 串聯電路可以(2-6)式的二階線性常微分方程式來表示

$$Ri(t)+L\frac{di(t)}{dt}+\frac{1}{C}\int i(t)dt=v(t) \tag{2-6}$$

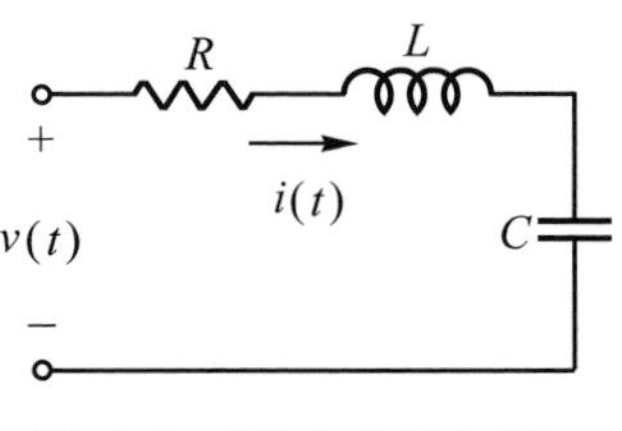

圖 2-3　RLC 串聯電路

線性常微分方程式的解法，可參考相關書籍，或本章後面介紹的拉氏轉換法求解。爲了使同學能溫故知新，特以一簡單的例子做說明。

例 2-4　解$\frac{d^2y(t)}{dt^2}+3\frac{dy(t)}{dt}+2y(t)=u_s(t)$，$u_s(t)$：單位步階函數。

特徵方程式

$\lambda^2+3\lambda+2=0$

其解爲

$\lambda_1=-1$，$\lambda_2=-2$

所以齊次方程式的解爲

$y_h=c_1e^{-t}+c_2e^{-2t}$

以未定係數法求特解，可令

$y_p=Au_s(t)$

代入原式得

$2Au_s(t)=u_s(t)$

所以$A=\frac{1}{2}$，即

$y_p=\frac{1}{2}u_s(t)$

故原方程式的解為

$$y = y_h + y_p = c_1 e^{-t} + c_2 e^{-2t} + \frac{1}{2} u_s(t)$$

練習題

1. 下列何者不可能是微分方程式$y'''(t)-6y''(t)+11y'(t)-6y(t)=0$之解？　(A)$e^{2t}$　(B)e^{3t}　(C)e^{-t}　(D)e^{t}。

答案：(C)

2-3　拉氏轉換(Laplace transform)

一個線性常微分方程式如果以時間領域(Time-domain)的方式求解，一般都較不易；若經由拉氏轉換，將其轉換為s領域(s-domain)，則可簡化其數學運算方式。而且，一個系統的暫態響應(Transient response)與穩態響應(Steady-state response)可一次求得。

2-3.1　拉氏轉換的定義

已知一函數$f(t)$及某一有限實數σ，且$f(t)$滿足下列條件：

$$\int_0^\infty |f(t)e^{-\sigma t}|dt < \infty \tag{2-7}$$

則$f(t)$之拉式轉換定義為

$$F(s) = \mathcal{L}[f(t)] = \int_0^\infty f(t)e^{-st}dt \tag{2-8}$$

其中$F(s)$為複變數s之函數。

由$F(s)$求$f(t)$之運算即為反拉氏轉換，可表示為

$$f(t) = \mathcal{L}^{-1}[F(s)] \tag{2-9}$$

反拉氏轉換可由下列複數積分式求得

$$f(t)=\frac{1}{2\pi j}\int_{c-j\infty}^{c+j\infty}F(s)e^{st}ds \tag{2-10}$$

式中c爲實常數，它比$F(s)$所有奇異點的實數部份要大。事實上，要解上式的線積分並非易事，大多數人都是先知道一些簡單的基本函數的拉氏轉換，再配合拉氏轉換的定理來求解。

2-3.2　基本函數之拉式轉換

有一些比較簡單的函數，當我們在求其拉氏轉換時，並不需要每次都以(2-8)式的積分方式來求解。通常我們都把這些基本函數當作已知，用到時直接寫出答案來，這些函數及其拉氏轉換如表 2-1 所示。

表 2-1　基本函數的拉氏轉換

$f(t)$	$\mathcal{L}[f(t)]$	$f(t)$	$\mathcal{L}[f(t)]$
1	$\frac{1}{s}$	e^{at}	$\frac{1}{s-a}$
t	$\frac{1}{s^2}$	$\cos at$	$\frac{s}{s^2+a^2}$
t^2	$\frac{2!}{s^3}$	$\sin at$	$\frac{a}{s^2+a^2}$
t^3	$\frac{3!}{s^4}$	$\cosh at$	$\frac{s}{s^2-a^2}$
t^n	$\frac{n!}{s^{n+1}}$	$\sinh at$	$\frac{a}{s^2-a^2}$

註 1：$\cosh at=\frac{e^{at}+e^{-at}}{2}$，$\sinh at=\frac{e^{at}-e^{-at}}{2}$

註 2：$\delta(t)$稱爲單位脈衝函數(unit impulse function)，其拉氏轉換爲$\mathcal{L}[\delta(t)]=1$。

例 1：$\mathcal{L}[t^{10}]=\frac{10!}{s^{11}}$

例 2：$\mathcal{L}^{-1}\left[\frac{1}{s^{20}}\right]=\mathcal{L}^{-1}\left[\frac{1}{19!}\ \frac{19!}{s^{20}}\right]=\frac{1}{19!}t^{19}$

例 3：$\mathcal{L}[e^{-2t}]=\frac{1}{s+2}$

例 4：$\mathcal{L}^{-1}\left[\frac{1}{s-3}\right]=e^{3t}$

例 5：$\mathcal{L}[\cos 2t]=\frac{s}{s^2+4}$

例 6：$\mathcal{L}^{-1}\left[\frac{2}{s^2+3}\right]=\mathcal{L}^{-1}\left[\frac{2}{\sqrt{3}}\cdot\frac{\sqrt{3}}{s^2+(\sqrt{3})^2}\right]=\frac{2}{\sqrt{3}}\sin\sqrt{3}t$

2-3.3 拉氏轉換的重要定理

求解拉氏轉換或反拉氏轉換，經常要用到一些重要的定理，條列如下，此處不加以證明，需要者可查閱相關書籍。

1. 線性定理：

$$\mathcal{L}[k_1 f_1(t)+k_2 f_2(t)]=k_1F_1(s)+k_2F_2(s)$$

$$\text{或}\mathcal{L}^{-1}[k_1 F_1(s)+k_2 F_2(s)]=k_1f_1(t)+k_2f_2(t) \tag{2-11}$$

其中k_1，k_2為常數

例 1：求$f(t)=2e^{-2t}+3\cos 2t$之拉氏轉換

解：$\mathcal{L}[f(t)]=2\mathcal{L}[e^{-2t}]+3\mathcal{L}[\cos 2t]$

$$=2\cdot\frac{1}{s+2}+3\cdot\frac{s}{s^2+2^2}$$

$$=\frac{2}{s+2}+\frac{3s}{s^2+4}$$

例 2：求$F(s)=\frac{s+2}{s^4+4}$之反拉氏轉換

解：$\mathcal{L}^{-1}[F(s)]=\mathcal{L}^{-1}\left[\frac{s+2}{s^2+2^2}\right]=\mathcal{L}^{-1}\left[\frac{s}{s^2+2^2}\right]+\mathcal{L}^{-1}\left[\frac{2}{s^2+2^2}\right]$

$$=\cos 2t+\sin 2t$$

2. 微分定理：

$$\mathcal{L}[f'(t)] = sF(s) - f(0) \tag{2-12a}$$

$$\mathcal{L}[f''(t)] = s^2F(s) - sf(0) - f'(0) \tag{2-12b}$$

$$\mathcal{L}[f^{(n)}(t)] = s^nF(s) - s^{n-1}f(0) - s^{n-2}f'(0)\cdots - f^{(n-1)}(0) \tag{2-12c}$$

例 1：求$\mathcal{L}[\sin^2 t]=$？

解 1：$\sin^2 t=\dfrac{1-\cos 2t}{2}$

$$\mathcal{L}[\sin^2 t]=\mathcal{L}\left[\frac{1-\cos 2t}{2}\right]=\frac{1}{2}\left\{\frac{1}{s}-\frac{s}{s^2+4}\right\}=\frac{1}{2}\,\frac{4}{s(s^2+4)}$$

$$=\frac{2}{s(s^2+4)}$$

解 2：令$f(t)=\sin^2 t$

$$f'(t)=2\sin t\cdot\cos t=\sin 2t$$

取拉氏轉換

$sF(s)-f(0)=\dfrac{2}{s^2+4}$代入$f(0)=0$，可得$F(s)=\dfrac{2}{s(s^2+4)}$

例 2：解微分方程式$\dfrac{d^2y(t)}{dt^2}+3\dfrac{dy(t)}{dt}+2y(t)=u_s(t)$

其中$u_s(t)$爲單位步階函數，初始條件爲$y(0)=1$，$\dot{y}(0)=-1$。

解：對原式取拉氏轉換

$$s^2Y(s)-sy(0)-\dot{y}(0)+3[sY(s)-y(0)]+2Y(s)=\frac{1}{s}$$

代入初始條件

$$s^2Y(s)-s+1+3[sY(s)-1]+2Y(s)=\frac{1}{s}$$

整理得

$$(s^2+3s+2)Y(s)=\frac{1}{s}+s+2=\frac{s^2+2s+1}{s}$$

$$Y(s)=\frac{(s+1)^2}{s(s+1)(s+2)}=\frac{s+1}{s(s+2)}=\frac{1}{2}\cdot\frac{1}{s}+\frac{1}{2}\cdot\frac{1}{s+2}$$

取反拉氏轉換，可求得

$$y(t)=\frac{1}{2}+\frac{1}{2}e^{-2t}\text{，}t\geq 0$$

3.　積分定理：

$$\mathcal{L}\left[\int_0^t f(\tau)d\tau\right]=\frac{1}{s}F(s)$$

$$\text{或}\mathcal{L}^{-1}\left[\frac{1}{s}F(s)\right]=\int_0^t f(\tau)d\tau \tag{2-13a}$$

$$\mathcal{L}\left[\int_0^t\int_0^{t_{n-1}}\cdots\int_0^{t_2}\int_0^{t_1} f(\tau)d\tau dt_1 dt_2\cdots dt_{n-1}\right]=\frac{1}{s^n}F(s) \tag{2-13b}$$

例 1：求$\mathcal{L}\left[\int_0^t(3+4e^{-2\tau})d\tau\right]=?$

解：因為$\mathcal{L}[3+4e^{-2t}]=\frac{3}{s}+\frac{4}{s+2}=\frac{7s+6}{s(s+2)}$

所以$\mathcal{L}\left[\int_0^t(2+4e^{-2\tau})d\tau\right]=\frac{7s+6}{s^2(s+2)}$

例 2：求$\mathcal{L}^{-1}\left[\frac{2}{s(s^2+4)}\right]=?$

解：因為$\mathcal{L}^{-1}\left[\frac{2}{s^2+4}\right]=\sin 2t$

所以$\mathcal{L}^{-1}\left[\frac{2}{s(s^2+4)}\right]=\int_0^t\sin 2\tau d\tau=-\frac{1}{2}\cos 2\tau\Big|_0^t=-\frac{1}{2}(\cos 2t-1)$

$$=\frac{1-\cos 2t}{2}=\sin^2 t$$

4.　複數的微分：

$$\mathcal{L}[t^n f(t)]=(-1)^n\frac{d^nF(s)}{ds^n}$$

$$或\mathcal{L}^{-1}\left[(-1)^n\frac{d^nF(s)}{ds^n}\right]=t^nf(t) \tag{2-14}$$

其中　$n=1，2，3，\cdots$。

例 1：求$\mathcal{L}[t\cos t]=$？

解：因爲$\mathcal{L}[\cos t]=\dfrac{s}{s^2+1}$

所以$\mathcal{L}[t\cos t]=-\dfrac{d}{ds}\left(\dfrac{s}{s^2+1}\right)=-\dfrac{(s^2+1)-s\cdot 2s}{(s^2+1)^2}=\dfrac{s^2-1}{(s^2+1)^2}$

例 2：求$\mathcal{L}^{-1}\left[\dfrac{s}{(s^2+1)^2}\right]=$？

解：令$F(s)=\dfrac{1}{s^2+1}$

則$\dfrac{dF(s)}{ds}=\dfrac{-2s}{(s^2+1)^2}$

即$\dfrac{s}{(s^2+1)^2}=-\dfrac{1}{2}\dfrac{dF(s)}{ds}$

兩邊取反拉氏轉換，

$$\mathcal{L}^{-1}\left[\frac{s}{(s^2+1)^2}\right]=\frac{1}{2}\mathcal{L}^{-1}\left[-\frac{dF(s)}{ds}\right]=\frac{1}{2}tf(t)=\frac{1}{2}t\,\mathcal{L}^{-1}\left[\frac{1}{s^2+1}\right]$$
$$=\frac{1}{2}t\cdot\sin t$$

5. 複數的積分：

$$\mathcal{L}\left[\frac{f(t)}{t}\right]=\int_s^\infty F(\lambda)d\lambda$$
$$或\mathcal{L}^{-1}\left[\int_s^\infty F(\lambda)d\lambda\right]=\frac{f(t)}{t} \tag{2-15}$$

例 1：求$\mathcal{L}\left[\dfrac{\sin t}{t}\right]=$？

解：$\mathcal{L}\left[\dfrac{\sin t}{t}\right]=\displaystyle\int_s^\infty\frac{1}{\lambda^2+1}d\lambda=\tan^{-1}\lambda\Big|_s^\infty=\frac{\pi}{2}-\tan^{-1}s$

例 2：求$\mathcal{L}^{-1}\left[\dfrac{s}{(s^2-1)^2}\right]=$？

解：令$F(s)=\frac{s}{(s^2-1)^2}$

則$f(t)=\mathcal{L}^{-1}\left[\frac{s}{(s^2-1)^2}\right]$

因爲$\mathcal{L}\left[\frac{f(t)}{t}\right]=\int_s^\infty\frac{\lambda}{(\lambda^2-1)^2}d\lambda=-\frac{1}{2}\frac{1}{\lambda^2-1}\Big|_s^\infty=\frac{1}{2}\frac{1}{s^2-1}$

所以$\frac{f(t)}{t}=\frac{1}{2}\mathcal{L}^{-1}\left[\frac{1}{s^2-1}\right]=\frac{1}{2}\sinh t$

$f(t)=\frac{1}{2}t\sinh t$

6. 複數移位定理(Shift in s)：

$$\mathcal{L}[e^{at}f(t)]=F(s-a)$$

$$或\mathcal{L}^{-1}[F(s-a)]=e^{at}f(t) \tag{2-16}$$

例1：求$\mathcal{L}[e^{2t}\cos 3t]=?$

解：$\mathcal{L}[e^{2t}\cos 3t]=\frac{s}{s^2+9}\Big|_{s=s-2}=\frac{s-2}{(s-2)^2+9}$

例2：求$\mathcal{L}^{-1}\left[\frac{3s+1}{s^2+2s+5}\right]=?$

解：$\mathcal{L}^{-1}\left[\frac{3s+1}{s^2+2s+5}\right]=\mathcal{L}^{-1}\left[\frac{3(s+1)-2}{(s+1)^2+2^2}\right]=\mathcal{L}^{-1}\left[\frac{3s-2}{s^2+2^2}\Big|_{s=s+1}\right]$

$=e^{-t}(3\cos 2t-\sin 2t)$

7. 時間移位定理(Shift in time)：

$$\mathcal{L}[f(t-a)u_s(t-a)]=e^{-as}F(s)$$

$$或\mathcal{L}^{-1}[e^{-as}F(s)]=f(t-a)u_s(t-a) \tag{2-17}$$

例1：求$\mathcal{L}[u_s(t-2)]=?$

解：因爲$f(t-2)=1$，且$f(t)=1$

所以$F(s)=\mathcal{L}[f(t)]=\mathcal{L}[1]=\frac{1}{s}$

$\mathcal{L}[u_s(t-2)]=\frac{1}{s}e^{-2s}$

例 2：求$\mathcal{L}[tu_s(t-2)]=?$

解：因爲$f(t-2)=t=(t-2)+2$

所以$f(t)=t+2$

$$F(s)=\mathcal{L}[f(t)]=\frac{1}{s^2}+\frac{2}{s}$$

$$\mathcal{L}[tu_s(t-2)]=\left(\frac{1}{s^2}+\frac{2}{s}\right)e^{-2s}$$

例 3：求$\mathcal{L}^{-1}\left[\frac{e^{-s}}{s^2+4}\right]=?$

解：因爲$\mathcal{L}^{-1}\left[\frac{1}{s^2+4}\right]=\mathcal{L}^{-1}\left[\frac{\frac{1}{2}\cdot 2}{s^2+2^2}\right]=\frac{1}{2}\sin 2t$

所以$\mathcal{L}^{-1}\left[\frac{e^{-s}}{s^2+4}\right]=\frac{1}{2}\sin 2(t-1)\cdot u_s(t-1)$

8. 時間刻度轉換：

$$\mathcal{L}\left[f\left(\frac{t}{a}\right)\right]=aF(as) \tag{2-18}$$

例：求$\mathcal{L}\left[\sin\frac{t}{2}\right]=?$

解：因爲$\mathcal{L}[\sin t]=\frac{1}{s^2+1}$

所以$\mathcal{L}\left[\sin\frac{t}{2}\right]=2\cdot\frac{1}{(2s)^2+1}=\frac{2}{4s^2+1}$

9. 初値定理(Initial value theorem)：

$$\lim_{t\to 0} f(t)=f(0)=\lim_{s\to\infty} sF(s) \tag{2-19}$$

10. 終値定理(Final value theorem)：若$sF(s)$在虛軸和s-平面右半面爲可解析，則

$$\lim_{t\to\infty} f(t)=f(\infty)=\lim_{s\to 0} sF(s) \tag{2-20}$$

注意：若$sF(s)$含有任何極點，其實部爲零或正値，則終値定理便不適用。

例 1：有一信號$f(t)$，當$t<0$時，$f(t)=0$；若$f(t)$之拉氏轉換為$F(s)=\dfrac{4}{s(s^2+3s-4)}$，試求(1)當$t\to 0^+$時，$f(t)=$？(2)當$t\to\infty$時，$f(t)=$？

解：(1) $\lim\limits_{t\to 0^+} f(t)=\lim\limits_{s\to\infty} sF(s)=\lim\limits_{s\to\infty}\dfrac{4}{s^2+3s-4}=0$

(2)因為函數$sF(s)=\dfrac{4}{s^2+3s-4}=\dfrac{4}{(s+4)(s-1)}$有一極點$s=1$位於$s$一平面右半面，所以不可使用終值定理求解。

$$F(s)=\frac{4}{s(s-1)(s+4)}=-\frac{1}{s}+\frac{4/5}{s-1}+\frac{1/5}{s+4}$$

$$f(t)=\mathcal{L}^{-1}[F(s)]=-1+\frac{4}{5}e^{t}+\frac{1}{5}e^{-4t}$$

所以$\lim\limits_{t\to\infty} f(t)=\infty$

例 2：若$G(s)=\dfrac{2s+1}{s(s^2+4s+1)}$，且$G(s)$之反拉氏轉換為$g(t)$，求當$t\to\infty$時，$g(t)=$？

解：因為$sG(s)=\dfrac{2s+1}{s^2+4s+1}$之極點$s=-2\pm\sqrt{3}$均位於$s$一平面之左半面，所以可使用終值定理求解。

$$\lim_{t\to\infty} g(t)=\lim_{s\to 0} sG(s)=\lim_{s\to 0}\frac{2s+1}{s^2+4s+1}=1$$

11. 實數迴旋定理(Real convolution theorem)：

$$\mathcal{L}[f_1(t)*f_2(t)]=F_1(s)F_2(s) \tag{2-21}$$

或

$$f_1(t)*f_2(t)=\mathcal{L}^{-1}[F_1(s)F_2(s)] \tag{2-22}$$

其中

$$f_1(t)*f_2(t)=\int_0^t f_1(\tau)f_2(t-\tau)d\tau$$
$$=\int_0^t f_2(\tau)f_1(t-\tau)d\tau \tag{2-23}$$

例：求$\mathcal{L}^{-1}\left[\frac{s}{(s^2+1)^2}\right]=$？

解：因為$\mathcal{L}^{-1}\left[\frac{s}{s^2+1}\right]=\cos t$

$$\mathcal{L}^{-1}\left[\frac{1}{s^2+1}\right]=\sin t$$

所以$\mathcal{L}^{-1}\left[\frac{s}{(s^2+1)^2}\right]=\cos t\times\sin t$

$$=\int_0^t\cos\tau\cdot\sin(t-\tau)d\tau$$
$$=\frac{1}{2}\int_0^t[\sin t-\sin(2\tau-t)]d\tau$$
$$=\left[\frac{1}{2}\tau\cdot\sin t+\frac{1}{4}\cos(2\tau-t)\right]\Big|_0^t$$
$$=\frac{1}{2}t\cdot\sin t+\frac{1}{4}\cos t-\frac{1}{4}\cos t$$
$$=\frac{1}{2}t\cdot\sin t$$

例 2-5 求下列各函數的拉氏轉換

(1) $f(t)=te^{-2t}+2\sin 3t$

(2) $f(t)=t\cos 2t$

(3) $f(t)=\cos(t-1)u_s(t-1)$

解：(1)$F(s)=\mathcal{L}[te^{-2t}]+2\mathcal{L}[\sin 3t]$

$$=\frac{1}{s^2}\Big|_{s\to s+2}+2\cdot\frac{3}{s^2+9}$$
$$=\frac{1}{(s+2)^2}+\frac{6}{s^2+9}$$

(2) $F(s) = -\frac{d}{ds}\left(\frac{s}{s^2+4}\right)$

$= -\frac{(s^2+4)-s(2s)}{(s^2+4)^2}$

$= \frac{s^2-4}{(s^2+4)^2}$

(3) 因為$\mathcal{L}[\cos t] = \frac{s}{s^2+1}$

所以　$F(s) = \mathcal{L}[\cos(t-1)u_s(t-1)]$

$= \frac{e^{-s}s}{s^2+1}$

例 2-6　已知函數$F(s) = \frac{2s^2+7s+4}{s(s+1)(s+2)}$，求$f(0)$及$f(\infty)$。

解：(1) $f(0) = \lim_{t\to 0} f(t) = \lim_{s\to\infty} sF(s)$

$= \lim_{s\to\infty} \frac{2s^2+7s+4}{(s+1)(s+2)} = 2$

因為$sF(s)$在虛軸和s-平面右半面可解析，所以可使用終值定理求$f(\infty)$。

$f(\infty) = \lim_{t\to\infty} f(t) = \lim_{s\to 0} sF(s)$

$= \lim_{s\to 0} \frac{2s^2+7s+4}{(s+1)(s+2)} = 2$

(2) 若不使用初值定理和終值定理，則需先以反拉氏轉換求得

$f(t) = 2 + e^{-t} - e^{-2t}$，$t \geq 0$

則

$f(0) = \lim_{t\to 0} f(t) = 2$

$f(\infty) = \lim_{t\to\infty} f(t) = 2$

練習題

1. $y''+3y'+2y=2$，$y(0)=y'(0)=0$，則$\lim_{t\to\infty} y(t)=$？

2. 求$f(t)$的拉氏轉換。

$$f(t)=\begin{cases} t+1 , & 0\le t<3 \\ 0 , & t\ge 3 \end{cases}$$

3. 求$F(s)$的反拉氏轉換。

$$F(s)=ln\left|\frac{s+1}{s+2}\right|$$

4. 求$F(s)$的反拉氏轉換。

$$F(s)=\frac{2s+7}{s^2+4s+13}$$

5. 求$\int_0^\infty te^{-2t}\cos t dt=$？

答案：

1. 1
2. $\left(\frac{1}{s^2}+\frac{1}{s}\right)-\left(\frac{1}{s^2}+\frac{4}{s}\right)e^{-3s}$
3. $t(e^{-2t}-e^{-t})$
4. $2e^{-2t}\cos 3t+e^{-2t}\sin 3t$
5. $\frac{3}{25}$

2-3.4　以部份分式展開法求反拉氏轉換

求函數$F(s)$的反拉氏轉換，一般都不用式(2-10)的積分方式，因爲該積分式的計算較複雜。況且絕大多數的函數$F(s)$，都可分成幾個簡單的函數如$F_1(s)$，$F_2(s)$，…等之和，而這些函數的反拉氏轉換都很容易求得。此種方式稱爲部份分式展開法(Partial-fraction expansion)。

設函數可寫成

$$F(s)=\frac{b_m s^m+b_{m-1}s^{m-1}+\cdots+b_2 s+b_1}{s^n+a_{n-1}s^{n-1}+\cdots+a_1 s+a_0} \tag{2-24}$$

其中a_0，a_1，⋯，a_{n-1}及b_1，b_2，⋯，b_m為實常數，且$n>m$。要將式(2-24)展開成部份分式形式，可依$F(s)$極點的種類及階數歸納為下列三種情況：

1. $F(s)$只具有單階實數極點。
2. $F(s)$具有r階實數極點。
3. $F(s)$具有共軛複數極點。

分述如下：

1、 $F(s)$只具有單階實數極點

此種型式的函數可寫成

$$F(s)=\frac{Q(s)}{(s-a_1)(s-a_2)\cdots(s-a_n)}，a_1\neq a_2\neq\cdots\neq a_n \qquad (2\text{-}25)$$

展開成

$$F(s)=\frac{A_1}{s-a_1}+\frac{A_2}{s-a_2}+\cdots+\frac{A_n}{s-a_n} \qquad (2\text{-}26)$$

其中

$$A_i=[(s-a_i)F(s)]|_{s=a_i}，i=1，2，\cdots，n \qquad (2\text{-}27)$$

例 2-7　設$F(s)=\dfrac{s+1}{s^3+s^2-6s}$，求$f(t)=\mathcal{L}^{-1}[F(s)]=$？

解：將其展開成部份分式形式

$$F(s)=\frac{s+1}{s(s-2)(s+3)}=\frac{A_1}{s}+\frac{A_2}{s-2}+\frac{A_3}{s+3}$$

則

$$A_1=\left.\frac{s+1}{(s-2)(s+3)}\right|_{s=0}=-\frac{1}{6}$$

$$A_2=\left.\frac{s+1}{s(s+3)}\right|_{s=2}=\frac{3}{10}$$

$$A_3 = \left.\frac{s+1}{s(s-2)}\right|_{s=-3} = -\frac{2}{15}$$

所以

$$F(s) = -\frac{1}{6}\frac{1}{s} + \frac{3}{10}\cdot\frac{1}{s-2} - \frac{2}{15}\frac{1}{s+3}$$

其反拉氏轉換爲

$$f(t) = \mathcal{L}^{-1}[F(s)] = -\frac{1}{6} + \frac{3}{10}e^{2t} - \frac{2}{15}e^{-3t}$$

2、 **$F(s)$具有r階實數極點**

此種型式的函數$F(s)$可寫成

$$F(s) = \frac{Q(s)}{(s-a_k)^r P(s)} \tag{2-28}$$

展開成

$$F(s) = \frac{B_1}{s-a_k} + \frac{B_2}{(s-a_k)^2} + \cdots + \frac{B_r}{(s-a_k)^r} + R(s) \tag{2-29}$$

其中a_k爲r階實數極點，$r \geq 2$ 的正整數，$R(s)$爲展開式的其餘部份，B_1，B_2，…，B_r的求法如下：

$$B_i = \frac{1}{(r-i)\,!}\frac{d^{r-i}}{ds^{r-i}}\left[(s-a_k)^r F(s)\right]\Big|_{s=a_k}\text{，} i = 1\text{，}2\text{，}\cdots r \tag{2-30}$$

例 2-8 設$F(s) = \dfrac{5s^2 - 15s - 11}{(s-2)^3(s+1)}$，求$f(t) = \mathcal{L}^{-1}[F(s)] = ?$

解：將$F(s)$展開成部份分式形式

$$F(s) = \frac{A}{s+1} + \frac{B_1}{s-2} + \frac{B_2}{(s-2)^2} + \frac{B_3}{(s-2)^3}$$

則

$$A = \left.\frac{5s^2 - 15s - 11}{(s-2)^3}\right|_{s=-1} = -\frac{1}{3}$$

$$B_3 = \left.\frac{5s^2 - 15s - 11}{s+1}\right|_{s=2} = -7$$

$$B_2=\frac{d}{ds}\left[\frac{5s^2-15s-11}{s+1}\right]_{s=2}=\left.\frac{5s^2+10s-4}{(s+1)^2}\right|_{s=2}=4$$

$$B_1=\frac{1}{2\,!}\frac{d^2}{ds^2}\left[\frac{5s^2-15s-11}{s+1}\right]_{s=2}=\left.\frac{9}{(s+1)^3}\right|_{s=2}=\frac{1}{3}$$

所以

$$F(s)=-\frac{1}{3}\frac{1}{s+1}+\frac{1}{3}\frac{1}{s-2}+4\frac{1}{(s-2)^2}-7\frac{1}{(s-2)^3}$$

其反拉氏轉換為

$$f(t)=\mathcal{L}^{-1}[F(s)]=-\frac{1}{3}e^{-t}+\frac{1}{3}e^{2t}+4te^{2t}-\frac{7}{2}t^2e^{2t}$$

3、 具有共軛複數極點

此種型式的函數$F(s)$可寫成

$$F(s)=\frac{Q(s)}{[(s-\alpha)^2+\beta^2]P(s)} \tag{2-31}$$

函數$F(s)$具有$s=\alpha\pm j\beta$的單階共軛複數極點，將其展開成

$$F(s)=\frac{A(s-\alpha)+B\beta}{(s-\alpha)^2+\beta^2}+\cdots \tag{2-32}$$

將式(2-32)兩邊同乘$(s-\alpha)^2+\beta^2$項，並取$s\to\alpha+j\beta$極限，可得

$$\frac{1}{\beta}\lim_{s\to\alpha+j\beta}[(s-\alpha)^2+\beta^2]F(s)=\frac{1}{\beta}\lim_{s\to\alpha+j\beta}[A(s-\alpha)+B\beta]$$

$$=B+jA \tag{2-33}$$

可知A為式(2-33)的虛部，B為式(2-33)的實部。

也可將式(2-32)合併成與式(2-31)同分母的式子，並與式(2-31)之分子相比較，即可求得A和B。

例 2-9　設$F(s)=\dfrac{s-1}{(s+3)(s^2+2s+2)}$，求$f(t)=\mathcal{L}^{-1}[F(s)]=$？

解：$F(s)$可展開成

$$F(s)=\frac{A}{s+3}+\frac{B(s+1)+C}{(s+1)^2+1}$$

則

$$A=\left.\frac{s-1}{s^2+2s+2}\right|_{s=-3}=-\frac{4}{5}$$

$$\lim_{s\to -1+j1}\frac{s-1}{s+3}=\frac{-2+j1}{2+j1}=\frac{-3+j4}{5}$$

所以

$B=\dfrac{4}{5}$，$C=-\dfrac{3}{5}$，原式可寫成

$$F(s)=-\frac{4}{5}\frac{1}{s+3}+\frac{\frac{4}{5}(s+1)-\frac{3}{5}}{(s+1)^2+1}$$

其反拉氏轉換爲

$$f(t)=\mathcal{L}^{-1}[F(s)]=-\frac{4}{5}e^{-3t}+\frac{4}{5}e^{-t}\cos t-\frac{3}{5}e^{-t}\sin t$$

另解：$F(s)=\dfrac{A}{s+3}+\dfrac{Bs+C}{s^2+2s+2}$

則

$$A=\left.\frac{s-1}{s^2+2s+2}\right|_{s=-3}=-\frac{4}{5}$$

$$F(s)=\frac{s-1}{(s+3)(s^2+2s+2)}$$

$$=\frac{-\frac{4}{5}}{s+3}+\frac{Bs+C}{s^2+2s+2}$$

$$=\frac{-\frac{4}{5}(s^2+2s+2)+(Bs+C)(s+3)}{(s+3)(s^2+2s+2)}$$

可得

$$-\frac{4}{5}+B=0$$

$$-\frac{8}{5}+3B+C=1$$

$$-\frac{8}{5}+3C=-1$$

解得$B=\frac{4}{5}$，$C=\frac{1}{5}$

所以$F(s)=\dfrac{-\frac{4}{5}}{s+3}+\dfrac{\frac{4}{5}s+\frac{1}{5}}{s^2+2s+2}=\dfrac{-\frac{4}{5}}{s+3}+\dfrac{\frac{4}{5}(s+1)-\frac{3}{5}}{(s+1)^2+1}$

$$f(t)=-\frac{4}{5}e^{-3t}+\frac{4}{5}e^{-t}\cdot\cos t-\frac{3}{5}e^{-t}\sin t$$

練習題

1. 求下列函數之反拉氏轉換：

(1)$\dfrac{2}{s(s+2)^2}$　(2)$\dfrac{5}{(s^2+1)(s^2+2s+2)}$　(3)$\dfrac{s+1}{(s+5)(s^2+4s+13)}$

答案：(1)$\frac{1}{2}-\frac{1}{2}e^{-2t}-te^{-2t}$　(2)$-2\cos t+\sin t+2e^{-t}\cos t+e^{-t}\sin t$

(3)$-\frac{2}{9}e^{-5t}+\frac{2}{9}e^{-2t}\cos 3t+\frac{1}{9}e^{-2t}\sin 3t$

2-3.5　以拉氏轉換解線性常微分方程式

應用拉氏轉換法來解線性常微分方程式為有效且簡便的方式，其解法如下：

1. 對原方程式取拉氏轉換，使成為以s為變數的代數式。
2. 將初始條件代入，並解出輸出變數。
3. 展開成部份分式展開式。
4. 求反拉式轉換，即得。

例 2-10　設微分方程式為

$$\frac{d^2y(t)}{dt^2}+5\frac{dy(t)}{dt}+4y(t)=2e^{-2t}$$

初始條件為$y(0)=0$，$\dot{y}(0)=-1$。

對原式取拉氏轉換，可得

$$s^2Y(s) - sy(0) - \dot{y}(0) + 5[sY(s) - y(0)] + 4Y(s) = \frac{2}{s+2}$$

代入初始條件並整理得

$$Y(s) = \frac{-s}{(s+1)(s+4)(s+2)}$$

以部份分式展開得

$$Y(s) = \frac{\frac{1}{3}}{s+1} + \frac{\frac{2}{3}}{s+4} + \frac{-1}{s+2}$$

取反拉氏轉換，即得

$$y(t) = \frac{1}{3}e^{-t} + \frac{2}{3}e^{-4t} - e^{-2t}，t \geq 0$$

2-4 基本矩陣理論

由於近代控制系統日趨複雜，爲了簡化系統的數學表示方式，以及方便電腦的快速計算，我們經常將系統的數學表示式寫成矩陣的型式。

2-4.1 矩陣的定義

將一群數有規則的排列成長方形或正方形陣列，並以括號[ ]包圍之，稱爲矩陣。例如：矩陣A可表爲

$$A = \begin{bmatrix} a_{11} & a_{12} & \cdots & a_{1n} \\ a_{21} & a_{22} & \cdots & a_{2n} \\ \vdots & \vdots & \vdots & \vdots \\ a_{m1} & a_{m2} & \cdots & a_{mn} \end{bmatrix} \tag{2-34}$$

其中矩陣A的列數爲m，行數爲n，通常以$m \times n$表示，稱爲矩陣

A的階次(Order)。a_{ij}，$i=1$，2，⋯，m，$j=1$，2，⋯，n稱爲矩陣A的元素(Element)，有時爲了簡化式(2-34)的表示法，可寫成

$$A=[a_{ij}]_{m\times n} \tag{2-35}$$

2-4.2　矩陣的種類

矩陣的種類很多，茲擇要列舉如下：

1. **方矩陣**(Square matrix)：列數與行數相等(即$m=n$)之矩陣。
2. **行矩陣**(Column matrix)：僅由一行組成之矩陣，亦稱爲行向量(Column vector)。
3. **列矩陣**(Row matrix)：僅由一列組成之矩陣，亦稱爲列向量(Row vector)。
4. **三角矩陣**(Triangular matrix)：一個方矩陣的主對角線(Principal diagonal)上方或下方之元素均爲零時，稱爲三角矩陣，可分爲上三角矩陣(Upper triangular matrix)，如式(2-36)的矩陣A，與下三角矩陣(Lower triangular matrix)，如式(2-36)的矩陣B。

$$A=\begin{bmatrix}1&2&3\\0&4&5\\0&0&6\end{bmatrix}，B=\begin{bmatrix}1&0&0\\2&4&0\\3&5&6\end{bmatrix} \tag{2-36}$$

5. **對角矩陣**(Diagonal matrix)：於方矩陣中，所有不在主對角線上之元素均爲零時，稱爲對角矩陣。例如：

$$\begin{bmatrix} 1 & 0 & 0 \\ 0 & 2 & 0 \\ 0 & 0 & 3 \end{bmatrix} \tag{2-37}$$

6. **單位矩陣**(Unity matrix)：於對角矩陣中，所有在主對角線上之元素均爲1。例如：

$$I_2 = \begin{bmatrix} 1 & 0 \\ 0 & 1 \end{bmatrix}，I_3 = \begin{bmatrix} 1 & 0 & 0 \\ 0 & 1 & 0 \\ 0 & 0 & 1 \end{bmatrix} \tag{2-38}$$

通常以I_n表示$n \times n$之單位矩陣。

7. **零矩陣**(Null matrix)：所有元素均爲零的矩陣。
8. **對稱矩陣**(Symmetric matrix)：一個方矩陣A如果滿足下列條件：

$$A = A^T \text{或} a_{ij} = a_{ji} \tag{2-39}$$

其中，i，$j = 1$，2，…，n，則稱矩陣A爲對稱矩陣，例如：

$$A = \begin{bmatrix} 1 & 2 & 3 \\ 2 & 4 & 5 \\ 3 & 5 & 6 \end{bmatrix} \tag{2-40}$$

9. **反對稱矩陣**(Skew-symmetric matrix)：一個方矩陣A如果滿足$A^T = -A$或$a_{ij} = -a_{ji}$(對所有之i，j而言)，則矩陣A稱爲反對稱矩陣。

例如：

$$A=\begin{bmatrix}0 & -1 & 2\\ 1 & 0 & 3\\ -2 & -3 & 0\end{bmatrix}$$

任何矩陣A均可表爲一對稱矩陣與一個反對稱矩陣之和。因爲

$$\begin{aligned}A&=\frac{1}{2}(A+A^T)+\frac{1}{2}(A-A^T)\\&=B+C\end{aligned}$$

其中$B=\frac{1}{2}(A+A^T)$爲對稱矩陣，而$C=\frac{1}{2}(A-A^T)$爲反對稱矩陣。

例如：

$$A=\begin{bmatrix}1 & 2 & 3\\ 4 & 5 & 6\\ 7 & 8 & 9\end{bmatrix}，A^T=\begin{bmatrix}1 & 4 & 7\\ 2 & 5 & 8\\ 3 & 6 & 9\end{bmatrix}$$

則$B=\frac{1}{2}(A+A^T)=\begin{bmatrix}1 & 3 & 5\\ 3 & 5 & 7\\ 5 & 7 & 9\end{bmatrix}$爲一對稱矩陣，

而$C=\frac{1}{2}(A-A^T)=\begin{bmatrix}0 & -1 & -2\\ 1 & 0 & -1\\ 2 & 1 & 0\end{bmatrix}$爲反對稱矩陣，且$A=B+C$。

10. **厄米特矩陣(Hermitian matrix)**：一個方矩陣A如果滿足$A=\overline{A^T}$或$a_{ij}=\overline{a}_{ji}$(對所有i，j而言)($\overline{A^T}$爲A^T之共軛矩陣)，則稱爲厄米特矩陣。

11. **反厄米特矩陣(Skew-Hermitian matrix)**：一個方矩陣A如果滿足$\overline{A^T}=-A$，或$a_{ij}=-\overline{a}_{ji}$(對所有$i$，$j$而言)則稱爲反厄米特矩陣。

例如：

$$A=\begin{bmatrix} 1 & 1+i & 2 \\ 1-i & 0 & -i \\ 2 & i & 3 \end{bmatrix}$$ 為厄米特矩陣，

$$B=\begin{bmatrix} -i & -1+i & i \\ 1+i & 0 & -1 \\ i & 1 & i \end{bmatrix}$$ 為反厄米特矩陣。

12. **正交矩陣(Orthogonal matrix)**：若方矩陣A滿足$A^TA=AA^T=I$，稱為正交矩陣。

例如：

$$A=\begin{bmatrix} \cos\theta & -\sin\theta \\ \sin\theta & \cos\theta \end{bmatrix}$$

2-4.3 矩陣之基本運算

矩陣的基本運算有加、減、乘、反矩陣、行列式、轉置及矩陣的秩等，分述如下：

1、 **矩陣的轉置(Transpose of a matrix)**：將一$m\times n$矩陣A之行、列互換，所得的新矩陣稱為矩陣A的轉置矩陣(Transpose matrix)，以A^T(階次$n\times m$)表示之。例如：

$$A=\begin{bmatrix} 1 & 2 & 3 \\ 4 & 5 & 6 \end{bmatrix}_{2\times 3}，A^T=\begin{bmatrix} 1 & 4 \\ 2 & 5 \\ 3 & 6 \end{bmatrix}_{3\times 2} \tag{2-41}$$

矩陣轉置的一些性質：

(1)　$(A^T)^T = A$　(2-42)

(2)　$(kA)^T = kA^T$，k爲純量　(2-43)

(3)　$(A+B)^T = A^T + B^T$　(2-44)

(4)　$(AB)^T = B^T A^T$　(2-45)

2、**矩陣的行列式**(Determinant of a matrix)：對於每一方矩陣都有與矩陣相同元素與階次的行列式，通常可表示成

$$detA = \Delta_A = |A| \tag{2-46}$$

例如，式(2-40)的行列式可寫成

$$|A| = \begin{vmatrix} 1 & 2 & 3 \\ 2 & 4 & 5 \\ 3 & 5 & 6 \end{vmatrix} \tag{2-47}$$

行列式都可計算出一個值，稱爲行列式值。其計算可採用餘因子(Cofactor)的方式。

將行列式$|A|$之第i列及第j行刪去，剩下較原行列式階數小的行列式，稱爲子行列式(minor)，以M_{ij}表示。

餘因子則是將子行列式再乘上$(-1)^{i+j}$，通常以A_{ij}表示第i列，第j行之餘因子，定義爲$A_{ij} = (-1)^{i+j} M_{ij}$。

例如，

$$|A| = \begin{vmatrix} a_{11} & a_{12} & a_{13} \\ a_{21} & a_{22} & a_{23} \\ a_{31} & a_{32} & a_{33} \end{vmatrix} \tag{2-48}$$

則

$$A_{11}=(-1)^{1+1}\begin{vmatrix}a_{22} & a_{23}\\ a_{32} & a_{33}\end{vmatrix}=a_{22}a_{33}-a_{23}a_{32} \tag{2-49}$$

$$A_{32}=(-1)^{3+2}\begin{vmatrix}a_{11} & a_{13}\\ a_{21} & a_{23}\end{vmatrix}=a_{13}a_{21}-a_{11}a_{23} \tag{2-50}$$

設矩陣A為$n\times n$的矩陣，則A的行列式值，可由任一列或任一行的餘因子來表示，即

$$detA=\sum_{j=1}^{n}a_{ij}A_{ij} \quad (i=1，或2，或3，\cdots,或n) \tag{2-51}$$

或

$$detA=\sum_{i=1}^{n}a_{ij}A_{ij} \quad (j=1，或2，或3，\cdots,或n) \tag{2-52}$$

行列式的性質：

(1) 若方矩陣之任一列(或行)元素均為0，則行列式值為0。

(2) 若方矩陣任二列(或行)元素成比例，則行列式值為0。

(3) 若方矩陣之任一列(或行)之元素全部乘以一個常數k，則其行列式值亦乘以k。

(4) 若A為n階方矩陣，則$det(kA)=k^n det(A)$其中k為任意常數。

(5) 若A，B均為n階方陣，則$|AB|=|A||B|$。

例 2-11 已知矩陣，求$|A|=$？

$$A=\begin{bmatrix}1 & 2 & 4\\ -1 & 0 & 3\\ 3 & 1 & -2\end{bmatrix}$$

解：$|A|=\begin{vmatrix}1 & 2 & 4\\ -1 & 0 & 3\\ 3 & 1 & -2\end{vmatrix}=1\times\begin{vmatrix}0 & 3\\ 1 & -2\end{vmatrix}-2\times\begin{vmatrix}-1 & 3\\ 3 & -2\end{vmatrix}+4\times\begin{vmatrix}-1 & 0\\ 3 & 1\end{vmatrix}$

$= -3 + 14 - 4 = 7$

3、 **奇異與非奇異矩陣(Singular and non-singular matrix)**：若任一方矩陣其行列式值為零時，就稱為奇異矩陣；反之，若行列式值不為零，就稱為非奇異矩陣。

4、 **矩陣的相等**：若兩個矩陣的階次相等，且所有對應位置元素均相等，則此兩矩陣相等；即

$$A = [a_{ij}]_{m \times n}，B = [b_{ij}]_{m \times n} \tag{2-53}$$

若

$$a_{ij} = b_{ij}，對所有 i，j，\cdots \tag{2-54}$$

則

$$A = B \tag{2-55}$$

5、 **矩陣的加法與減法**：兩矩陣的階次相等時，才能相加或相減。其作法只要將對應位置元素相加減即可，
即：

$$A = [a_{ij}]_{m \times n}，B = [b_{ij}]_{m \times n}，C = [c_{ij}]_{m \times n} \tag{2-56}$$

則

$$A \pm B = C \tag{2-57}$$

其中

$$a_{ij} \pm b_{ij} = c_{ij}，對所有 i，j \tag{2-58}$$

矩陣加法的一些性質：

(1) $A + B = B + A$(交換律)　(2-59)

(2) $(A+B)+C=A+(B+C)$(結合律) (2-60)

(3) $k(A+B)=kA+kB$，k爲純量。 (2-61)

註： 上式的kA即對矩陣A的每一元素均乘以k。

6、**矩陣的乘法**：兩矩陣A，B相乘(A在前，B在後)之先決條件爲A之行數必須等於B之列數。即

$$A=[a_{ij}]_{m\times p}，B=[b_{ij}]_{q\times n}，C=[c_{ij}]_{m\times n} \quad (2\text{-}62)$$

若且唯若$p=q$，則

$$AB=C \quad (2\text{-}63)$$

其中

$$c_{ij}=\sum_{k=1}^{p}a_{ik}b_{kj}，i=1，2，\cdots，m，j=1，2，\cdots，n \quad (2\text{-}64)$$

矩陣乘法的一些性質：

(1) $AB\neq BA$(不適用交換律) (2-65)

(2) $(AB)C=A(BC)$(結合律) (2-66)

(3) $A(B+C)=AB+AC$(分配律) (2-67)

(4) $AB=0$並不表示$A=0$或$B=0$ (2-68)

例如：

$$\begin{bmatrix} 6 & 4 & 2 \\ 9 & 6 & 3 \\ -3 & -2 & -1 \end{bmatrix}\begin{bmatrix} 0 & 1 & -2 \\ -1 & 0 & 3 \\ 2 & -3 & 0 \end{bmatrix}=\begin{bmatrix} 0 & 0 & 0 \\ 0 & 0 & 0 \\ 0 & 0 & 0 \end{bmatrix}$$

7、**反矩陣(Inverse of a matrix)**

在矩陣代數中，若

$$AX = Y \tag{2-69}$$

則

$$X = A^{-1}Y \tag{2-70}$$

其中A^{-1}表示A的反矩陣。

A^{-1}存在的條件為：

(1) A是方矩陣。

(2) A是非奇異矩陣，即$|A| \neq 0$。

若A^{-1}存在，則可由下式計算

$$A^{-1} = \frac{adjA}{|A|} \tag{2-71}$$

式中$adjA$稱為矩陣A的伴隨矩陣(Adjoint of a matrix)，定義為

$$adjA = [A_{ij}]^T_{n \times n} \tag{2-72}$$

其中A_{ij}表示元素a_{ij}的餘因子。

例 2-12　設

$$A = \begin{bmatrix} 1 & 2 & 4 \\ -1 & 0 & 3 \\ 3 & 1 & -2 \end{bmatrix}$$

則A的行列式為

$$|A| = \begin{vmatrix} 1 & 2 & 4 \\ -1 & 0 & 3 \\ 3 & 1 & -2 \end{vmatrix} = 7$$

A的伴隨矩陣為

$$adjA=\begin{bmatrix}\begin{vmatrix}0&3\\1&-2\end{vmatrix} & -\begin{vmatrix}-1&3\\3&-2\end{vmatrix} & \begin{vmatrix}-1&0\\3&1\end{vmatrix}\\ -\begin{vmatrix}2&4\\1&-2\end{vmatrix} & \begin{vmatrix}1&4\\3&-2\end{vmatrix} & -\begin{vmatrix}1&2\\3&1\end{vmatrix}\\ \begin{vmatrix}2&4\\0&3\end{vmatrix} & -\begin{vmatrix}1&4\\-1&3\end{vmatrix} & \begin{vmatrix}1&2\\-1&0\end{vmatrix}\end{bmatrix}^T$$

$$=\begin{bmatrix}-3&8&6\\7&-14&-7\\-1&5&2\end{bmatrix}$$

所以A之反矩陣為

$$A^{-1}=\frac{1}{7}\begin{bmatrix}-3&8&6\\7&-14&-7\\-1&5&2\end{bmatrix}$$

反矩陣的一些性質：

(1) $(A^{-1})^{-1}=A$ (2-73)

(2) $A^{-1}A=AA^{-1}=I$ (2-74)

(3) $(AB)^{-1}=B^{-1}A^{-1}$

其中A，B均為非奇異的方矩陣 (2-75)

(4) $AB=AC$並不表示$B=C$ (2-76)

上式只有A在為方矩陣且非奇異的情況下，才有$B=C$的結果。

8、 **矩陣的秩(Rank of a matrix)**

一矩陣A之最大線性獨立列(或行)的數目；或矩陣A中所含非奇異矩陣的最大階次，稱為矩陣A的秩，以$rank(A)$表示之。

亦即，於一$m\times n$矩陣A中，設有一$r\times r(r\le min(m，n))$部

分矩陣之行列式不爲零，而所有$(r+1)\times(r+1)$部份矩陣之行列式均爲零，則$rank(A)=r$。

例 2-13　決定下列各矩陣的秩：

$$A=\begin{bmatrix}1&2\\3&4\end{bmatrix}，B=\begin{bmatrix}1&2&3\\-4&0&5\end{bmatrix}，C=\begin{bmatrix}1&2&3\\1&2&5\\2&4&8\end{bmatrix}，D=\begin{bmatrix}1&0&0\\1&2&0\\0&0&2\end{bmatrix}$$

解：(1)因爲　$|A|=\begin{vmatrix}1&2\\3&4\end{vmatrix}=-2\neq 0$

所以$rank(A)=2$

(2)因爲由矩陣B中，可找到一個2×2的部份矩陣

$$\begin{vmatrix}1&2\\-4&0\end{vmatrix}=8\neq 0$$

所以$rank(B)=2$

(3)首先檢查$|C|=0$，所以$rank(C)<3$，但可找到一個2×2的部份矩陣$\begin{vmatrix}2&5\\4&8\end{vmatrix}=-4\neq 0$

所以$rank(C)=2$

(4)檢查$|D|=4\neq 0$，所以$rank(D)=3$

秩的特性：已知一$m\times n$矩陣A

① $rank(A)=rank(A^T)$　(2-77)

② $rank(A)=rank(A^TA)$　(2-78)

③ $rank(A)=rank(AA^T)$　(2-79)

2-4.4 凱立－漢米爾頓定理(Caley－Hamilton Theorem)

矩陣的代數運算有時並不容易計算，例如要求A^{100}，e^{At}等矩陣運算。因此，本小節介紹的凱立—漢米爾頓定理可簡化其計算。

任何$n \times n$的方矩陣A，都可滿足其特性方程式，即矩陣A的特性方程式可寫成

$$g(\lambda) = |\lambda I - A| = \lambda^n + a_{n-1}\lambda^{n-1} + \cdots + a_1\lambda + a_0 = 0 \tag{2-80}$$

式中λ稱爲特性方程式$g(\lambda) = 0$的特性根。則

$$g(A) = A^n + a_{n-1}A^{n-1} + \cdots + a_1 A + a_0 I = 0 \tag{2-81}$$

所以

$$A^n = -a_{n-1}A^{n-1} - a_{n-2}A^{n-2} - \cdots - a_1 A - a_0 I \tag{2-82}$$

將上式乘以A，並將式(2-82)代入得

$$\begin{aligned} A^{n+1} &= -a_{n-1}A^n - a_{n-2}A^{n-1} - \cdots - a_1 A^2 - a_0 A \\ &= (a_{n-1}^2 - a_{n-2})A^{n-1} + (a_{n-1}a_{n-2} - a_{n-3})A^{n-2} + \cdots + a_{n-1}a_0 I \end{aligned} \tag{2-83}$$

由式(2-83)可知，矩陣A的任意冪次都可用A，A^2，…，A^{n-1}這些矩陣A的有限冪次之線性組合。這個關係可推廣到任意矩陣之函數

$$\begin{aligned} f(A) &= \alpha_0 I + \alpha_1 A + \alpha_2 A^2 + \cdots \\ &= \beta_0 I + \beta_1 A + \beta_2 A^2 + \cdots + \beta_{n-1} A^{n-1} \end{aligned} \tag{2-84}$$

所以只要求出β_0，β_1，…，β_{n-1}等係數，$f(A)$即可求得。因爲特性根λ對式(2-84)亦成立，即

$$f(\lambda)=\beta_0+\beta_1\lambda+\beta_2\lambda^2+\cdots+\beta_{n-1}\lambda^{n-1} \tag{2-85}$$

設矩陣A有n個相異特性根λ_1，λ_2，…，λ_n，代入式(2-85)可得n個聯立方程式：

$$\begin{aligned}
f(\lambda_1)&=\beta_0+\beta_1\lambda_1+\cdots+\beta_{n-1}\lambda_1^{n-1}\\
f(\lambda_2)&=\beta_0+\beta_1\lambda_2+\cdots+\beta_{n-1}\lambda_2^{n-1}\\
&\cdots\\
f(\lambda_n)&=\beta_0+\beta_1\lambda_n+\cdots+\beta_{n-1}\lambda_n^{n-1}
\end{aligned} \tag{2-86}$$

由上式可解得β_0，β_1，…，β_{n-1}，代入式(2-84)可得$f(A)$。

例 2-14

設$A=\begin{bmatrix}3&0&0\\0&-2&1\\0&4&1\end{bmatrix}$求$A^{100}$及$e^{At}$。

解：特性方程式

$$|A-\lambda I|=\begin{vmatrix}3-\lambda&0&0\\0&-2-\lambda&1\\0&4&1-\lambda\end{vmatrix}=(3-\lambda)(\lambda^2+\lambda-6)=0$$

可解得特性根爲$\lambda_1=2$，$\lambda_2=3$，$\lambda_3=-3$。

(1)求A^{100}，由凱立—漢米爾頓定理可令

$$A^{100}=\beta_0 I+\beta_1 A+\beta_2 A^2$$

而特性根亦滿足下式：

$$\lambda^{100}=\beta_0+\beta_1\lambda+\beta_2\lambda^2$$

將$\lambda_1=2$，$\lambda_2=3$，$\lambda_3=-3$代入上式可得一組聯立方程式：

$$2^{100}=\beta_0+2\beta_1+4\beta_2$$

$$3^{100}=\beta_0+3\beta_1+9\beta_2$$

$$(-3)^{100}=\beta_0-3\beta_1+9\beta_2$$

解得$\beta_0=-\frac{4}{5}\times 3^{100}+\frac{9}{5}\times 2^{100}$，$\beta_1=0$及$\beta_2=\frac{1}{5}\times 3^{100}-\frac{1}{5}\times 2^{100}$

所以

$$A^{100}=\left(-\frac{4}{5}\times 3^{100}+\frac{9}{5}\times 2^{100}\right)\begin{bmatrix}1&0&0\\0&1&0\\0&0&1\end{bmatrix}+$$

$$\left(\frac{1}{5}\times 3^{100}-\frac{1}{5}\times 2^{100}\right)\begin{bmatrix}9&0&0\\0&8&-1\\0&-4&5\end{bmatrix}$$

$$=\begin{bmatrix}3^{100}&0&0\\0&\frac{4}{5}\times 3^{100}+\frac{1}{5}\times 2^{100}&-\frac{1}{5}\times 3^{100}+\frac{1}{5}\times 2^{100}\\0&-\frac{4}{5}\times 3^{100}+\frac{4}{5}\times 2^{100}&\frac{1}{5}\times 3^{100}+\frac{4}{5}\times 2^{100}\end{bmatrix}$$

(2)求e^{At}，可令

$$e^{At}=\beta_0 I+\beta_1 A+\beta_2 A^2$$

特性方程式亦滿足下式：

$$e^{\lambda t}=\beta_0+\beta_1\lambda+\beta_2\lambda^2$$

將$\lambda_1=2$，$\lambda_2=3$及$\lambda_3=-3$代入上式，可得

$$e^{2t}=\beta_0+2\beta_1+4\beta_2$$

$$e^{3t}=\beta_0+3\beta_1+9\beta_2$$

$$e^{-3t}=\beta_0-3\beta_1+9\beta_2$$

解得$\beta_0=\frac{9}{5}e^{2t}-e^{3t}+\frac{1}{5}e^{-3t}$，$\beta_1=\frac{1}{6}e^{3t}-\frac{1}{6}e^{-3t}$

及$\beta_2=-\frac{1}{5}e^{2t}+\frac{1}{6}e^{3t}+\frac{1}{30}e^{-3t}$

所以

$$e^{At}=\begin{bmatrix}\beta_0 & 0 & 0\\ 0 & \beta_0 & 0\\ 0 & 0 & \beta_0\end{bmatrix}+\begin{bmatrix}3\beta_1 & 0 & 0\\ 0 & -2\beta_1 & \beta_1\\ 0 & 4\beta_1 & \beta_1\end{bmatrix}+\begin{bmatrix}9\beta_2 & 0 & 0\\ 0 & 8\beta_2 & -\beta_2\\ 0 & -4\beta_2 & 5\beta_2\end{bmatrix}$$

$$=\begin{bmatrix}e^{3t} & 0 & 0\\ 0 & \frac{1}{5}e^{2t}+\frac{4}{5}e^{-3t} & \frac{1}{5}e^{2t}-\frac{1}{5}e^{-3t}\\ 0 & \frac{4}{5}e^{2t}-\frac{4}{5}e^{-3t} & \frac{4}{5}e^{2t}+\frac{1}{5}e^{-3t}\end{bmatrix}$$

若特性根有重根出現，可由下列定理解決。

定理：令$n\times n$矩陣A有n_0個相異特性根：λ_1，λ_2，…，$\lambda_{n_0}(n_0\le n)$，而λ_{n_i}爲重覆m_i次的特性根。定義多項式如下：

$$P(A)=\sum_{k=0}^{n-1}\beta_k A^k \tag{2-87}$$

$$P(\lambda)=\sum_{k=0}^{n-1}\beta_k \lambda^k \tag{2-88}$$

$$f(A)=\sum_{k=0}^{\infty}\alpha_k A^k \tag{2-89}$$

則$f(A)$矩陣等於$P(A)$矩陣的充分必要條件爲

(1) $f(\lambda_i)=P(\lambda_i)$，$i=1$，2，…，$n_0$　(2-90)

(2) $\frac{d^q}{d\lambda^q}f(\lambda)\Big|_{\lambda=\lambda_{ni}}=\frac{d^q}{d\lambda^q}P(\lambda)\Big|_{\lambda=\lambda_{ni}}$，$q=1$，2，…，$m_i-1$　(2-91)

例 2-15

已知$A=\begin{bmatrix}2&1&4\\0&2&0\\0&3&1\end{bmatrix}$，求$e^{At}$。

特性方程式

$$|A-\lambda I|=\begin{vmatrix}2-\lambda&1&4\\0&2-\lambda&0\\0&3&1-\lambda\end{vmatrix}=(2-\lambda)^2(1-\lambda)=0$$

可得矩陣A的特性根$\lambda_1=\lambda_2=2$，$\lambda_3=1$。

根據凱立—漢米爾頓定理可令

$$e^{At}=\beta_0 I+\beta_1 A+\beta_2 A^2$$

而特性根亦滿足下式：

$$e^{\lambda_1 t}=\beta_0+\beta_1\lambda_1+\beta_2\lambda_1^2$$

$$te^{\lambda_1 t}=\beta_1+2\beta_2\lambda_1$$

$$e^{\lambda_3 t}=\beta_0+\beta_1\lambda_3+\beta_2\lambda_3^2$$

將$\lambda_1=\lambda_2=2$，及$\lambda_3=1$代入，可得一組聯立方程式：

$$e^{2t}=\beta_0+2\beta_1+4\beta_2$$

$$te^{2t}=\beta_1+4\beta_2$$

$$e^{t}=\beta_0+\beta_1+\beta_2$$

解得$\beta_0=4e^t-3e^{2t}+2te^{2t}$，$\beta_1=-4e^t+4e^{2t}-3te^{2t}$

及$\beta_2=e^t-e^{2t}+te^{2t}$

所以

$$e^{At}=(4e^t-3e^{2t}+2te^{2t})\begin{bmatrix}1&0&0\\0&1&0\\0&0&1\end{bmatrix}+(-4e^t+4e^{2t}-3te^{2t})$$

$$\begin{bmatrix}2&1&4\\0&2&0\\0&3&1\end{bmatrix}+(e^t-e^{2t}+te^{2t})\begin{bmatrix}4&16&12\\0&4&0\\0&9&1\end{bmatrix}$$

$$=\begin{bmatrix}e^{2t}&12e^t-12e^{2t}+13te^{2t}&-4e^t+4e^{2t}\\0&e^{2t}&0\\0&-3e^t+3e^{2t}&e^t\end{bmatrix}$$

習題二

選擇題

(　　)2-1　若矩陣為$\begin{bmatrix}0&1&0\\0&2&0\\-12&-7&-6\end{bmatrix}$下列何者是其特徵值(eigenvalue)之一？　(A)-1　(B)-2　(C)-3　(D)-4。

(　　)2-2　若$G(s)=\dfrac{3s+1}{s(s^2+4s+2)}$且$G(s)$之反拉式轉換為$g(t)$，當$t\to\infty$時$g(t)$為何？　(A)0.5　(B)0.75　(C)1　(D)4。

(　　)2-3　有數個控制系統特性方程式之根如下，何者所代表之系統為不穩定？　(A) $-1+j2,\ -1-j2,\ -2$　(B)$-2j,2j,-2,1$　(C) $-2,-3$　(D) $-1+j,\ -1-j$。

(　　)2-4　有一信號$f(t)$其拉式轉換為$F(s)=\dfrac{s+1}{s^2+2s+1}$則$\int_0^\infty f(t)dt=$？　(A)1　(B)2　(C) 3　(D)4。

(　　)2-5　若 A,B 為三階方矩陣，且$|A|=2$，$|B|=3$，試求$|2AB|=$？　(A)12　(B)24　(C) 36　(D)48。

問答題

2-1 求下列函數的極點和零點(包括無限大值的點)，並在 s-平面上用×標出有限極點，用○標出有限零點。

(a) $G(s)=\dfrac{10(s+2)}{s^2(s+1)(s+5)}$

(b) $G(s)=\dfrac{5(2s+3)}{s(s^2+2s+2)}$

(c) $G(s)=\dfrac{3s(s+1)}{(s+2)(s^2+3s+2)}$

(d) $G(s)=\dfrac{e^{-2s}}{s(s+1)(s+2)}$

2-2 求下列各函數的拉氏轉換。

(a) $f(t)=3t^2+9t-2$

(b) $f(t)=2(1-e^{-10t})$

(c) $f(t)=3e^{-2t}\sin 3t$

(d) $f(t)=te^{-t}$

(e) $f(t)=t\cos 2t$

(f) $f(t)=\cos\left(2t+\dfrac{\pi}{4}\right)$

2-3 求下列函數的反拉氏轉換。

(a) $G(s)=\dfrac{2}{s(s+1)(s+2)}$

(b) $G(s)=\dfrac{4}{(s+1)^2(s+2)}$

(c) $G(s)=\dfrac{2(s+1)}{s(s^2+2s+2)}$

(d) $G(s)=\dfrac{1}{(s+3)^3}$

2-4　已知$F(s)=\dfrac{s^2+2s-5}{s(s^2+4s+5)}$

(a)利用初值定理及終值定理求$f(0)$及$f(\infty)$。

(b)利用反拉氏轉換求出$f(t)$，並驗證(a)之結果。

2-5　以拉氏轉換法求解下列微分方程式：

(a)　$\dfrac{d^2y(t)}{dt^2}+5\dfrac{dy(t)}{dt}+6y(t)=e^{-t}$，$y(0)=1$，$\dot{y}(0)=0$

(b)　$\dfrac{d^2y(t)}{dt^2}+3\dfrac{dy(t)}{dt}+2y(t)=e^{-t}\sin 2t$，$y(0)=0$，$\dot{y}(0)=1$

2-6　求下列矩陣之反矩陣。

(a)　$A=\begin{bmatrix}2 & 1\\ 1 & 1\end{bmatrix}$

(b)　$B=\begin{bmatrix}1 & 2 & 3\\ 2 & 4 & 5\\ 3 & 5 & 6\end{bmatrix}$

(c)　$C=\begin{bmatrix}1 & 3 & 4\\ -1 & 1 & 0\\ -1 & 0 & -1\end{bmatrix}$

(d)　$D=\begin{bmatrix}1 & 2 & -1\\ -1 & 1 & 2\\ 2 & -1 & 1\end{bmatrix}$

2-7 決定下列矩陣的秩。

(a) $A=\begin{bmatrix}1 & 2\\ 2 & 4\\ 3 & 1\end{bmatrix}$

(b) $B=\begin{bmatrix}1 & 3 & -1 & 2\\ 2 & 6 & -2 & 4\end{bmatrix}$

(c) $C=\begin{bmatrix}1 & 2 & -3\\ 3 & 5 & 2\\ -2 & -3 & -4\end{bmatrix}$

(d) $D=\begin{bmatrix}0 & 2 & 3\\ 0 & 4 & 6\\ 0 & -3 & 2\end{bmatrix}$

2-8 若$A=\begin{bmatrix}1 & 1 & 1\\ 3 & 0 & 0\\ 1 & 1 & 2\end{bmatrix}$，$B=\begin{bmatrix}1 & 0 & 1\\ 2 & 1 & 8\\ 3 & 0 & 4\end{bmatrix}$，試求其行列式值$det(2AB)=$？

參考資料

1. 陸仁傑編譯，自動控制系統，全華，84年1月。
2. 張振添等編著，自動控制，文京，83年1月。
3. 胡永枏著，自動控制，全華，85年1月。
4. 張育義，高正治著，工程數學，三民，80年8月。
5. 吳嘉祥，劉上聰譯，高等工程數學，曉園，81年2月。
6. 蘇金佳譯，高等工程數學，東華，81年8月。
7. 余政光編，自動控制分析與設計，茂昌，80年8月。
8. 呂澤彥譯，自動控制系統問題詳解，儒林，75年4月。
9. 曾強編著，自動控制，全華，86年1月。

心得筆記

第三章

控制系統的表示法

§ 引言

將一控制系統以淺顯易懂的方式表達出來，對於接下來的分析或設計的工作有很大的幫助。控制系統的表示法約有以下幾種：微分方程式、轉移函數、方塊圖、信號流程圖及狀態圖。本章將介紹這些表示法，以及它們之間的互換關係。

3-1 微分方程式與轉移函數

一個線性非時變的系統，通常可以一個n階常微分方程式來表示，

$$\frac{d^n c(t)}{dt^n} + a_{n-1}\frac{d^{n-1}c(t)}{dt^{n-1}} + \cdots + a_1\frac{dc(t)}{dt} + a_0 c(t) = r(t) \tag{3-1}$$

其中$r(t)$為輸入信號，$c(t)$為輸出信號，a_0，a_1，$\cdots a_{n-1}$為常數。

對於一個線性非時變系統，如果不考慮初始值的影響，而只探討輸入與輸出的關係，通常可用轉移函數來表示。

轉移函數可定義為輸出信號的拉氏轉換$C(s)$，與輸入信號的拉氏轉換$R(s)$的比值，通常以$G(s)$表示如下：

$$G(s) = \frac{C(s)}{R(s)} \tag{3-2}$$

當系統之輸入信號為單位脈衝函數(unit impulse function) $r(t) = \delta(t)$時，因為$R(s) = 1$，則輸出$C(s) = G(s)$，其響應$c(t) = g(t)$稱為單位脈衝響應(unit impulse response)。由此可知：單位脈衝響應的拉氏轉換即為系統的轉移函數。

一個系統的微分方程式如式(3-1)所示，則可以對等號兩邊取拉氏轉換，同時令初始值為零，

$$s^nC(s)+a_{n-1}s^{n-1}C(s)+\cdots+a_1sC(s)+a_0C(s)=R(s) \tag{3-3}$$

整理得

$$(s^n+a_{n-1}s^{n-1}+\cdots+a_1s+a_0)C(s)=R(s) \tag{3-4}$$

移項即得系統的轉移函數

$$G(s)=\frac{C(s)}{R(s)}=\frac{1}{s^n+a_{n-1}s^{n-1}+\cdots+a_1s+a_0} \tag{3-5}$$

如果令上式的分母爲零，所得的方程式

$$s^n+a_{n-1}s^{n-1}+\cdots+a_1s+a_0=0 \tag{3-6}$$

稱爲系統的特性方程式(Characteristic equation)。特性方程式的根，稱爲特性根，其對系統的暫態響應及穩定度會有所影響，後面的章節會有介紹。

例 3-1　有一線性非時變系統，可以下列的微分方程式來表示

$$\frac{d^2c(t)}{dt^2}+4\frac{dc(t)}{dt}+3c(t)=r(t) \tag{3-7}$$

兩邊取拉氏轉換，並令其初始值爲零，整理如下

$$s^2C(s)+4sC(s)+3C(s)=R(s) \tag{3-8}$$

$$(s^2+4s+3)C(s)=R(s) \tag{3-9}$$

可得其轉移函數爲

$$G(s)=\frac{C(s)}{R(s)}=\frac{1}{s^2+4s+3} \tag{3-10}$$

而其特性方程式爲

$$s^2+4s+3=0 \tag{3-11}$$

特性根爲$s=-1$及$s=-3$。

轉移函數的表示法，只適用於線性非時變系統，非線性系統是無法用轉移函數來表示的。而且轉移函數的表示法，只有指出輸出和輸入的關係，並未考慮系統初始值的影響。

例 1：若二階控制系統之輸出輸入轉移函數爲$H(s)=\dfrac{1}{s^2+2s+1}$，則該系統之步級響應爲何？

解：輸入$R(s)=\dfrac{1}{s}$，輸出$C(s)=H(s)\cdot R(s)=\dfrac{1}{s(s^2+2s+1)}=\dfrac{1}{s(s+1)^2}$

$$C(s)=\frac{1}{s}+\frac{-1}{s+1}+\frac{-1}{(s+1)^2}$$

所以步級響應$c(t)=1-e^{-t}-te^{-t}$，$t\geq 0$

例 2：在初值爲零之狀態下，若一線性非時變系統之單位脈衝響應爲$e^{-t}+e^{t}$，$t\geq 0$，則該系統的轉移函數爲何？

解：因爲單位脈衝響應的拉氏轉換即爲轉移函數，所以

$$G(s)=\mathcal{L}[e^{-t}+e^{t}]=\frac{1}{s+1}+\frac{1}{s-1}=\frac{2s}{s^2-1}$$

練習題

1. 關於轉移函數之特性，下何者不正確？ (A)轉移函數適用於線性非時變系統 (B)轉移函數之計算法爲輸出信號之拉氏轉換與輸入信號之拉氏轉換之比 (C)在求轉移函數時令初值爲零 (D)轉移函數與輸入激勵信號有關。
2. 一線性非時變系統其單位脈衝響應爲函數e^{-2t}，$t\geq 0$，此系統如輸入單位步階函數，其輸出響應爲何？
3. 若一線性非時變系統，當其輸入信號爲單位步階函數時，其輸出響應爲$y=0.25-0.25e^{-t}+\sin t$，$t\geq 0$，試問該系統之脈衝響應函數$g(t)=$？

4. 轉移函數爲$\frac{s^2+3s-4}{s^3+6s^2+11s+6}$的系統，下何者非其特性方程式之根　(A)－1　(B)－2　(C)－3　(D)－4。

答案：

1. D
2. $\left(\frac{1}{2}-\frac{1}{2}e^{-2t}\right)u(t)$
3. $0.25e^{-t}+\cos t$
4. D

3-2　方塊圖

數學式的表示方式，有時並不能把一個系統各部分運作關係表達的很好，使用方塊圖剛好可以彌補此項缺陷。

方塊圖一般由以下幾個基本符號組成：

1. 信號傳送箭頭：用以表示信號傳送方向。
2. 方塊：用以表示系統的某一元件或某一部分組成，如圖3-1(a)。
3. 匯合點：不同信號來源的匯合處，如圖3-1(b)所示，其中$C = R_1 \pm R_2$。當$C = R_1 - R_2$時，此匯合點又稱爲比較器。
4. 分支點：同一信號向不同方向傳送的分叉點，如圖3-1(c)所示。

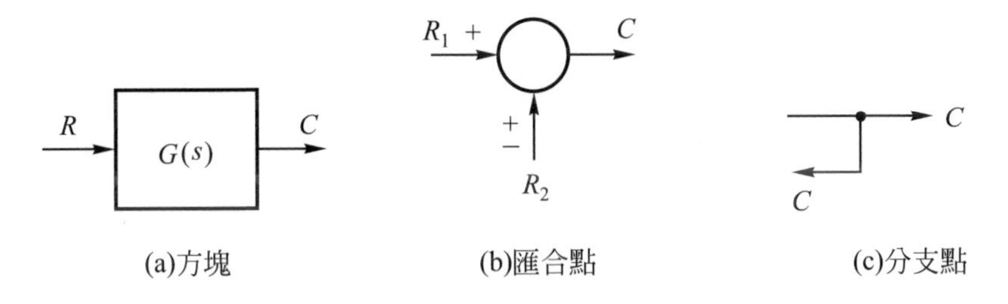

圖3-1　方塊圖的符號

方塊圖可經由一些化簡的步驟，而求得轉移函數，化簡法則如圖3－2所示。

1. 串聯：

2. 並聯：

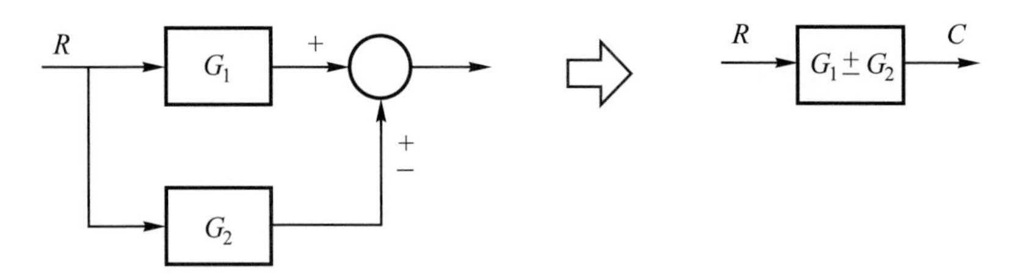

3. 匯合點後移：

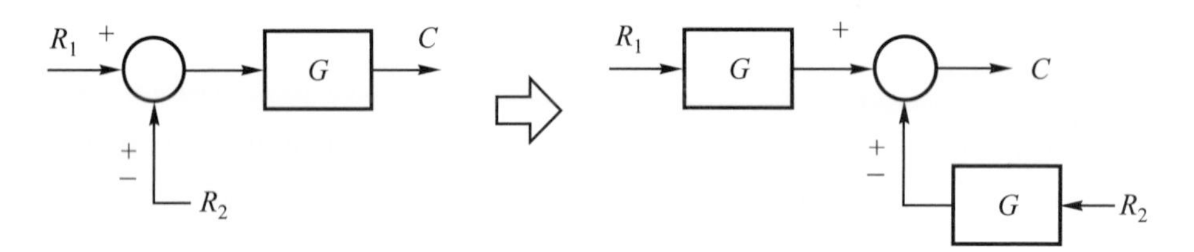

4. 匯合點前移：

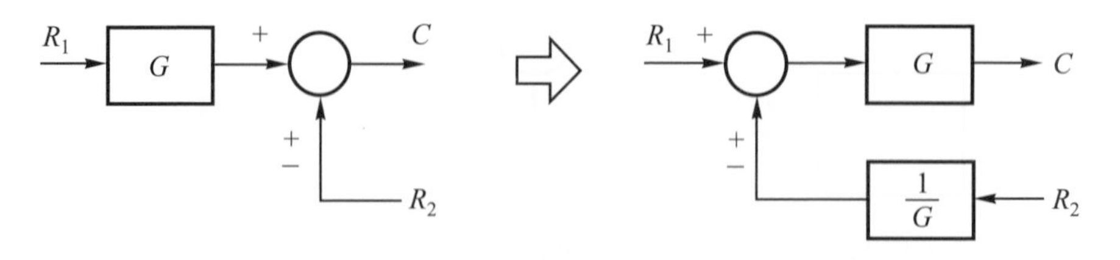

圖 3-2　方塊圖化簡法則

5.　分支點前移：

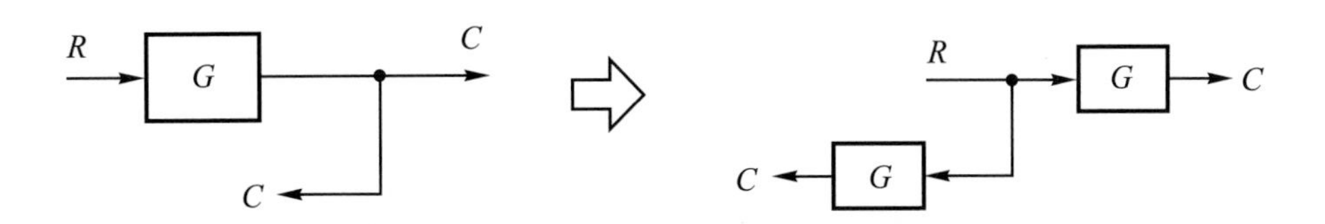

6.　分支點後移：

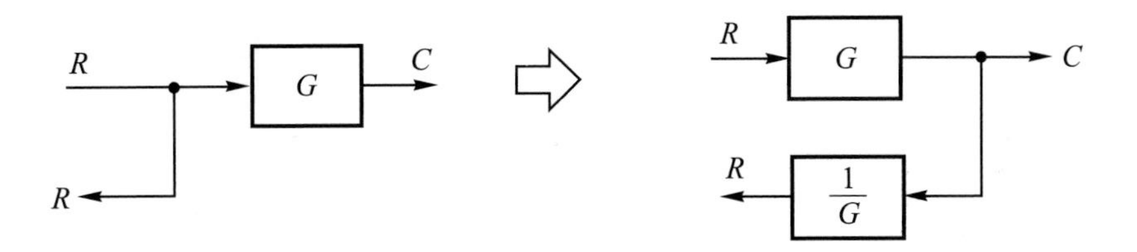

7.　基本回授迴路：

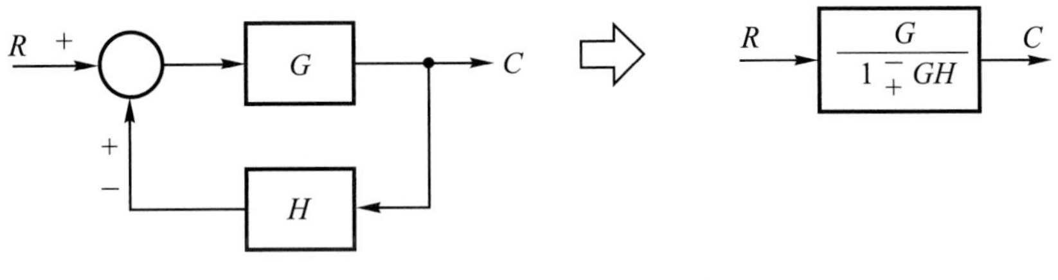

圖 3-2　方塊圖化簡法則(續)

例 3-2 用方塊圖化簡法則，求圖 3-3(a)的轉移函數$\frac{C(s)}{R(s)}=$？

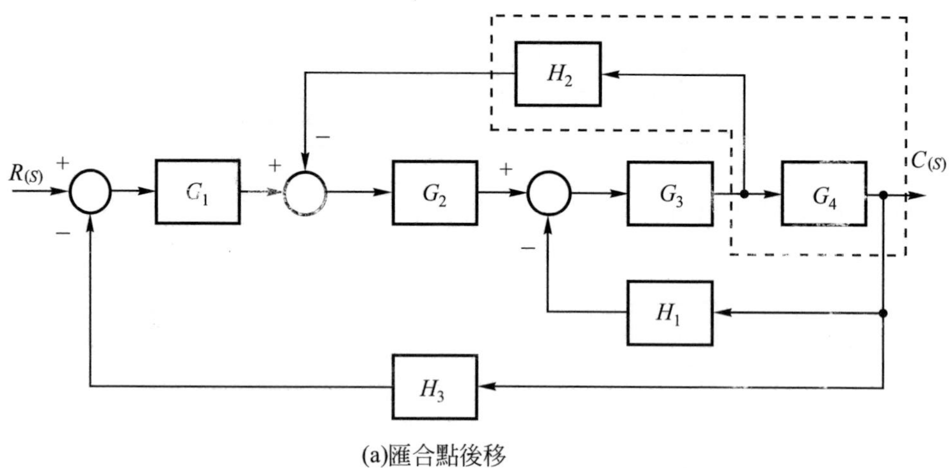

(a)匯合點後移

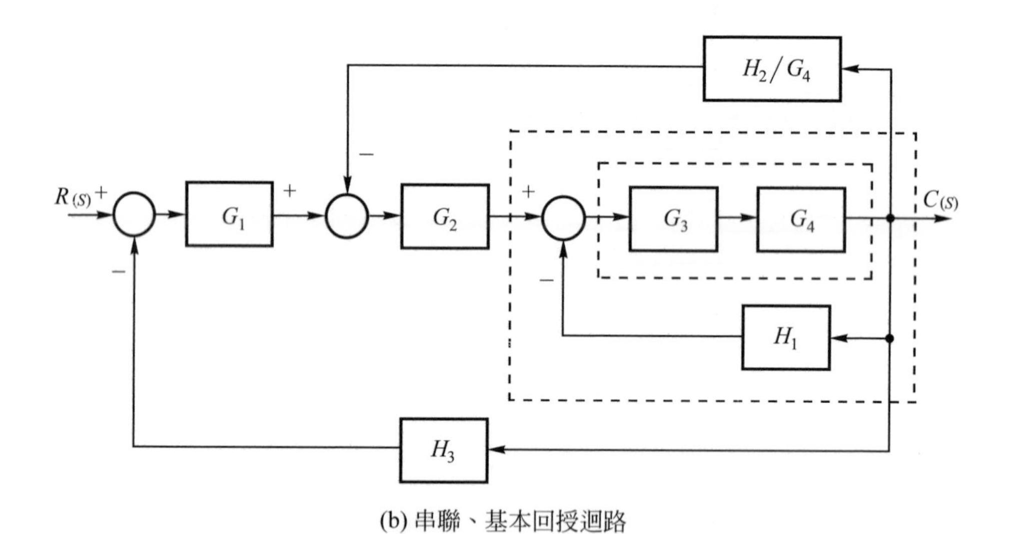

(b) 串聯、基本回授迴路

圖 3-3 例 3-2 系統方塊圖的化簡

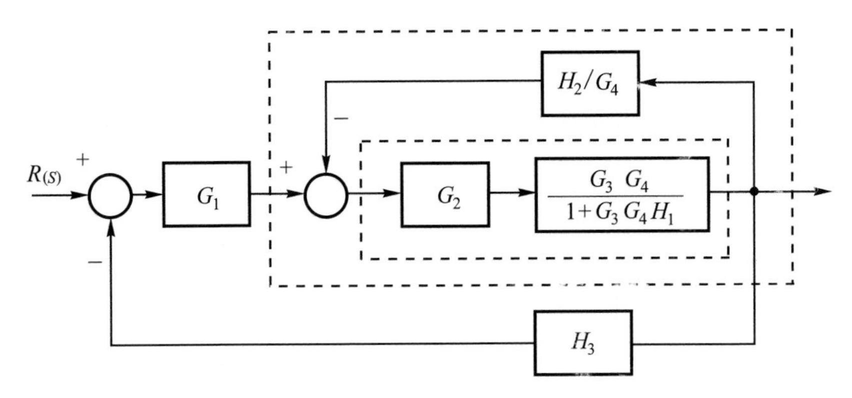

(c) 串聯、基本回授迴路

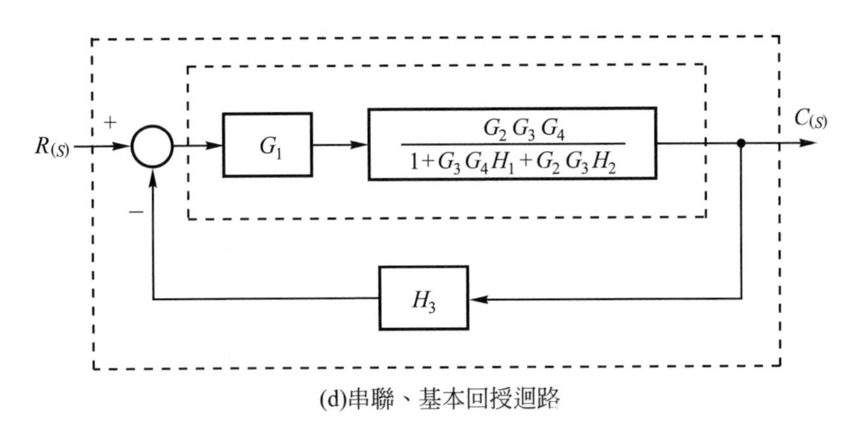

(d)串聯、基本回授迴路

$R_{(S)}$ → $\dfrac{G_1 G_2 G_3 G_4}{1+G_3G_4H_1+G_2G_3H_2+G_1G_2G_3G_4H_3}$ → $C_{(S)}$

(e) $\dfrac{C_{(S)}}{R_{(S)}}$ 轉移函數

圖 3-3　例 3-2 系統方塊圖的化簡(續)

根據圖 3-3 的化簡步驟，可得轉移函數爲

$$\frac{C(s)}{R(s)}=\frac{G_1 G_2 G_3 G_4}{1+G_3 G_4 H_1+G_2 G_3 H_2+G_1 G_2 G_3 G_4 H_3} \tag{3-12}$$

練習題

1. 求圖 3-4 轉移函數 $C(s) / R(s) = ?$

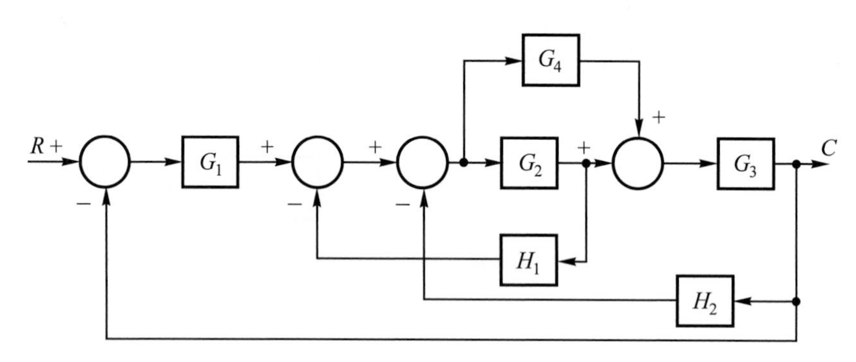

圖 3-4

2. 求圖 3-5 轉移函數 $\left.\dfrac{C(s)}{R(s)}\right|_{N(s)=0} = ?$ $\left.\dfrac{C(s)}{N(s)}\right|_{R(s)=0} = ?$

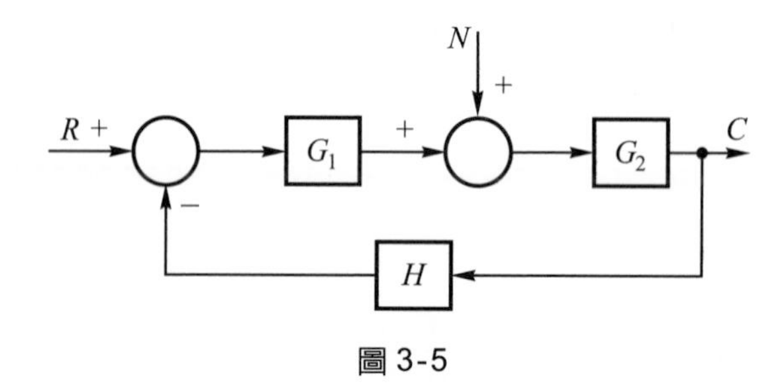

圖 3-5

答案：

1. $\dfrac{G_1 G_3 (G_2 + G_4)}{1 + G_2 H_1 + G_2 G_3 H_2 + G_3 G_4 H_2 + G_1 G_2 G_3 + G_1 G_3 G_4}$

2. $\dfrac{G_1 G_2}{1 + G_1 G_2 H}$，$\dfrac{G_2}{1 + G_1 G_2 H}$

3-3　信號流程圖(Signal flow graph)

上節說明了方塊圖可用化簡法則求其輸出與輸入的轉移函數，當系統比較複雜時，此項化簡工作顯得繁雜而不易，因此有另一種替代方法被提出來，此即本節將介紹的信號流程圖。

信號流程圖主要是以節點(Nodes，圓圈符號)代表信號，而以帶有箭頭的線段表示信號傳送方向。如圖 3-6 所示，為一最簡單的信號傳送關係，表示輸出信號C是由輸入信號R乘上增益G而傳送來的，而以$C=GR$表示。

R　G　C

圖 3-6　$C=GR$的信號流程圖

一個線性非時變系統可以用一組線性聯立方程式來表示其信號之關係，例如：

$$\begin{cases} x_2 = a_{12}x_1 + a_{32}x_3 + a_{42}x_4 \\ x_3 = a_{23}x_2 \\ x_4 = a_{34}x_3 + a_{44}x_4 \\ x_5 = a_{35}x_3 + a_{45}x_4 \end{cases} \tag{3-13}$$

上列式子已經依信號的因果關係整理好了，即x_1只能當輸入信號，所以不能寫在等號左邊，其餘信號則可，另外，等號左邊只能有一個代表輸出的信號。式(3-13)的信號流程圖如圖 3-7 所示，因為x_1只能當輸入，其節點排在最左邊，而x_5只能當輸出，其節點排在最右邊，其餘節點依序排列。

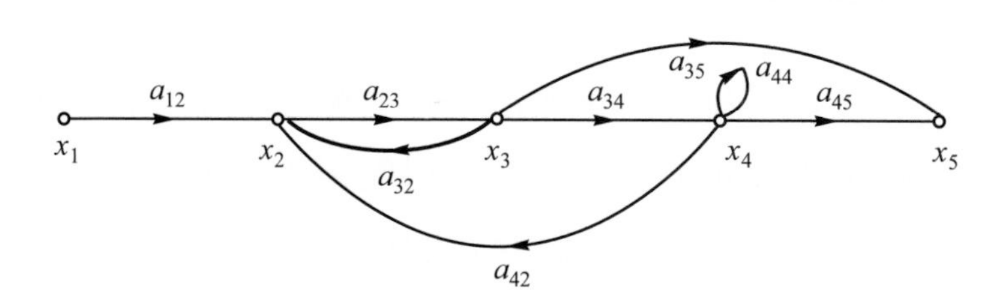

圖 3-7 式(3-13)之信號流程圖

信號流程圖的重要名詞說明如下：

1. 輸入節點(Input node)：只有向外傳送信號的節點，圖 3-7 中的x_1即是。

2. 輸出節點(Output node)：只有從其他節點傳送信號進來的節點，圖 3-7 中的x_5即是。

一個非輸出節點，可以引出一個向外的分支，而形成一個輸出節點，且此輸出節點對原系統，不會有任何影響，我們可以圖 3-8(a)的簡單例子說明。

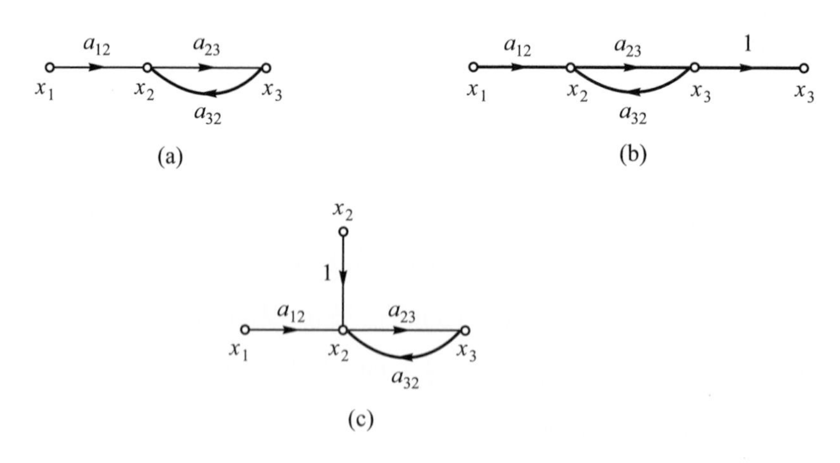

圖 3-8 輸出、輸入節點說明例

圖3-8(a)中的信號流程圖，可寫成如下的關係式：

$$\begin{cases} x_2 = a_{12}x_1 + a_{32}x_3 \\ x_3 = a_{23}x_2 \end{cases} \tag{3-14}$$

從輸出節點的定義可知，x_3並非輸出節點，如果像圖3-8(b)引出一新的分支，則只增加了一個

$$x_3 = x_3 \tag{3-15}$$

的關係式，並不影響原來的系統。

圖3-8(a)中的x_2也非輸入節點，如果像圖3-8(c)加入一新的分支到x_2，則會使原系統的關係式變成

$$\begin{cases} x_2 = a_{12}x_1 + x_2 + a_{32}x_3 \\ x_3 = a_{23}x_2 \end{cases} \tag{3-16}$$

此與原系統不同。由此可知，輸出節點可藉由引出一分支而得到，但是輸入節點則不可隨意創造。

3. 路徑(Path)：即從一節點沿著信號傳送分支到達另一節點，其間所經過的分支組成稱之。圖3-7中，$x_1 \to x_2 \to x_3 \to x_4 \to x_5$即爲由$x_1$到$x_5$的一個路徑。
4. 前向路徑(Forward path)：從輸入節點沿著信號傳送分支到輸出節點，且每一節點只能經過一次，稱爲前向路徑。圖3-7中，由輸入x_1到輸出x_5有兩條前向路徑，分別爲$x_1 \to x_2 \to x_3 \to x_4 \to x_5$及$x_1 \to x_2 \to x_3 \to x_5$，如圖3-9(a)所示。
5. 迴路(Loop)：從任一節點沿著信號傳送分支再回到原節點，且除了起點與終點爲同一節點外，每一節點只能經過一次。圖3-7中，共有三個迴路，如圖3-9(b)所示。

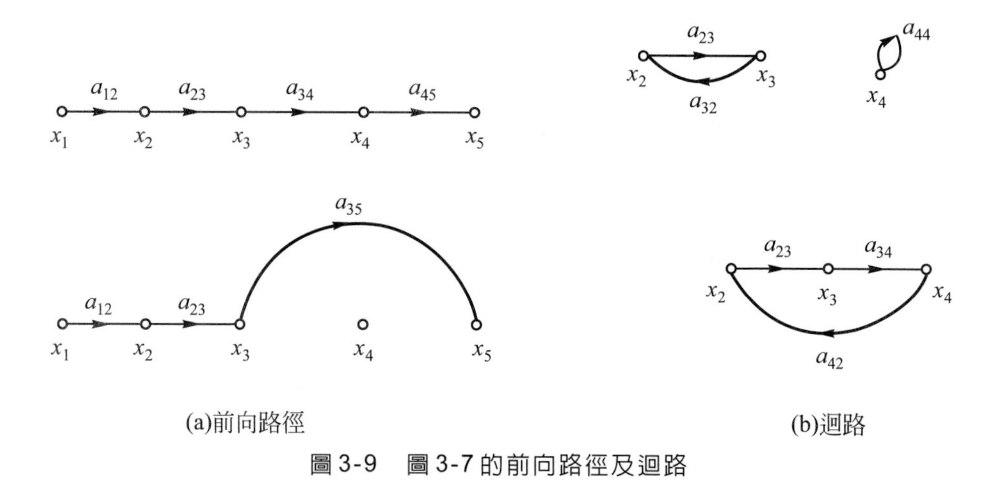

圖 3-9　圖 3-7 的前向路徑及迴路

6. 前向路徑增益(Forward-path gain)：前向路徑所經過的每一分支增益相乘積。圖 3-7 的兩條前向路徑增益分別爲$a_{12}a_{23}a_{34}a_{45}$及$a_{12}a_{23}a_{35}$。
7. 迴路增益(Loop gain)：迴路所經過的每一分支增益相乘積。圖 3-7 的三個迴路增益分別爲$a_{23}a_{32}$，a_{44}及$a_{23}a_{34}a_{42}$。
8. 不接觸(No-touching)：兩迴路若沒有共用節點，稱此兩迴路爲兩不接觸迴路；同理，三個以上迴路，若兩兩之間也沒有共用節點，則稱爲三不接觸迴路，四不接觸迴路……等等。一迴路與一前向路徑沒有共用節點，也可稱爲不接觸。

3-4 梅森增益公式

計算信號流程圖中任意輸出節點與輸入節點的增益關係可使用梅森增益公式(Mason's Gain Formula)：

$$\frac{y_{\text{out}}}{y_{\text{in}}}=\frac{\sum_{i=1}^{m}P_i\,\Delta_i}{\Delta} \tag{3-17}$$

y_{in}：輸入節點

y_{out}：輸出節點

m：前向路徑的個數

P_i：第i條前向路徑增益

$$\Delta = 1 - \sum_{r} L_r + \sum_{s,t} L_s L_t - \sum_{u,v,w} L_u L_v L_w + \cdots \tag{3-18}$$

其中：L_r為單獨迴路增益，

$L_s L_t$為兩個不接觸迴路增益乘積。

$L_u L_v L_w$為三個不接觸迴路增益乘積。

式(3-18)可用口語化的方式書寫成：

$\Delta = 1 -$ (所有單獨迴路增益的總和)

$+$ (所有兩不接觸迴路增益乘積的總和)

$-$ (所有三不接觸迴路增益乘積的總和)

$+ \cdots$ (3-19)

Δ_i：與第i條前向路徑不接觸的 Δ，即去除與第i條前向路徑接觸的迴路，剩下的迴路即為與第i條前向路徑不接觸迴路，以這些迴路所寫出的Δ即為Δ_i。

例 3-3　用梅森增益公式求下列信號流程圖之增益$\dfrac{Y_5}{Y_1} = ?$

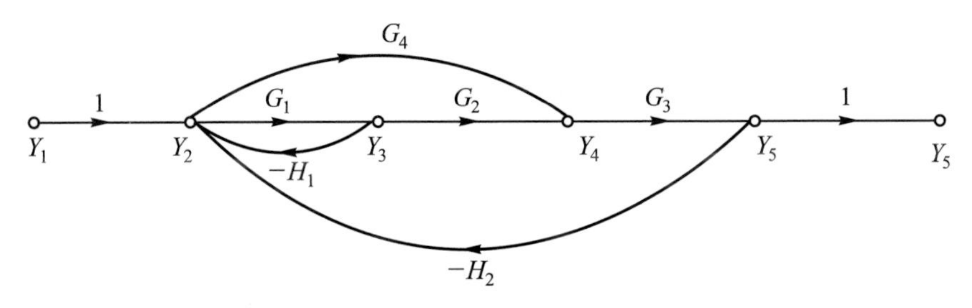

圖 3-10　例 3-3 的信號流程圖

解：迴路有三個，其增益分別為

$L_1 = -G_1H_1$，$L_2 = -G_3G_4H_2$，$L_3 = -G_1G_2G_3H_2$

因為沒有兩不接觸迴路的情況，所以

$$\Delta = 1 - (L_1 + L_2 + L_3)$$
$$= 1 + G_1H_1 + G_3G_4H_2 + G_1G_2G_3H_2$$

前向路徑有二條，其增益分別為

$P_1 = G_1G_2G_3$，$P_2 = G_3G_4$

因為每一條前向路徑均與每一迴路接觸，所以$\Delta_1 = 1$，$\Delta_2 = 1$

代入梅森增益公式可得

$$\frac{Y_5}{Y_1} = \frac{P_1\Delta_1 + P_2\Delta_2}{\Delta} = \frac{G_1G_2G_3 + G_3G_4}{1 + G_1H_1 + G_3G_4H_2 + G_1G_2G_3H_2}$$

例 3-4　用梅森增益公式，求下列信號流程圖之增益$\dfrac{Y_5}{Y_1} = ?$

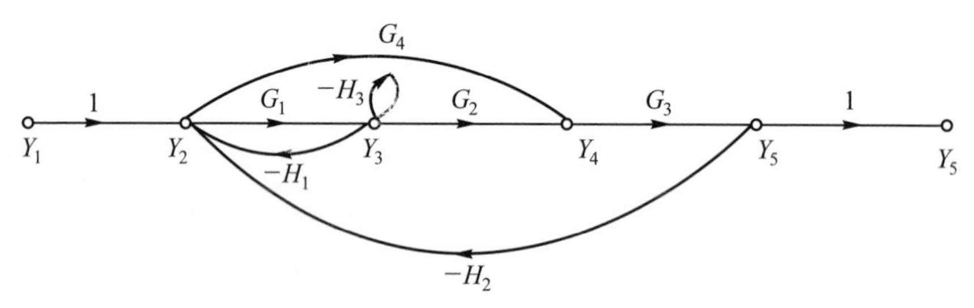

圖 3-11　例 3-4 的信號流程圖

解：迴路有四個，其增益分別為

$L_1 = -G_1H_1$，$L_2 = -G_3G_4H_2$，$L_3 = -G_1G_2G_3H_2$，$L_4 = -H_3$

其中有一組兩不接觸迴路，其增益乘積為

$L_2L_4 = G_3G_4H_2H_3$

所以

$$\Delta = 1 - (L_1 + L_2 + L_3 + L_4) + L_2L_4$$
$$= 1 + G_1H_1 + G_3G_4H_2 + G_1G_2G_3H_2 + H_3 + G_3G_4H_2H_3$$

前向路徑有二條，其增益分別爲

$$P_1 = G_1G_2G_3，P_2 = G_3G_4$$

第一條前向路徑與四迴路都有接觸，所以$\Delta_1 = 1$
第二條前向路徑與L_4迴路不接觸，所以$\Delta_2 = 1 + H_3$
代入梅森增益公式可得

$$\frac{Y_5}{Y_1} = \frac{P_1\Delta_1 + P_2\Delta_2}{\Delta}$$
$$= \frac{G_1G_2G_3 + G_3G_4(1 + H_3)}{1 + G_1H_1 + G_3G_4H_2 + G_1G_2G_3H_2 + H_3 + G_3G_4H_2H_3}$$

梅森增益公式只適用於求輸出節點與輸入節點的增益關係，如果要求任一輸出節點與一非輸入節點之增益關係，可做如下的修正：

$$\frac{y_{\text{out}}}{y_2} = \frac{y_{\text{out}} / y_{\text{in}}}{y_2 / y_{\text{in}}} \tag{3-20}$$

上式y_2爲非輸入節點，式(3-20)的分子及分母可分別以梅森增益公式求得。

例 3-5　圖 3-11 如果要求$\frac{Y_5}{Y_2}$，可先求及$\frac{Y_5}{Y_1}$及$\frac{Y_2}{Y_1}$，由Y_1到Y_2的前向路徑只有一條，且其增益爲$P_1 = 1$，其對應的$\Delta_1 = 1 + H_3$
所以

$$\frac{Y_2}{Y_1} = \frac{P_1\Delta_1}{\Delta} = \frac{1 + H_3}{\Delta}$$

則

$$\frac{Y_5}{Y_2} = \frac{Y_5 / Y_1}{Y_2 / Y_1} = \frac{G_1G_2G_3 + G_3G_4(1 + H_3)}{1 + H_3}$$

練習題

1. 求圖 3-12 之$\frac{C(s)}{R(s)}$＝？

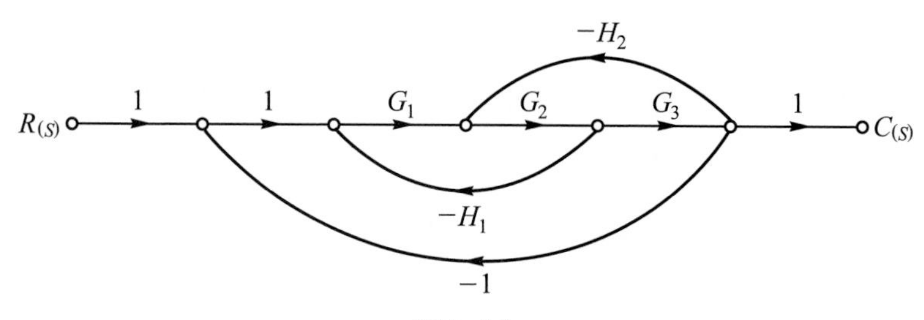

圖 3-12

2. 求圖 3-13 之y_3／y_1＝？

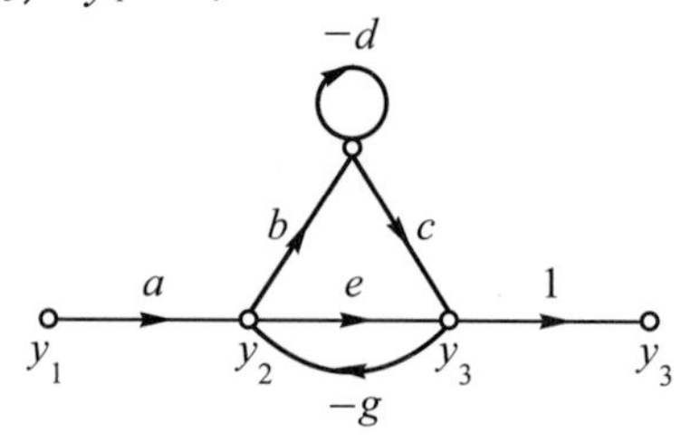

圖 3-13

3. 求圖 3-14 之$\frac{Y(s)}{R(s)}$＝？$\frac{U(s)}{R(s)}$＝？

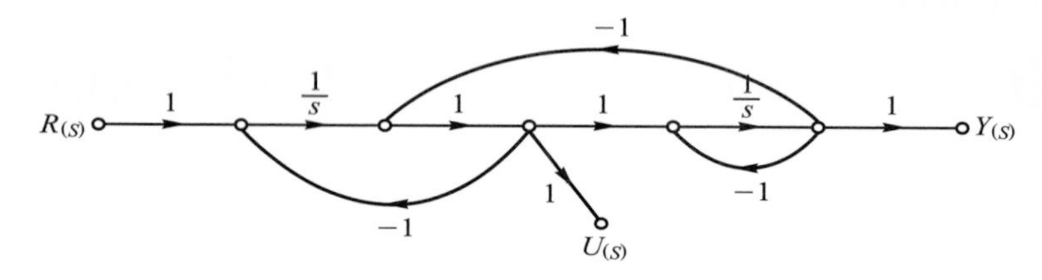

圖 3-14

答案：

1. $\dfrac{G_1G_2G_3}{1+G_1G_2H_1+G_2G_3H_2+G_1G_2G_3}$

2. $\dfrac{abc+ade+ae}{1+eg+d+bcg+deg}$

3. $\dfrac{1}{s^2+3s+1}$，$\dfrac{s+1}{s^2+3s+1}$

3-5 狀態方程式(State Eguation)

一個線性非時變系統，可以n階線性常微分方程式表示，如式(3－21)所示。

$$\frac{d^n c(t)}{dt^n} + a_{n-1}\frac{d^{n-1}c(t)}{dt^{n-1}} + a_{n-2}\frac{d^{n-2}c(t)}{dt^{n-2}} + \cdots + a_1\frac{dc(t)}{dt} + a_0 c(t) = r(t) \tag{3-21}$$

其中$r(t)$為輸入，$c(t)$為輸出，a_{n-1}，a_{n-2}，…，a_1，a_0為常數。

通常一個n階微分方程式，可重新定義n個變數而改寫成n個一階微分方程式的組合。此n個變數稱為狀態變數(state variable)，而此n個一階微分方程式的組合稱為狀態方程式。

最容易的狀態變數定義方式為：

$$\begin{cases} x_1(t) = c(t) \\ x_2(t) = \dfrac{dc(t)}{dt} \\ x_3(t) = \dfrac{d^2c(t)}{dt^2} \\ \vdots \\ x_{n-1}(t) = \dfrac{d^{n-2}c(t)}{dt^{n-2}} \\ x_n(t) = \dfrac{d^{n-1}c(t)}{dt^{n-1}} \end{cases} \tag{3-22}$$

將上式取微分，並以狀態變數取代所有$c(t)$及其各階導數，可得狀態方程式

$$\begin{cases} \dfrac{dx_1(t)}{dt} = x_2(t) \\ \dfrac{dx_2(t)}{dt} = x_3(t) \\ \vdots \\ \dfrac{dx_{n-1}(t)}{dt} = x_n(t) \\ \dfrac{dx_n(t)}{dt} = -a_0x_1(t) - a_1x_2(t) - \cdots - a_{n-2}x_{n-1}(t) - a_{n-1}x_n(t) + r(t) \end{cases} \tag{3-23}$$

上式可改寫成矩陣形式：

$$\begin{bmatrix} \dfrac{dx_1(t)}{dt} \\ \dfrac{dx_2(t)}{dt} \\ \vdots \\ \dfrac{dx_{n-1}(t)}{dt} \\ \dfrac{dx_n(t)}{dt} \end{bmatrix} = \begin{bmatrix} 0 & 1 & 0 & \cdots & 0 \\ 0 & 0 & 1 & \cdots & 0 \\ \vdots & \vdots & \vdots & \vdots & \vdots \\ 0 & 0 & 0 & \cdots & 1 \\ -a_0 & -a_1 & -a_2 & \cdots & -a_{n-1} \end{bmatrix} \begin{bmatrix} x_1(t) \\ x_2(t) \\ \vdots \\ x_{n-1}(t) \\ x_n(t) \end{bmatrix} + \begin{bmatrix} 0 \\ 0 \\ \vdots \\ 0 \\ 1 \end{bmatrix} r(t) \tag{3-24}$$

或簡寫成

$$\frac{dx(t)}{dt} = Ax(t) + Br(t) \tag{3-25}$$

其中

$$x(t)=\begin{bmatrix} x_1(t) \\ x_2(t) \\ \vdots \\ x_n(t) \end{bmatrix}，A=\begin{bmatrix} 0 & 1 & 0 & \cdots & 0 \\ 0 & 0 & 1 & \cdots & 0 \\ \vdots & \vdots & \vdots & \vdots & \vdots \\ 0 & 0 & 0 & \cdots & 1 \\ -a_0 & -a_1 & -a_2 & \cdots & -a_{n-1} \end{bmatrix}，B=\begin{bmatrix} 0 \\ 0 \\ \vdots \\ 0 \\ 1 \end{bmatrix}$$

凡是矩陣A有如上形式的狀態方程式，稱爲相位變數標準式(Phase-variable canonical form)。

輸出方程式也可寫成

$$c(t)=x_1(t) \tag{3-26}$$

或寫成矩陣形式

$$c(t)=Dx(t) \tag{3-27}$$

其中$D=[1 \quad 0 \quad \cdots \quad 0]$

例 3-6　一系統的微分方程式爲

$$\frac{d^3c(t)}{dt^3}+6\frac{d^2c(t)}{dt^2}+11\frac{dc(t)}{dt}+6c(t)=r(t)$$

其中$r(t)$爲輸入，$c(t)$爲輸出，可定義三個狀態變數

$$\begin{cases} x_1(t)=c(t) \\ x_2(t)=\dfrac{dc(t)}{dt} \\ x_3(t)=\dfrac{d^2c(t)}{dt^2} \end{cases}$$

將其微分，並代換成狀態變數表示式，即得狀態方程式：

$$\begin{cases} \dfrac{dx_1(t)}{dt} = x_2(t) \\ \dfrac{dx_2(t)}{dt} = x_3(t) \\ \dfrac{dx_3(t)}{dt} = -6x_1(t) - 11x_2(t) - 6x_3(t) + r(t) \end{cases}$$

而輸出方程式爲

$$c(t) = x_1(t)$$

若以矩陣形式來表示動態方程式，則爲

$$\begin{bmatrix} \dfrac{dx_1(t)}{dt} \\ \dfrac{dx_2(t)}{dt} \\ \dfrac{dx_3(t)}{dt} \end{bmatrix} = \begin{bmatrix} 0 & 1 & 0 \\ 0 & 0 & 1 \\ -6 & -11 & -6 \end{bmatrix} \begin{bmatrix} x_1(t) \\ x_2(t) \\ x_3(t) \end{bmatrix} + \begin{bmatrix} 0 \\ 0 \\ 1 \end{bmatrix} r(t)$$

$$c(t) = [1 \quad 0 \quad 0] \begin{bmatrix} x_1(t) \\ x_2(t) \\ x_3(t) \end{bmatrix}$$

當線性非時變系統以微分方程式表示爲

$$\frac{d^n c(t)}{dt^n} + a_{n-1}\frac{d^{n-1}c(t)}{dt^{n-1}} + a_{n-2}\frac{d^{n-2}c(t)}{dt^{n-2}} + \cdots + a_1\frac{dc(t)}{dt} + a_0 c(t)$$
$$= b_n\frac{d^n r(t)}{dt^n} + b_{n-1}\frac{d^{n-1}r(t)}{dt^{n-1}} + \cdots + b_1\frac{dr(t)}{dt} + b_o r(t) \qquad (3\text{-}28)$$

可假設狀態變數爲

$$\begin{cases} x_1(t) = c(t) - h_1\, r(t) \\ x_2(t) = \dfrac{dx_1(t)}{dt} - h_2\, r(t) \\ x_3(t) = \dfrac{dx_2(t)}{dt} - h_3\, r(t) \\ \quad\vdots \\ x_n(t) = \dfrac{dx_{n-1}(t)}{dt} - h_n\, r(t) \end{cases} \tag{3-29}$$

其中：$h_1 = b_n$

$$h_2 = b_{n-1} - a_{n-1}\, h_1$$
$$h_3 = b_{n-2} - a_{n-2}\, h_1 - a_{n-1}\, h_2$$
$$h_4 = b_{n-3} - a_{n-3}\, h_1 - a_{n-2}\, h_2 - a_{n-1}\, h_3$$
$$\vdots$$
$$h_n = b_1 - a_1 h_1 - a_2 h_2 - a_3 h_3 - \cdots - a_{n-1}\, h_{n-1}$$
$$h_{n+1} = b_0 - a_0 h_1 - a_1 h_2 - a_2 h_3 - \cdots - a_{n-1}\, h_n$$

則狀態方程式可表示爲

$$\begin{cases} \dfrac{dx_1(t)}{dt} = x_2(t) + h_2\, r(t) \\ \dfrac{dx_2(t)}{dt} = x_3(t) + h_3\, r(t) \\ \quad\vdots \\ \dfrac{dx_{n-1}(t)}{dt} = x_n(t) + h_n\, r(t) \\ \dfrac{dx_n(t)}{dt} = -a_o x_1(t) - a_1 x_2(t) - \cdots - a_{n-1} x_n(t) + h_{n+1} r(t) \end{cases} \tag{3-30}$$

或寫成矩陣的形式：

$$\frac{dx(t)}{dt} = Ax(t) + Br(t) \tag{3-31}$$

其中$x(t) = \begin{bmatrix} x_1(t) \\ x_2(t) \\ \vdots \\ x_n(t) \end{bmatrix}$爲狀態向量，

$$A = \begin{bmatrix} 0 & 1 & 0 & \cdots & 0 \\ 0 & 0 & 1 & \cdots & 0 \\ \vdots & \vdots & \vdots & & \vdots \\ 0 & 0 & 0 & \cdots & 1 \\ -a_0 & -a_1 & -a_2 & \cdots & -a_{n-1} \end{bmatrix}，B = \begin{bmatrix} h_2 \\ h_3 \\ \vdots \\ h_n \\ h_{n+1} \end{bmatrix}$$

輸出方程式可寫成

$$c(t) = x_1(t) + h_1 r(t) \tag{3-32}$$

以矩陣形式表示爲

$$c(t) = Dx(t) + Er(t) \tag{3-33}$$

其中：$D = [1 \quad 0 \quad \cdots \quad 0]$，$E = [h_1]$

例 3-7 一系統的微分方程式爲

$$\frac{d^3c(t)}{dt^3} + 3\frac{d^2c(t)}{dt^2} + 4\frac{dc(t)}{dt} + 5c(t) = 2\frac{d^2r(t)}{dt^2} + 3\frac{dr(t)}{dt} + r(t)$$

其中$r(t)$爲輸入，$c(t)$爲輸出。根據上面的規則，可計算出$h_1 = 0$，$h_2 = 2$，$h_3 = -3$，$h_4 = 2$，

則可定義狀態變數爲

$$\begin{cases} x_1(t) = c(t) \\ x_2(t) = \dfrac{dx_1(t)}{dt} - 2r(t) \\ x_3(t) = \dfrac{dx_2(t)}{dt} + 3r(t) \end{cases}$$

則狀態方程式可表示爲

$$\begin{cases} \dfrac{dx_1(t)}{dt} = x_2(t) + 2r(t) \\ \dfrac{dx_2(t)}{dt} = x_3(t) - 3r(t) \\ \dfrac{dx_3(t)}{dt} = -5x_1(t) - 4x_2(t) - 3x_3(t) + 2r(t) \end{cases}$$

寫成矩陣的形式

$$\begin{bmatrix} \dfrac{dx_1(t)}{dt} \\ \dfrac{dx_2(t)}{dt} \\ \dfrac{dx_3(t)}{dt} \end{bmatrix} = \begin{bmatrix} 0 & 1 & 0 \\ 0 & 0 & 1 \\ -5 & -4 & -3 \end{bmatrix} \begin{bmatrix} x_1(t) \\ x_2(t) \\ x_3(t) \end{bmatrix} + \begin{bmatrix} 2 \\ -3 \\ 2 \end{bmatrix} r(t)$$

輸出方程式可寫成

$$c(t) = x_1(t)$$

以矩陣形式表示爲

$$c(t) = \begin{bmatrix} 1 & 0 & 0 \end{bmatrix} \begin{bmatrix} x_1(t) \\ x_2(t) \\ x_3(t) \end{bmatrix}$$

狀態方程式與輸出方程式一般合稱動態方程式(dynamic equation)，若輸出$c(t)$與輸入$r(t)$有關，則動態方程式的表示法可寫成

$$\begin{cases} \dfrac{dx(t)}{dt} = Ax(t) + Br(t) & (3-34a) \\ c(t) = Dx(t) + Er(t) & (3-34b) \end{cases}$$

其中矩陣A、B、C及D分別爲適當階次的常係數矩陣。

練習題

1. 試將下列微分方程式表示爲動態方程式。

(1) $\dfrac{d^3c(t)}{dt^3} + 5\dfrac{d^2c(t)}{dt^2} + 4\dfrac{dc(t)}{dt} + 2c(t) = r(t)$

(2) $\dfrac{d^3c(t)}{dt^3} + 5\dfrac{d^2c(t)}{dt^2} + 4\dfrac{dc(t)}{dt} + 2c(t) = \dfrac{dr(t)}{dt} + 2r(t)$

答案：

(1) $A = \begin{bmatrix} 0 & 1 & 0 \\ 0 & 0 & 1 \\ -2 & -4 & -5 \end{bmatrix}$，$B = \begin{bmatrix} 0 \\ 0 \\ 1 \end{bmatrix}$，$D = [1 \quad 0 \quad 0]$，$E = [0]$

(2) $A = \begin{bmatrix} 0 & 1 & 0 \\ 0 & 0 & 1 \\ -2 & -4 & -5 \end{bmatrix}$，$B = \begin{bmatrix} 0 \\ 1 \\ -3 \end{bmatrix}$，$D = [1 \quad 0 \quad 0]$，$E = [0]$

3-6 狀態圖(State diagram)

一個由式(3-21)所表示的系統，可以重新寫成

$$\frac{d^n c(t)}{dt^n} = -a_{n-1}\frac{d^{n-1}c(t)}{dt^{n-1}} - a_{n-2}\frac{d^{n-2}c(t)}{dt^{n-2}} - \cdots - a_1\frac{dc(t)}{dt} - a_0 c(t) + r(t) \quad (3\text{-}35)$$

若分別以r，$c^{(n-1)}$，$c^{(n-2)}$，…，$\dot{c}$，c爲節點，可根據上式畫出系統的信號流程圖(如圖 3-15(a))。

在圖 3-15(a)中，我們以s^{-1}代表節點間的積分關係；同時也在積分器的輸出節點上加入初始值。此種包括積分器s^{-1}分支的信號流程圖特別稱爲狀態圖。

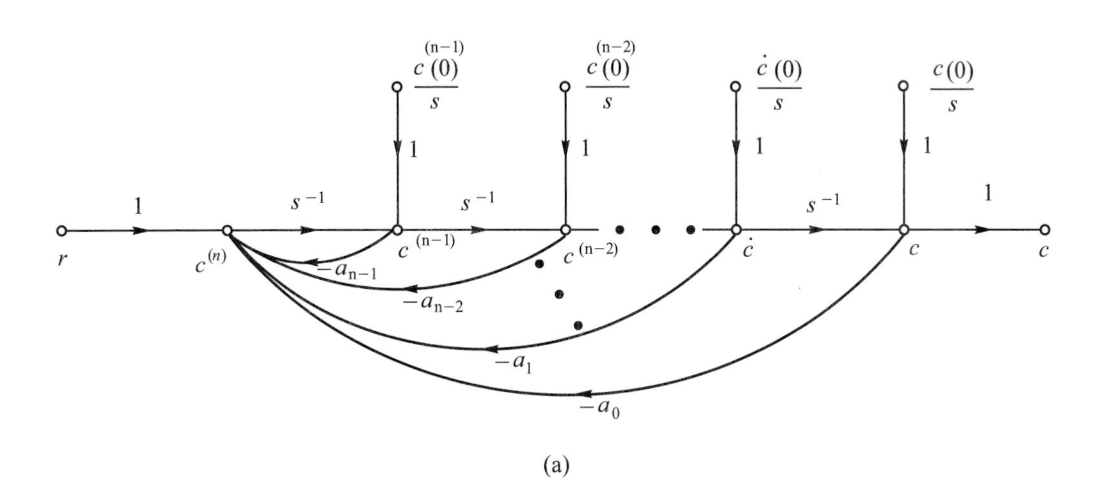

(a)

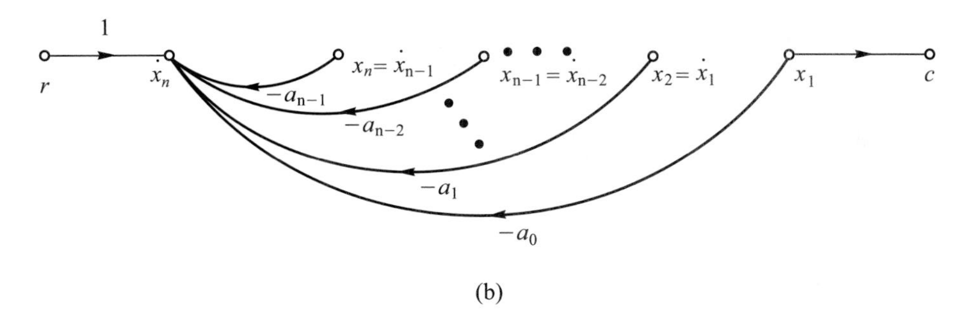

(b)

圖 3-15　n階線性非時變系統的狀態圖

3-6.1 由狀態圖求動態方程式

一個系統的狀態圖如果已經繪出，通常可定義圖中每個積分器的輸出節點爲狀態變數；同時將所有積分器s^{-1}的分支與初始值的輸入省略，則可由梅森增益公式求得系統的動態方程式。

以圖 3-15(a)的n階系統狀態圖爲例，可歸納如下的步聚：

1. 由右而左依序定義每個積分器輸出節點爲狀態變數$x_1(t)$，$x_2(t)$，…，$x_n(t)$，則每一個狀態變數節點的前一節點依次爲$\dot{x}_1(t)$，$\dot{x}_2(t)$，…，$\dot{x}_n(t)$。
2. 省略所有積分器s^{-1}的分支與初值輸入節點，可得圖 3-15(b)。
3. 利用梅森增益公式，可求得以$\dot{x}_1(t)$，$\dot{x}_2(t)$，…，$\dot{x}_n(t)$及$c(t)$爲輸出，而以$x_1(t)$，$x_2(t)$，…，$x_n(t)$及$r(t)$爲輸入的表示式(3-23)，式(3-26)即爲系統的動態方程式。

3-6.2 由狀態圖求轉移函數

一個系統的狀態圖已經繪出，亦可使用梅森增益公式間接求得輸出與輸入的轉移函數。

例 3-8 同例 3-6 的系統，其微分方程式重寫爲

$$\frac{d^3c(t)}{dt^3} = -6\frac{d^2c(t)}{dt^2} - 11\frac{dc(t)}{dt} - 6c(t) + r(t)$$

由左而右依序畫出$r(t)$，$\dddot{c}(t)$，$\ddot{c}(t)$，$\dot{c}(t)$，$c(t)$節點，並由上式的關係，可得圖 3-16(a)的狀態圖，圖中已加入積分器及初始值。

定義狀態變數x_1，x_2，x_3，並省略積分器分支與初始值，可得圖 3-16(b)，據以得到動態方程式。

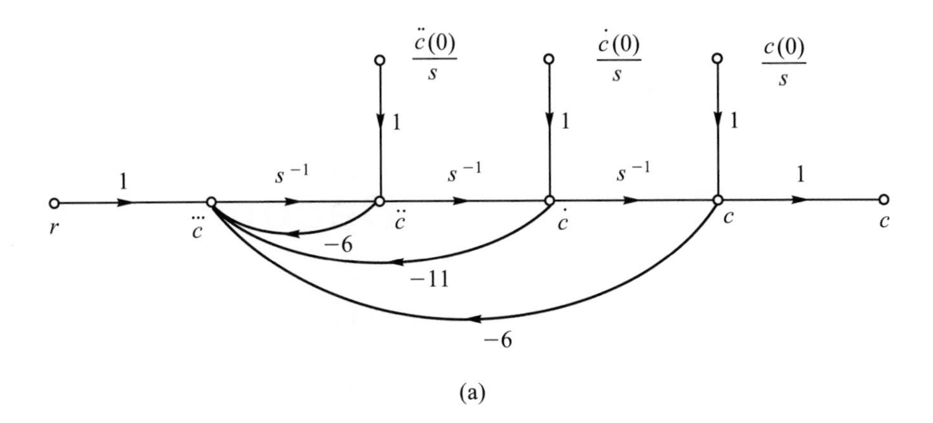

(a)

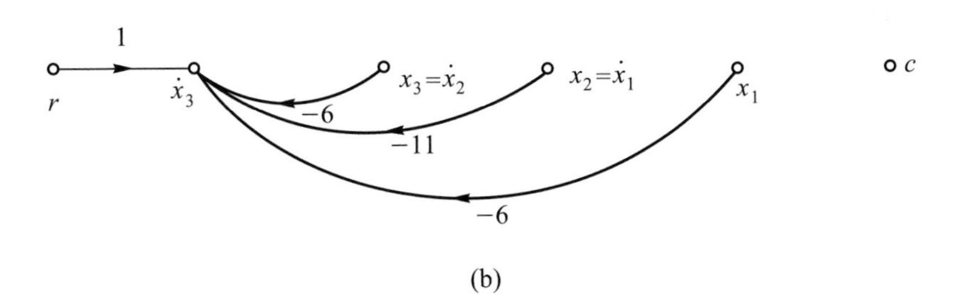

(b)

圖 3-16 例 3-7 的狀態圖

$$
\begin{cases}
\dfrac{dx_1(t)}{dt} = x_2(t) \\
\dfrac{dx_2(t)}{dt} = x_3(t) \\
\dfrac{dx_3(t)}{dt} = -6x_1(t) - 11x_2(t) - 6x_3(t) + r(t)
\end{cases}
$$

$$c(t) = x_1(t)$$

此與例 3-6 的結果相同。若要求輸出──輸入的轉移函數，可由圖 3-16(a)中，省略初始值輸入，並由梅森增益公式，即得

$$\frac{C(s)}{R(s)}=\frac{s^{-3}}{1+6s^{-1}+11s^{-2}+6s^{-3}}=\frac{1}{s^3+6s^2+11s+6}$$

此結果與直接把原來的微分方程式取拉氏轉換，並令初始值爲零，整理得到的答案相同。

3-7 轉移函數的分解(Decomposition of transfer functions)

上節中我們已說明了如何將一個以微分方程式表示的系統，繪出狀態圖，而據以寫出其動態方程式及轉移函數。本節要探討的是已知一個系統的轉移函數，如何繪出其狀態圖，並據以寫出其動態方程式，此項步驟稱爲轉移函數的分解。

轉移函數的分解有三種方式：直接分解法、串聯分解法及並聯分解法，分述如下：

3-7.1 直接分解法

已知一系統的轉移函數爲

$$\frac{C(s)}{R(s)}=\frac{a_2 s^2+a_1 s+a_0}{b_2 s^2+b_1 s+b_0} \tag{3-36}$$

則直接分解法的步驟如下：

1. 以s的最高次方同除分子，分母

$$\frac{C(s)}{R(s)}=\frac{a_2+a_1 s^{-1}+a_0 s^{-2}}{b_2+b_1 s^{-1}+b_0 s^{-2}} \tag{3-37}$$

2. 以一虛變$X(s)$同乘分子、分母

$$\frac{C(s)}{R(s)}=\frac{(a_2+a_1 s^{-1}+a_0 s^{-2})X(s)}{(b_2+b_1 s^{-1}+b_0 s^{-2})X(s)} \tag{3-38}$$

3. 令等號兩邊的分子等於分子，分母等於分母

$$C(s)=a_2X(s)+a_1s^{-1}X(s)+a_0s^{-2}X(s) \tag{3-39}$$

$$R(s)=b_2X(s)+b_1s^{-1}X(s)+b_0s^{-2}X(s) \tag{3-40}$$

4. 將式(3-40)整理成符合因果關係的式子

$$X(s)=\frac{1}{b_2}R(s)-\frac{b_1}{b_2}s^{-1}X(s)-\frac{b_0}{b_2}s^{-2}X(s) \tag{3-41}$$

5. 繪出以$R(s)$，$X(s)$，$s^{-1}X(s)$，$s^{-2}X(s)$及$C(s)$爲節點，且符合式(3-39)及式(3-41)的狀態圖(圖 3-17(a))，若需要可再加入初始值輸入。

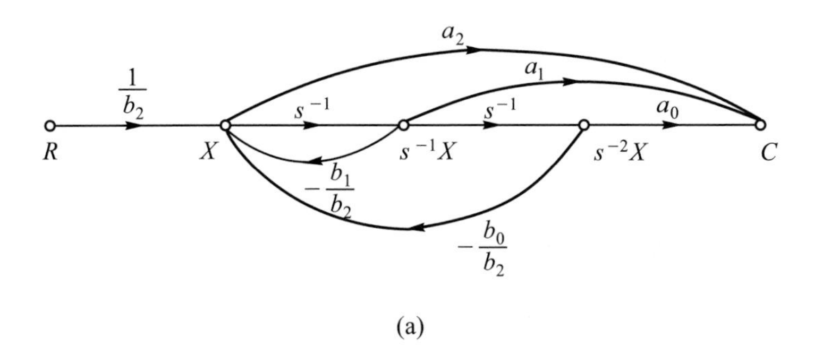

(a)

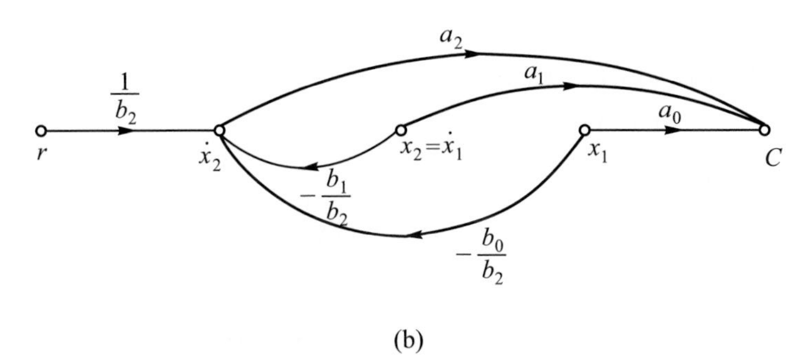

(b)

圖 3-17　直接分解法的狀態圖

定義圖 3-17(a)中的積分器輸出節點為狀態變數x_1，x_2，並省略s^{-1}分支，即得圖3-17(b)，則系統的動態方程式為

$$\begin{cases} \dfrac{dx_1(t)}{dt} = x_2(t) & \text{(3-42a)} \\ \dfrac{dx_2(t)}{dt} = -\dfrac{b_0}{b_2}x_1(t) - \dfrac{b_1}{b_2}x_2(t) + \dfrac{1}{b_2}r(t) & \text{(3-42b)} \end{cases}$$

$$c(t) = \left(a_0 - \frac{a_2 b_0}{b_2}\right)x_1(t) + \left(a_1 - \frac{a_2 b_1}{b_2}\right)x_2(t) + \frac{a_2}{b_2}r(t) \qquad \text{(3-42c)}$$

其矩陣形式為

$$\begin{bmatrix} \dfrac{dx_1(t)}{dt} \\ \dfrac{dx_2(t)}{dt} \end{bmatrix} = \begin{bmatrix} 0 & 1 \\ -\dfrac{b_0}{b_2} & -\dfrac{b_1}{b_2} \end{bmatrix} \begin{bmatrix} x_1(t) \\ x_2(t) \end{bmatrix} + \begin{bmatrix} 0 \\ \dfrac{1}{b_2} \end{bmatrix} r(t) \qquad \text{(3-43a)}$$

$$c(t) = \begin{bmatrix} a_0 - \dfrac{a_2 b_0}{b_2} & a_1 - \dfrac{a_2 b_1}{b_2} \end{bmatrix} \begin{bmatrix} x_1(t) \\ x_2(t) \end{bmatrix} + \begin{bmatrix} \dfrac{a_2}{b_2} \end{bmatrix} r(t) \qquad 7\text{(3-43b)}$$

可知其為相位變數標準式。

例 3-9 已知一系統的轉移函數為

$$\frac{C(s)}{R(s)} = \frac{s+3}{s^2+3s+2}$$

用直接分解法繪其狀態圖，步驟如下：

(1) $\dfrac{C(s)}{R(s)} = \dfrac{s^{-1}+3s^{-2}}{1+3s^{-1}+2s^{-2}}$

(2) $\dfrac{C(s)}{R(s)} = \dfrac{(s^{-1}+3s^{-2})X(s)}{(1+3s^{-1}+2s^{-2})X(s)}$

(3) $C(s) = s^{-1}X(s) + 3s^{-2}X(s)$

$R(s) = X(s) + 3s^{-1}X(s) + 2s^{-2}X(s)$

(4) 上式改寫成：

$$X(s) = R(s) - 3s^{-1}X(s) - 2s^{-2}X(s)$$

(5)　繪出狀態圖，如圖 3-18(a)所示。

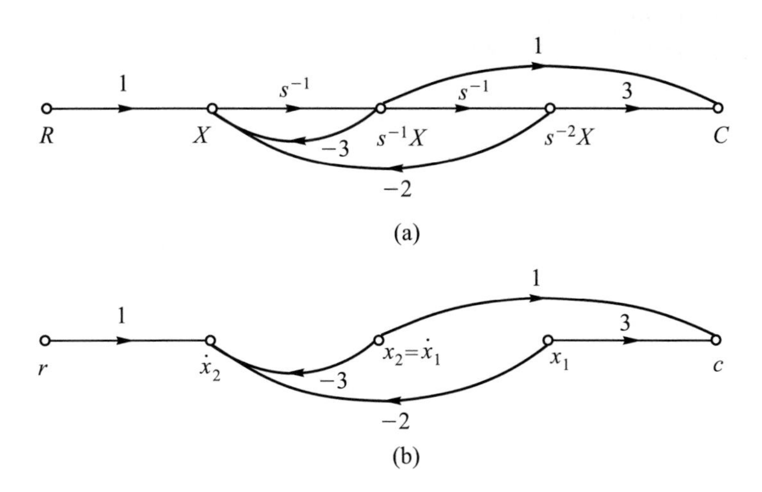

圖 3-18　例 3-8 的狀態圖

定義圖 3-18(a)的積分器輸出節點為狀態變數，並省略s^{-1}分支可得圖 3-18(b)，其動態方程式可寫成

$$\begin{cases} \dfrac{dx_1(t)}{dt} = x_2(t) \\ \dfrac{dx_2(t)}{dt} = -2x_1(t) - 3x_2(t) + r(t) \end{cases}$$

$$c(t) = 3x_1(t) + x_2(t)$$

其矩陣形式為：

$$\begin{bmatrix} \dfrac{dx_1(t)}{dt} \\ \dfrac{dx_2(t)}{dt} \end{bmatrix} = \begin{bmatrix} 0 & 1 \\ -2 & -3 \end{bmatrix} \begin{bmatrix} x_1(t) \\ x_2(t) \end{bmatrix} + \begin{bmatrix} 0 \\ 1 \end{bmatrix} r(t)$$

$$c(t)=[3 \quad 1]\begin{bmatrix} x_1(t) \\ x_2(t) \end{bmatrix}$$

3-7.2 串聯分解法

已知一系統的轉移函數可分解成

$$\frac{C(s)}{R(s)}=\frac{k(s+z_2)}{(s+p_1)(s+p_2)}=\frac{k}{s+p_1}\cdot\frac{s+z_2}{s+p_2} \tag{3-44}$$

上式可視爲兩個部分系統的串聯，如圖 3-19 的方塊圖。

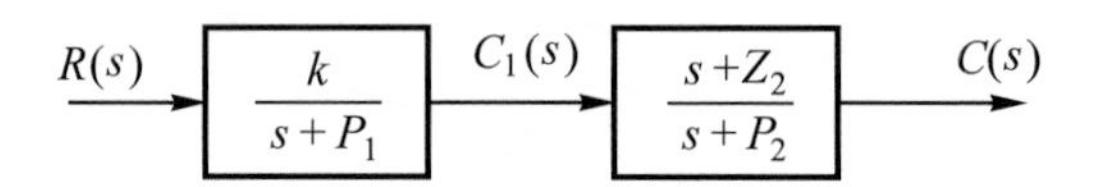

圖 3-19 串聯分解法的方塊圖

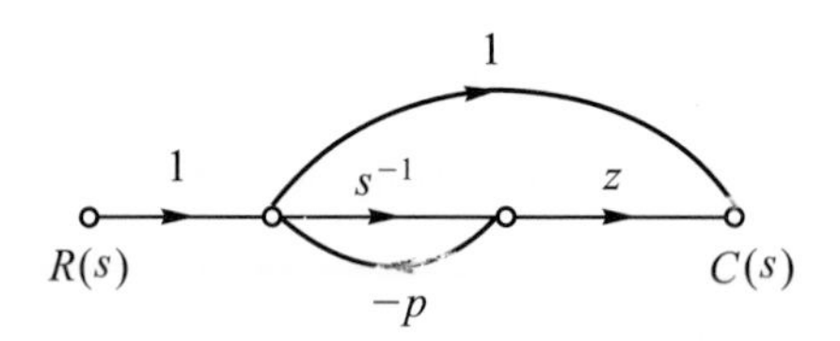

圖 3-20 式(3-45)的狀態圖

圖 3-19 的每一方塊可視爲一個獨立的子系統，如果每部分的狀態圖都能用直接分解法繪出，則整個系統的狀態圖即爲每部分的串聯，再仔細觀察圖 3-19，其每一部分的轉移函數都有近似的形式，如式(3-45)

$$\frac{C(s)}{R(s)}=\frac{s+z}{s+p} \tag{3-45}$$

有此種形式轉移函數的系統，用直接分解法可得圖 3-20 的狀態圖。

了解式(3-44)的細部分解方式後，其狀態圖可繪成圖 3-21 所示。

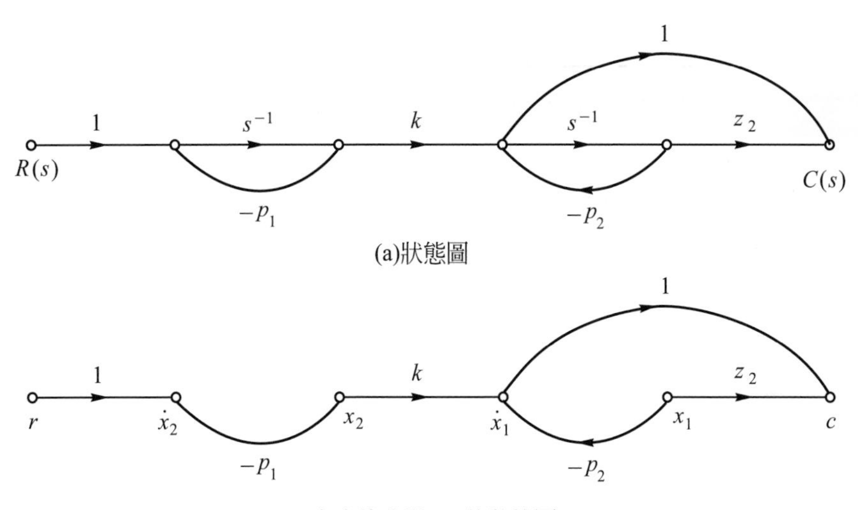

圖 3-21　串聯分解法的狀態圖

定義圖 3-21(a)的積分器輸出節點爲狀態變數，並省略s^{-1}分支，可得圖 3-21(b)，則系統的動態方程式爲

$$\begin{cases} \dfrac{dx_1(t)}{dt} = -p_2 x_1(t) + kx_2(t) & \text{(3-46a)} \\[2ex] \dfrac{dx_2(t)}{dt} = -p_1 x_2(t) + r(t) & \text{(3-46b)} \end{cases}$$

$$c(t) = (z_2 - p_2)\, x_1(t) + kx_2(t) \tag{3-46c}$$

其矩陣形式爲

$$\begin{bmatrix} \dfrac{dx_1(t)}{dt} \\[2ex] \dfrac{dx_2(t)}{dt} \end{bmatrix} = \begin{bmatrix} -p_2 & k \\ 0 & -p_1 \end{bmatrix} \begin{bmatrix} x_1(t) \\ x_2(t) \end{bmatrix} + \begin{bmatrix} 0 \\ 1 \end{bmatrix} r(t) \tag{3-47a}$$

$$c(t) = [z_2 - p_2 \quad k]\begin{bmatrix} x_1(t) \\ x_2(t) \end{bmatrix} \tag{3-47b}$$

由式(3-47a)可知其矩陣A為上三角矩陣形式。

例 3-10 同例3-9的轉移函數，若改用串聯分解法，則可寫成

$$\frac{C(s)}{R(s)} = \frac{s+3}{(s+1)(s+2)} = \frac{1}{s+1} \cdot \frac{s+3}{s+2}$$

故其狀態圖可繪如圖3-22(a)所示。

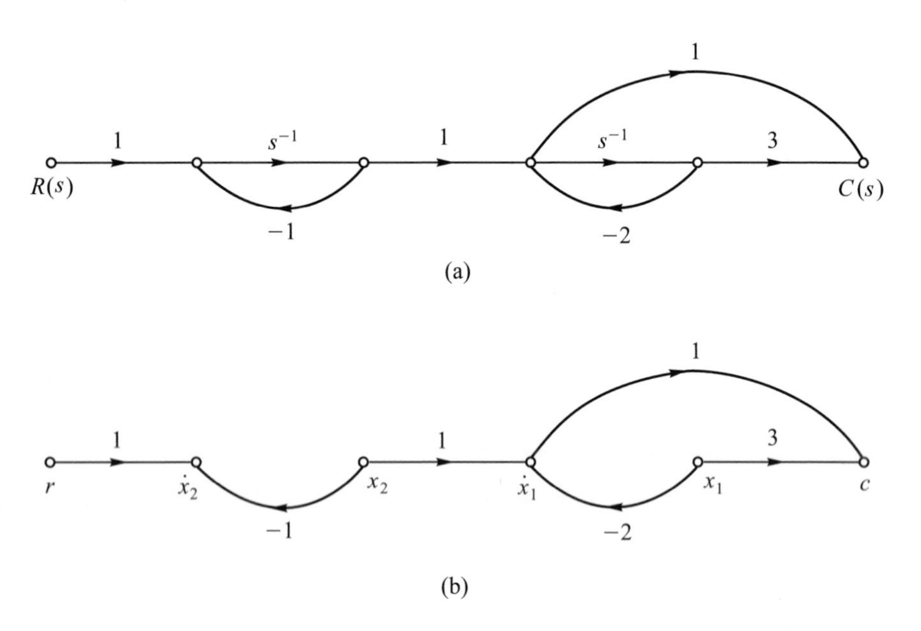

圖3-22 例3-9的狀態圖

定義圖3-22(a)的積分器輸出節點為狀態變數，並省略s^{-1}分支，可得圖3-22(b)，則系統的動態方程式為

$$\begin{cases} \dfrac{dx_1(t)}{dt} = -2x_1(t) + x_2(t) \\[2ex] \dfrac{dx_2(t)}{dt} = -x_2(t) + r(t) \end{cases}$$

$$c(t)=x_1(t)+x_2(t)$$

其矩陣形式爲

$$\begin{bmatrix}\dfrac{dx_1(t)}{dt}\\ \dfrac{dx_2(t)}{dt}\end{bmatrix}=\begin{bmatrix}-2 & 1\\ 0 & -1\end{bmatrix}\begin{bmatrix}x_1(t)\\ x_2(t)\end{bmatrix}+\begin{bmatrix}0\\ 1\end{bmatrix}r(t)$$

$$c(t)=\begin{bmatrix}1 & 1\end{bmatrix}\begin{bmatrix}x_1(t)\\ x_2(t)\end{bmatrix}$$

3-7.3　並聯分解法

一個系統的轉移函數，如果可以部分分式展開成

$$\frac{C(s)}{R(s)}=\frac{k_1}{s+p_1}+\frac{k_2}{s+p_2} \tag{3-48}$$

則此系統可用圖 3-23 的並聯方塊圖表示。

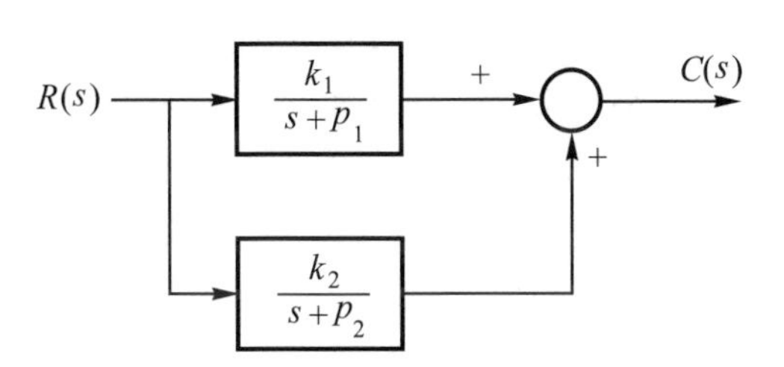

圖 3-23　並聯分解法的方塊圖

因爲圖 3-23 的兩個方塊中的轉移函數，其形式均如同式(3-45)，所以其狀態圖也類似圖 3-20 的形式。將此兩部分狀態圖並聯，即得整個系統的狀態圖，如圖 3-24(a)所示。

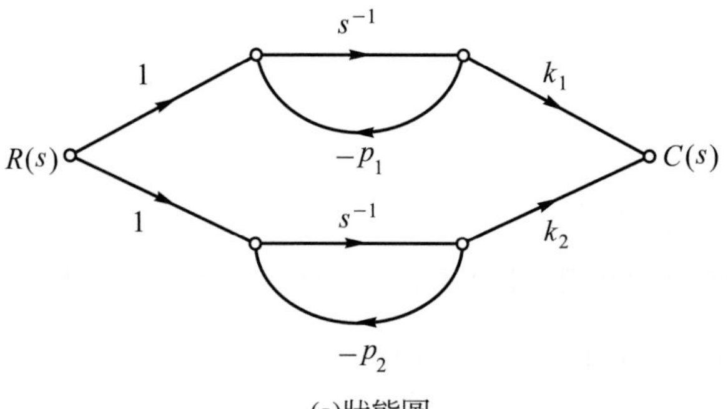

(a)狀態圖

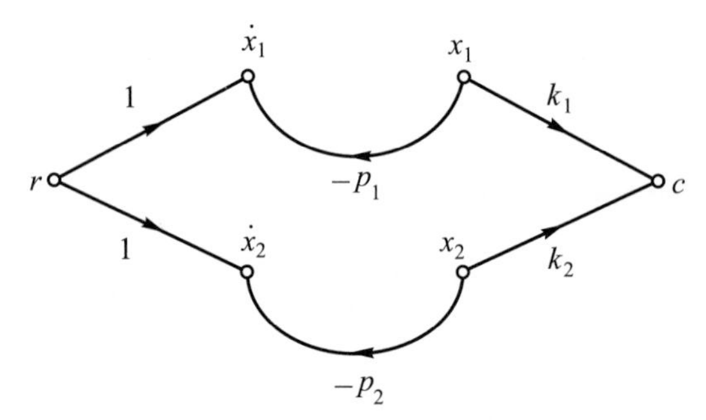

(b)省略積分器 s^{-1}的狀態圖

圖 3-24 並聯分解法的狀態圖

定義圖 3-24(a)積分器輸出節點爲狀態變數，並省略s^{-1}分支，則得圖 3-24(b)。系統的動態方程式可寫成

$$\begin{cases} \dfrac{dx_1(t)}{dt} = -p_1 x_1(t) + r(t) & (3\text{-}49\text{a}) \\ \dfrac{dx_2(t)}{dt} = -p_2 x_2(t) + r(t) & (3\text{-}49\text{b}) \end{cases}$$

$$c(t) = k_1 x_1(t) + k_2 x_2(t) \tag{3-49c}$$

其矩陣形式爲

$$\begin{bmatrix} \dfrac{dx_1(t)}{dt} \\ \dfrac{dx_2(t)}{dt} \end{bmatrix} = \begin{bmatrix} -p_1 & 0 \\ 0 & -p_2 \end{bmatrix} \begin{bmatrix} x_1(t) \\ x_2(t) \end{bmatrix} + \begin{bmatrix} 1 \\ 1 \end{bmatrix} r(t) \tag{3-50a}$$

$$c(t)=[k_1\ \ k_2]\begin{bmatrix}x_1(t)\\x_2(t)\end{bmatrix}\tag{3-50b}$$

矩陣A爲一對角矩陣。

例 3-11　同例3-9的轉移函數，現改以並聯分解法方式，則把轉移函數寫成部分分式展開式。

$$\frac{C(s)}{R(s)}=\frac{2}{s+1}+\frac{-1}{s+2}$$

故其狀態圖可繪成圖3-25(a)。

定義圖 3-25(a)的積分器輸出節點爲狀態變數，並省略s^{-1}分支，則得圖3-25(b)。系統的動態方程式可寫成

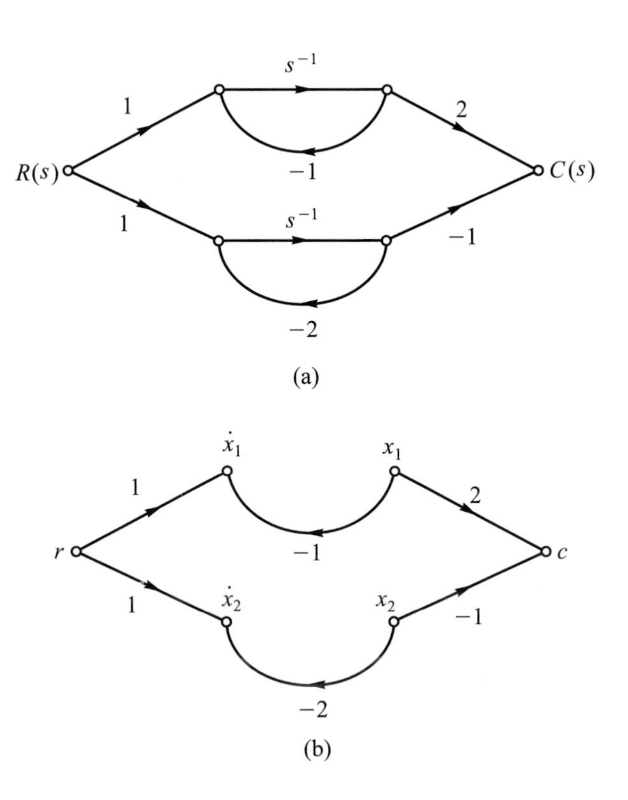

圖3-25　例3-10的狀態圖

$$\begin{cases}\dfrac{dx_1(t)}{dt}=-x_1(t)+r(t)\\[2ex]\dfrac{dx_2(t)}{dt}=-2x_2(t)+r(t)\end{cases}$$

$$c(t)=2x_1(t)-x_2(t)$$

其矩陣形式爲

$$\begin{bmatrix}\dfrac{dx_1(t)}{dt}\\[2ex]\dfrac{dx_2(t)}{dt}\end{bmatrix}=\begin{bmatrix}-1&0\\0&-2\end{bmatrix}\begin{bmatrix}x_1(t)\\x_2(t)\end{bmatrix}+\begin{bmatrix}1\\1\end{bmatrix}r(t)$$

$$c(t)=[2\quad -1]\begin{bmatrix}x_1(t)\\x_2(t)\end{bmatrix}$$

練習題

1. 一系統其輸出－輸入間轉移函數爲$Y(s)／U(s)=\dfrac{s^2+3s+1}{s^3+s^2+2s+8}$，如將其表成狀態方程式$\dot{x}(t)=Ax(t)+\begin{bmatrix}0\\0\\1\end{bmatrix}u(t)$，$y(t)=[1\quad 3\quad 1]x(t)$，其中矩陣$A$應爲何值？
2. 一系統之轉移函數爲$G(s)=\dfrac{2s+4}{s^3+2s^2+3s+4}$，請分別以三種分解法，繪出系統狀態圖，並寫出其動態方程式。

答案：

1. $\begin{bmatrix}0&1&0\\0&0&1\\-8&-2&-1\end{bmatrix}$
2. (略)

習題三

選擇題

(　　) 3-1　關於轉移函數(transfer function)之敘述，下列何者爲非？(A) 轉移函數適用於線性非時變系統　(B) 轉移函數爲輸出信號之拉氏轉換與輸入信號之拉氏轉換之比(C) 在求轉移函數時令初值爲0　(D) 轉移函數與輸入激勵信號有關。

(　　) 3-2　下列矩陣中，何者滿足狀態轉移矩陣(state transition matrix)之性質？

(A)$\begin{bmatrix} -1 & 0 \\ 1-e^{-t} & e^{-t} \end{bmatrix}$　(B)$\begin{bmatrix} 1-e^{-t} & 0 \\ 1 & e^{-t} \end{bmatrix}$　(C)$\begin{bmatrix} e^{-t} & 0 \\ 1 & 1-e^{-t} \end{bmatrix}$

(D)$\begin{bmatrix} e^{-t} & 1 \\ 0 & 1-e^{-t} \end{bmatrix}$。

(　　) 3-3　系統之狀態微分方程式爲$\ddot{y}(t)+4\dot{y}(t)+3y(t)=\dot{r}(t)+2r(t)$，其中$y(t)$爲輸出，$r(t)$爲輸入，試求其轉移函數$\frac{Y(s)}{R(s)}$=？

(A)$\frac{s+2}{s^2+4s+3}$　(B)$\frac{s+1}{s^2+4s+3}$　(C)$\frac{2}{s^2+3s+4}$　(D)$\frac{s+2}{s^2+4s+2}$。

(　　) 3-4　如圖1所示信號流程圖(signal flow graph)，求Y/X=？

(A)$\frac{24}{35}$　(B)$\frac{25}{50}$　(C)$\frac{25}{34}$　(D)$\frac{15}{20}$。

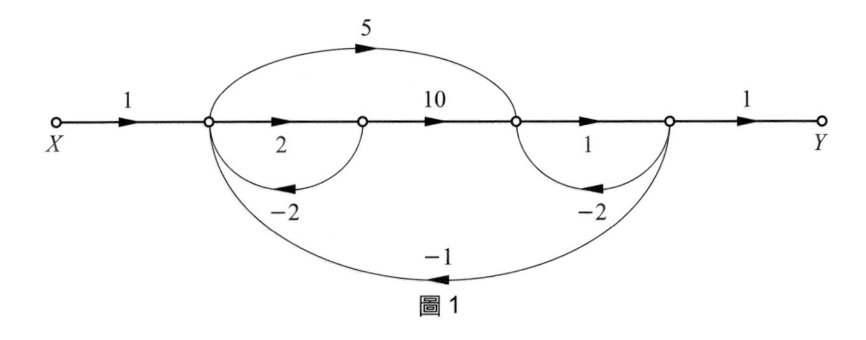

圖1

(　　) 3-5 系統之信號流程圖 2(Signal Flow Graph)如下，從輸入R(s)到輸出C(s)共有幾條前向路徑(Forward Path)：
(A)1條　(B)2條　(C)3條　(D)4條。

(　　) 3-6 承上題，共有幾個迴路(Loop)？　(A)3　(B)4　(C)5　(D)6。

(　　) 3-7 承上題，共有幾組兩不接觸迴路？　(A)4　(B)3　(C)2　(D)1。

(　　) 3-8 承上題，轉移函數C(s)/R(s)爲　(A)$\frac{s^2+2}{s^3+3s^2+3s+8}$
(B)$\frac{s^2+2}{s^3+3s^2+5s+11}$　(C)$\frac{s^2+s+2}{s^3+3s^2+3s+8}$　(D)$\frac{s^2+s+2}{s^3+3s^2+5s+11}$。

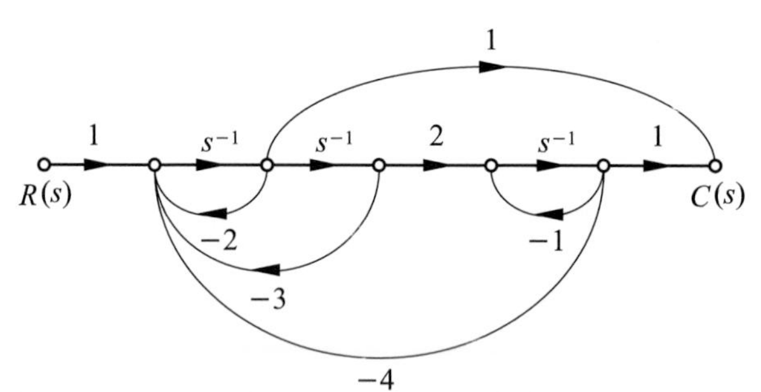

圖 2　系統之信號流程

問答題

3-1　下列的微分方程式表示線性非時變系統，其中$r(t)$表示輸入，而$c(t)$表示輸出，求出各系統的轉移函數$\frac{C(s)}{R(s)}=$？

(a)　$\frac{d^3c(t)}{dt^3}+4\frac{d^2c(t)}{dt^2}+3\frac{dc(t)}{dt}+c(t)=\frac{dr(t)}{dt}+2r(t)$

(b)　$\frac{d^4c(t)}{dt^4}+10\frac{d^2c(t)}{dt^2}+\frac{dc(t)}{dt}+5c(t)=5r(t)$

(c)　$\frac{d^2c(t)}{dt^2}+2\frac{dc(t)}{dt}+c(t)+\int_0^t c(\tau)d\tau=r(t)$

(d)　$2\frac{d^2c(t)}{dt^2}+\frac{dc(t)}{dt}+5c(t)=r(t)+2r(t-1)$

3-2 高速列車之自動韌控制方塊圖如圖 P3-2(a)所示。此處，

v_r = 代表所欲速率之電壓

v = 列車的速度

M = 列車質量 = 5×10^4lb / ft/sec^2

K = 放大器增益 = 100

K_t = 轉速計常數 = 0.15v/ft/sec

$e_t = k_t v$

e_b = 1 伏特時，韌之力特性如圖 P3-2(b)所示(忽略所有摩擦力)。

(a)描繪此系統的方塊圖，並包括各方塊圖之轉移函數。

(b)試求v_r和列車速度v間之閉迴路轉移函數。

(c)若列車之穩定狀態速度維持 20ft / sec，則v_r值應為若干？

(歷屆高考試題)

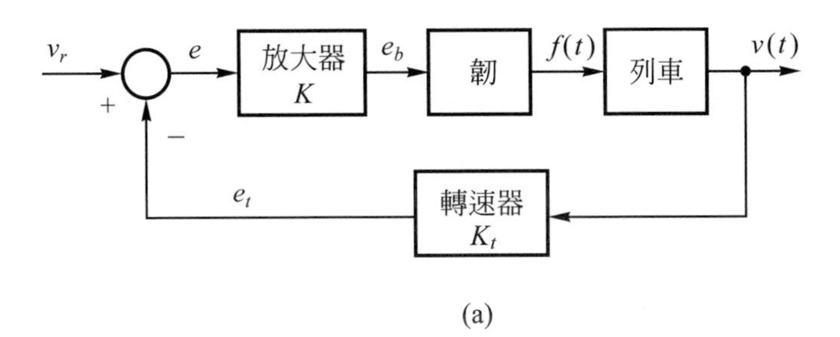

(a)

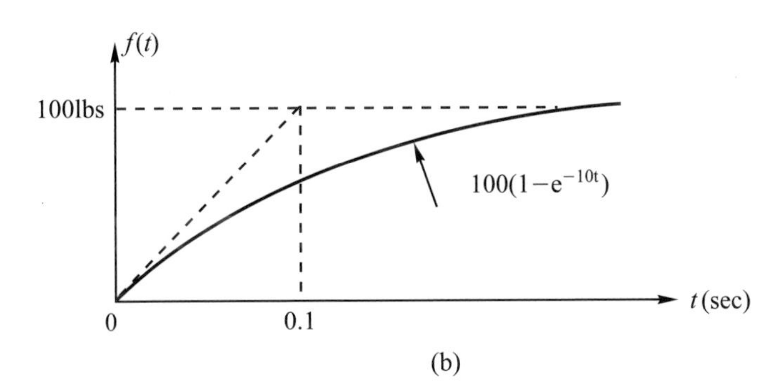

(b)

圖 P3-2

3-3 試利用圖 P3-3 所舉的方塊圖化簡法則，求下列各方塊圖的轉移函數$\dfrac{C(s)}{R(s)}=$？

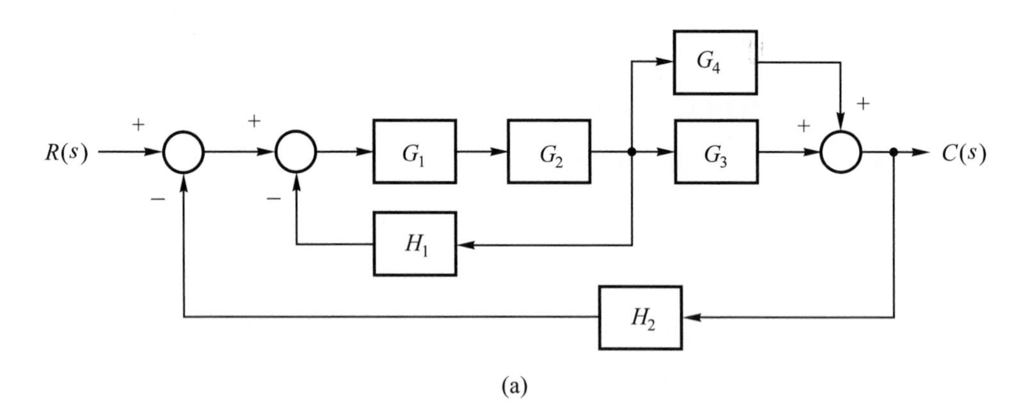

(a)

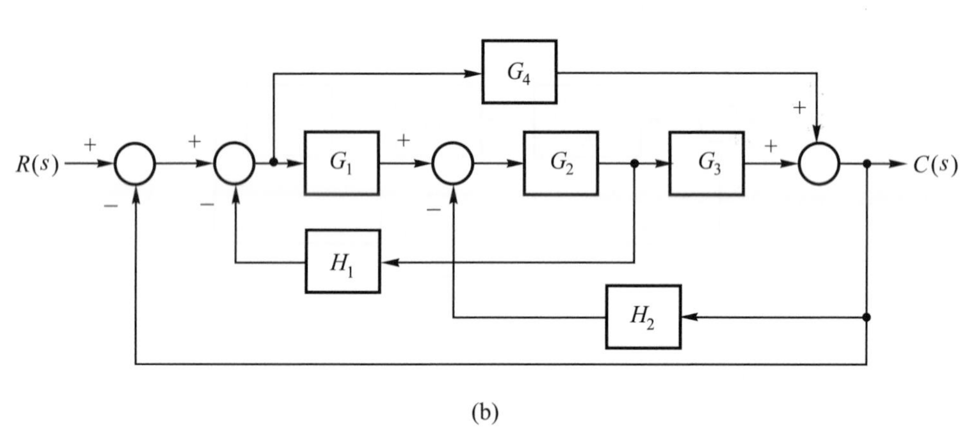

(b)

圖 P3-3

3-4　求如圖P3-4所示系統的轉移函數$\frac{C(s)}{R(s)}$ = ？(歷屆研究所試題)

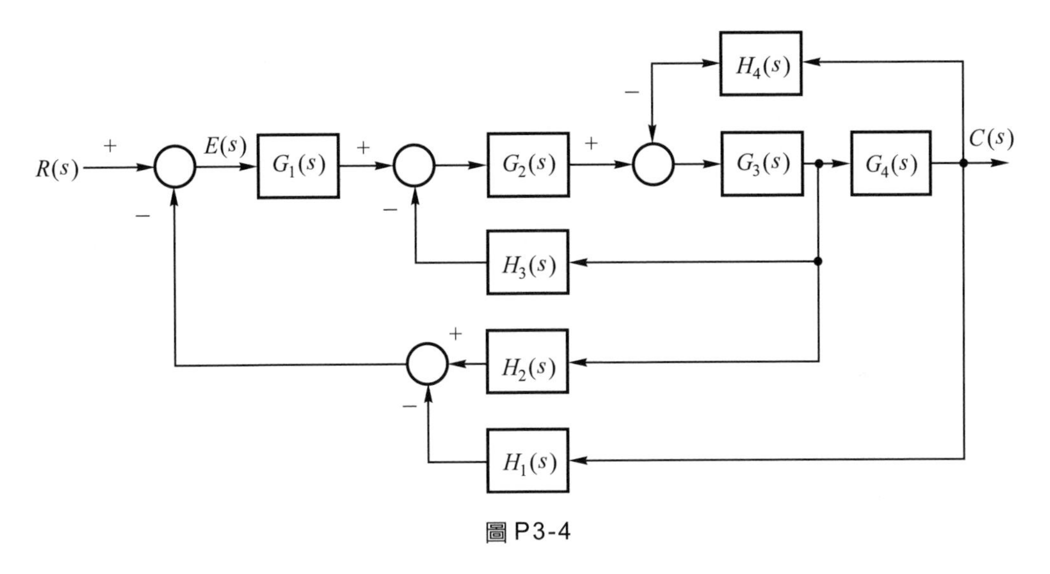

圖 P3-4

3-5　如圖P3-5所示的系統

(a)試求轉移函數$\frac{Y(s)}{U(s)}$ = ？

(b)試求轉移函數$\frac{V(s)}{Y(s)}$？(歷屆研究所試題)

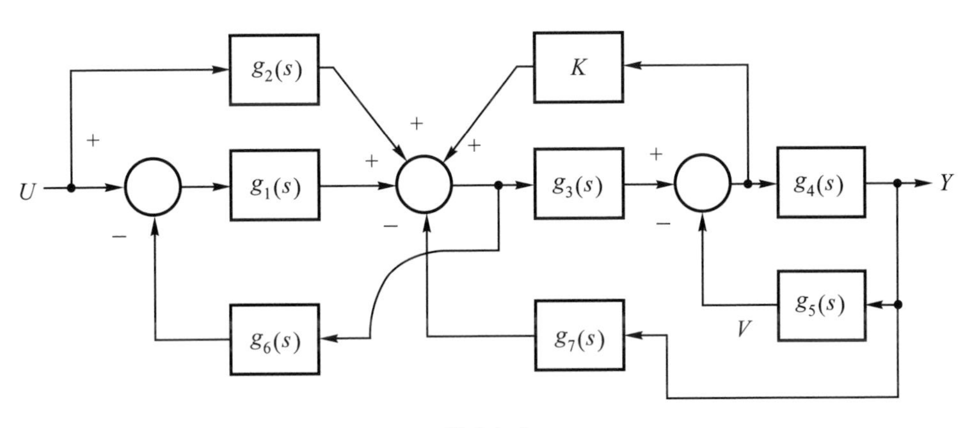

圖 P3-5

3-6 求圖 P3-6 的轉移函數。(歷屆研究所試題)

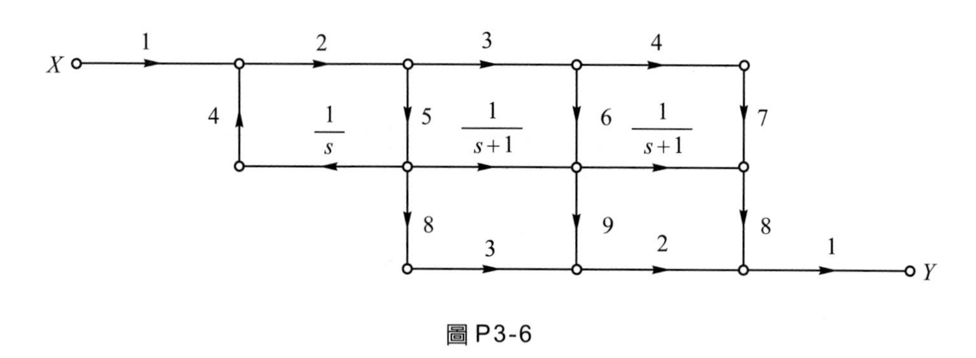

圖 P3-6

3-7 如圖 P3-7 所示的信號流程圖，試求其轉移函數 $\frac{W_0(s)}{T_L(s)}=$ ？(歷屆研究所試題)

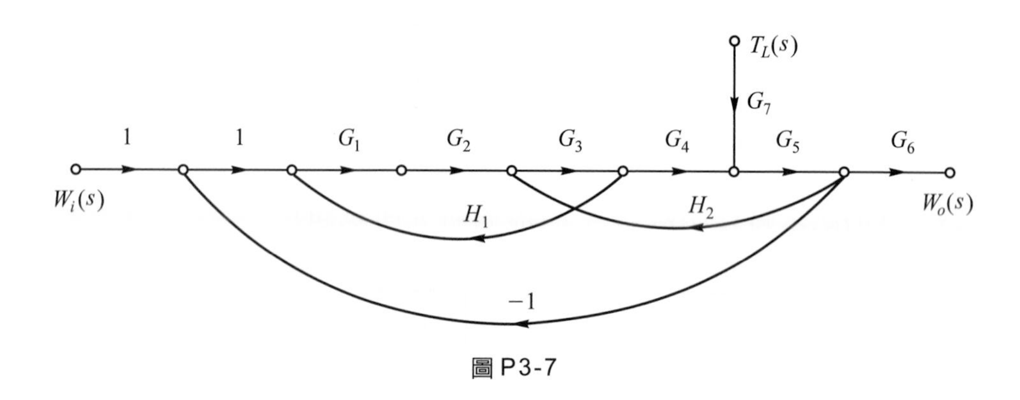

圖 P3-7

3-8　求出圖 P3-8 所示信號流程圖的增益$\frac{Y_5}{Y_1}$，$\frac{Y_2}{Y_1}$和$\frac{Y_5}{Y_2}$。

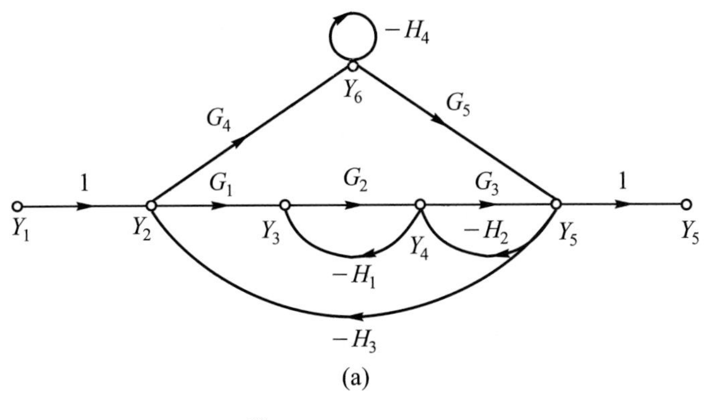

(a)

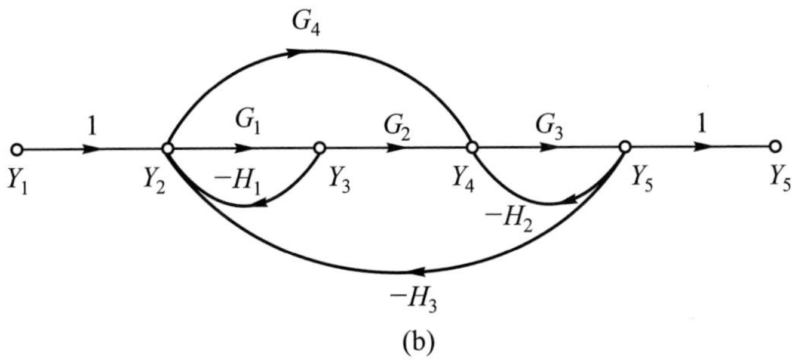

(b)

圖 P3-8

3-9 試表下圖系統輸出C為三項輸入之函數(C＝？)。(歷屆高考試題)

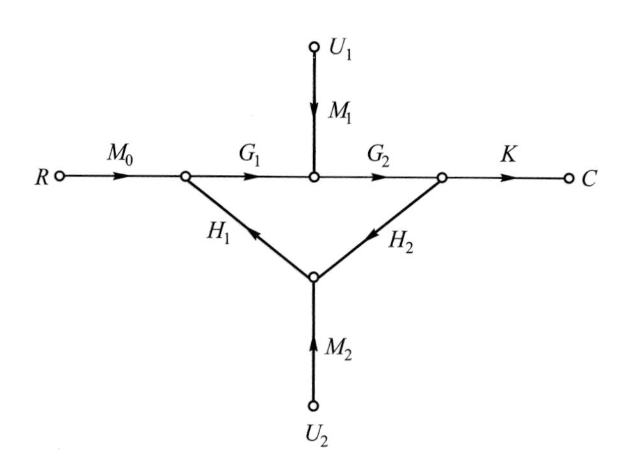

圖 P3-9

3-10 已知線性系統的微分方程式

$$\frac{d^3c(t)}{dt^3}+3\frac{d^2c(t)}{dt^2}+4\frac{dc(t)}{dt}+2c(t)=r(t)$$

其中$c(t)$是輸出，$r(t)$是輸入。

(a)畫出系統的狀態圖。

(b)從狀態圖寫出狀態方程式(從右到左依序定出狀態變數)。

(c)求出轉移函數$C(s)/R(s)$。

(d)求出特性方程式和它的根。

3-11 下列微分方程式代表線性非時變系統，以向量矩陣形式寫出動態方程式(狀態方程式和輸出方程式)。

(a)$\dfrac{d^2c(t)}{dt^2}+4\dfrac{dc(t)}{dt}+3c(t)=5r(t)$

(b)$\dfrac{d^3c(t)}{dt^3}+10\dfrac{d^2c(t)}{dt^2}+3c(t)=2r(t)$

3-12　以直接分解法繪出下列轉移函數之狀態圖，並寫出狀態方程式及輸出方程式。

(a)$\dfrac{C(s)}{R(s)}=\dfrac{2(s+2)}{(s+1)(s+3)}$

(b)$\dfrac{C(s)}{R(s)}=\dfrac{s+6}{(s+1)^2(s+2)}$

3-13　以串聯分解法重做3-12題。

3-14　以並聯分解法重做3-12題。

3-15　求圖P3-15之$\dfrac{C(s)}{R(s)}=$？

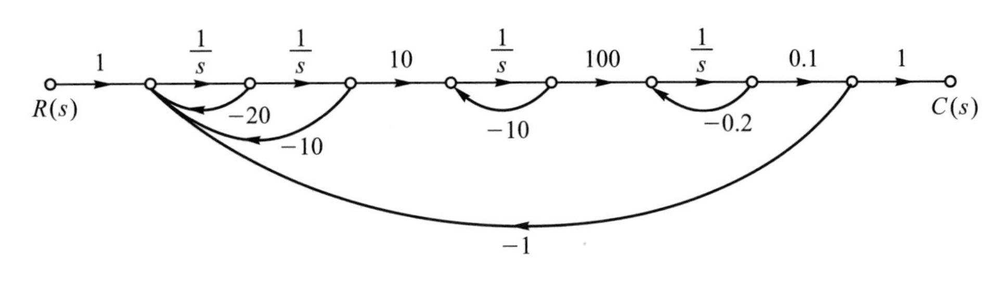

圖P3-15

參考資料

1. 陸仁傑編譯，自動控制系統，全華，84年1月。
2. 張振添等編著，自動控制，文京，83年1月。
3. 胡永柟著，自動控制，全華，85年1月。
4. 楊維楨著，自動控制，三民，76年2月。
5. 王偉彥，陳新得編著，自動控制考題分析整理，全華，81年9月。
6. 喬偉編解，控制系統研究所歷屆試題精解，立功。

第四章

物理系統之數學模式

§ 引言

一個控制系統在分析與設計過程中，將系統予以數學模式化是很關鍵的工作。如果數學模式沒有建立好，或者太過複雜，接下來的分析、設計工作將不易達成。

一般而言，一個控制系統是由許多不同的控制元件所組成的，因此，先對每一元件的數學模式有所瞭解後，整個系統的數學模式即可根據相關的物理定律來建立。

因爲控制系統涵蓋的範圍很廣，無法一一討論，本章將僅就電網路系統、機械系統及電機系統加以分析，至於其他範圍，可參考相關資料。

4-1 電網路元件的模式化

電網路系統的組成元件包括：電壓源、電流源、電阻、電感和電容等。這些元件的數學關係分述如下：

1. 電壓源與電流源的符號如圖 4-1 所示，其本身爲能量的供給者。

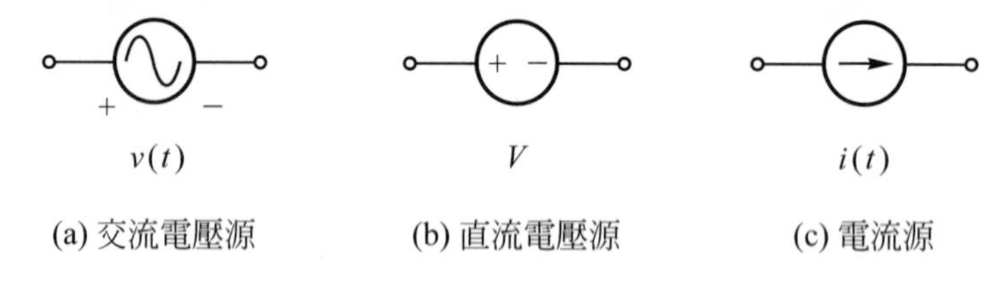

圖 4-1 電源的符號

2. 電阻器：其符號如圖 4-2(a)所示，電阻器爲一消耗能量的元件，其電壓、電流關係爲

$$v_R(t) = R\,i_R(t) \tag{4-1}$$

或以阻抗表示

$$Z_R = \frac{V_R(s)}{I_R(s)} = R \tag{4-2}$$

3. 電感器：其符號如圖 4-2(b)所示，電感器爲一儲能元件，其電壓、電流關係爲

$$v_L(t) = L\frac{di_L(t)}{dt}$$

或

$$i_L(t) = \frac{1}{L}\int v_L(t)dt \tag{4-3}$$

或以阻抗表示

$$Z_L = \frac{V_L(s)}{I_L(s)} = Ls \tag{4-4}$$

4. 電容器：其符號如圖 4-2(c)所示，電容器亦爲一儲能元件，其電壓、電流關係爲

$$i_c(t) = C\frac{dv_c(t)}{dt}$$

或

$$v_c(t) = \frac{1}{C}\int i_c(t)dt \tag{4-5}$$

或以阻抗表示

$$Z_c = \frac{V_c(s)}{I_c(s)} = \frac{1}{Cs} \tag{4-6}$$

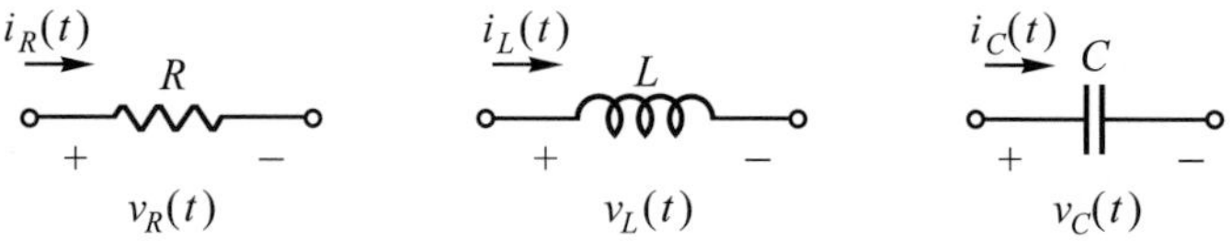

圖 4-2 被動元件的符號

4-2 電網路系統的方程式

電網路系統即由上一節介紹的基本元件所組成的系統，而建立此類系統通常要用到下列三個基本定律：

1. 歐姆定律：電路中的電流$i(t)$與電壓$v(t)$成正比，而與電阻成反比，可寫成

$$v(t) = Ri(t) \tag{4-7}$$

或

$$V(s) = RI(s) \tag{4-8}$$

2. 克希荷夫電流定律(KCL)：電路中流出一節點的所有電流之代數和為零，即

$$\Sigma i(t) = 0 \tag{4-9}$$

或

$$\Sigma I(s) = 0 \tag{4-10}$$

3. 克希荷夫電壓定律(KVL)：電路中環繞一封閉迴路的所有電壓之代數和為零，即

$$\Sigma v(t) = 0 \tag{4-11}$$

或

$$\Sigma V(s)=0 \tag{4-12}$$

例 4-1　如圖 4-3(a)的電網路系統，可令$i_L(t)$及$v_c(t)$爲狀態變數(通常假設儲能元件的信號爲狀態變數)，由上面介紹的元件特性，及 KCL 關係，可得

$$L\frac{di_L(t)}{dt}=v_c(t) \tag{4-13}$$

及

$$C\frac{dv_c(t)}{dt}=\frac{v(t)-v_c(t)}{R}-i_L(t) \tag{4-14}$$

將上兩式整理即得系統的狀態方程式

$$\begin{cases}\dfrac{di_L(t)}{dt}=\dfrac{1}{L}v_c(t) & (4\text{-}15)\\[2ex] \dfrac{dv_c(t)}{dt}=-\dfrac{1}{C}i_L(t)-\dfrac{1}{RC}v_c(t)+\dfrac{1}{RC}v(t) & (4\text{-}16)\end{cases}$$

以向量－矩陣形式表示爲

$$\begin{bmatrix}\dfrac{di_L(t)}{dt}\\[2ex]\dfrac{dv_c(t)}{dt}\end{bmatrix}=\begin{bmatrix}0 & \dfrac{1}{L}\\[2ex] -\dfrac{1}{C} & -\dfrac{1}{RC}\end{bmatrix}\begin{bmatrix}i_L(t)\\ v_c(t)\end{bmatrix}+\begin{bmatrix}0\\[2ex]\dfrac{1}{RC}\end{bmatrix}v(t) \tag{4-17}$$

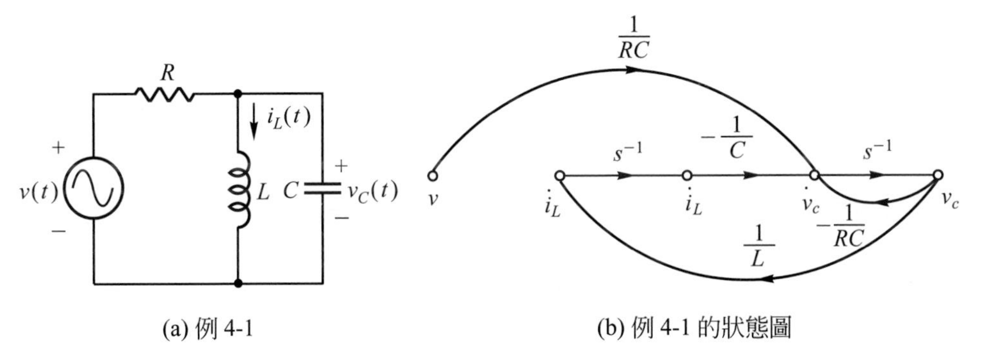

(a) 例 4-1　　　(b) 例 4-1 的狀態圖

圖 4-3　例 4-1 的電網路系統

其狀態圖如圖 4-3(b)所示，從圖中可用梅森增益公式求得轉移函數

$$\frac{V_c(s)}{V(s)}=\frac{\frac{1}{RC}s^{-1}}{1+\frac{1}{RC}s^{-1}+\frac{1}{LC}s^{-2}}=\frac{Ls}{RLCs^2+Ls+R} \tag{4-18}$$

$$\frac{I_L(s)}{V(s)}=\frac{\frac{1}{RLC}s^{-2}}{1+\frac{1}{RC}s^{-1}+\frac{1}{LC}s^{-2}}=\frac{1}{RLCs^2+Ls+R} \tag{4-19}$$

上二式亦可用以下方法來求得。將圖 4-3(a)中的信號$v(t)$，$i_L(t)$及$v_c(t)$均以其拉氏轉換符號$V(s)$，$I_L(s)$及$V_c(s)$代替，R，L及C則以其阻抗值代替，可重畫爲圖 4-4，由圖中即得

$$\frac{V_c(s)}{V(s)}=\frac{Z_L \parallel Z_C}{R+Z_L \parallel Z_C}=\frac{Ls}{RLCs^2+Ls+R} \tag{4-20}$$

$$\frac{I_L(s)}{V(s)}=\frac{V_c(s)/Z_L}{V(s)}=\frac{1}{RLCs^2+Ls+R} \tag{4-21}$$

此結果與式(4-18)及式(4-19)相同。

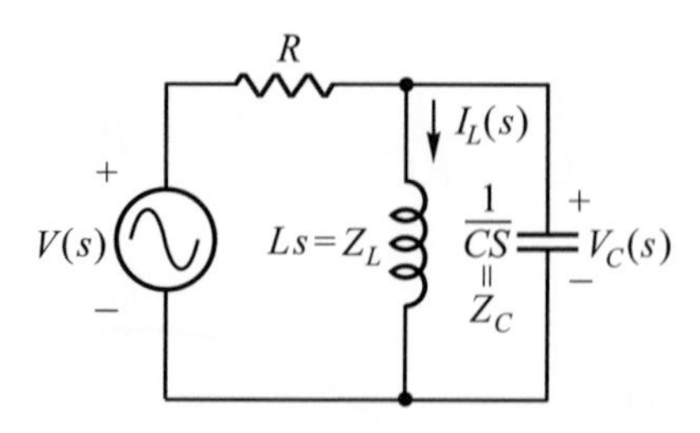

圖 4-4　圖 4-3(a)的拉氏等效電路

例：在下圖中，若狀態方程式爲$\dot{x}=Ax+be$，其中$x=[i_L\ \ v_c]'$，則$A=$？$b=$？

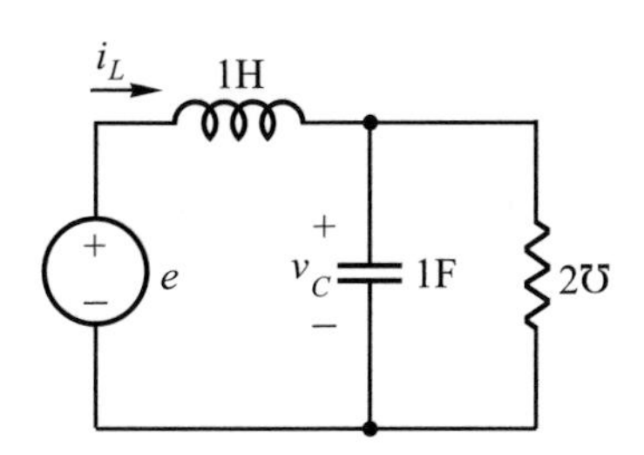

答案： $A=\begin{bmatrix}0 & -1\\ 1 & -2\end{bmatrix}$，$b=\begin{bmatrix}1\\ 0\end{bmatrix}$

4-3　機械元件的模式化

機械系統依其運動型態可分爲：移動(Motion)與轉動(Rotation)兩種系統，以下分別介紹其組成元件的數學模式。

4-3.1　移動式元件

凡是沿一直線所發生的運動，稱爲移動。一個移動系統的組成元件主要有三個：線性彈簧、緩衝器(Dashpot)及質量。用以說明的變數有位移$y(t)$、速度$v(t)$及加速度$a(t)$。

1. 線性彈簧：其符號如圖 4-5(a)所示，線性彈簧被認爲是儲存位能的一種元件。當外力$f(t)$作用，而使彈簧伸長或壓縮$y(t)$的距離時，外力與形變量成正比，即

$$f(t)=Ky(t) \tag{4-22}$$

其中K爲常數，稱爲彈性係數(Stiffness)。

2. 緩衝器：其符號如圖 4-5(b)所示，也有稱爲阻尼器(Damper)，緩衝器是用以表示系統移動時具有黏性摩擦阻力(Viscous

friction)，當一個機械系統有摩擦力存在時，就會有能量的耗損。黏性摩擦力$f(t)$通常與物體運動速度$v(t)$成正比，

$$f(t) = Bv(t) = B\frac{dy(t)}{dt} \tag{4-23}$$

其中B為常數，稱為黏性摩擦係數(Viscous friction coefficient)。式(4-23)同時也指出

$$v(t) = \frac{dy(t)}{dt} \tag{4-24}$$

除了黏性摩擦力外，尚有其他非線性摩擦力，如靜摩擦力，庫侖摩擦力等。

3. 質量：其符號如圖 4-5(c)所示，具有質量的物體，當其受外力作用而移動時，會具有動能，即質量可視為儲存移動動能的元件。

當質量M受到一作用力$f(t)$時，依牛頓第二運動定律可表為

$$f(t) = Ma(t) = M\frac{dv(t)}{dt} = M\frac{d^2y(t)}{dt^2} \tag{4-25}$$

其中$a(t)$，$v(t)$和$y(t)$三者的關係為

$$a(t) = \frac{dv(t)}{dt} = \frac{d^2y(t)}{dt^2} \tag{4-26}$$

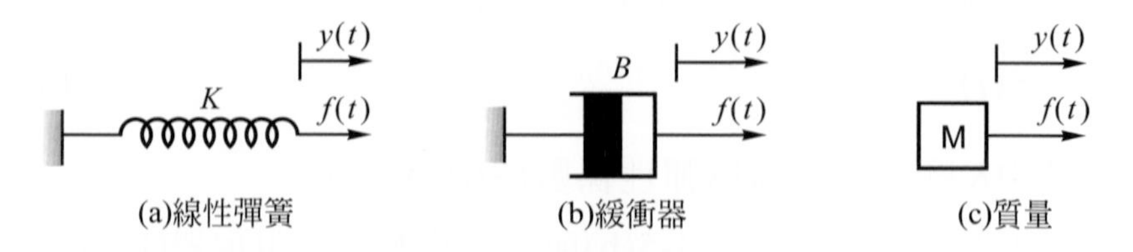

圖 4-5　移動式元件

4-3.2　轉動式元件

凡繞一定軸旋轉的運動，可稱爲轉動。轉動系統與移動系統有相似的機械元件組成，簡要說明如下：

1. 扭轉彈簧(Torsional spring)：如圖 4-6(a)所示，扭轉彈簧爲一種儲存轉動位能的元件，其外加轉矩$T(t)$與角位移$\theta(t)$成正比，即

$$T(t) = K\theta(t) \tag{4-27}$$

其中K爲常數，稱爲扭轉彈簧常數(Torsional spring constant)。

2. 轉動阻尼器：如圖 4-6(b)所示，扭轉阻尼器是一種用來表示系統具有黏性摩擦轉矩的元件，其外加轉矩$T(t)$與角速度$\omega(t)$成正比，即

$$T(t) = B\omega(t) = B\frac{d\theta(t)}{dt} \tag{4-28}$$

其中B爲常數，稱爲轉動黏性摩擦係數，式(4-28)同時指出

$$\omega(t) = \frac{d\theta(t)}{dt} \tag{4-29}$$

爲角位移。

3. 轉動慣量(Moment of Intertia)：如圖 4-6(c)所示，爲一種旋轉慣性元件，具有儲存轉動動能之特性。其外加轉矩$T(t)$與角加速度$\alpha(t)$成正比，即

$$T(t) = J\alpha(t) = J\frac{d\omega(t)}{dt} = J\frac{d^2\theta(t)}{dt^2} \tag{4-30}$$

其中J爲慣量。角位移$\theta(t)$，角速度$\omega(t)$及角加速度$\alpha(t)$三者的關係爲

$$\alpha(t)=\frac{d\omega(t)}{dt}=\frac{d^2\theta(t)}{dt^2} \tag{4-31}$$

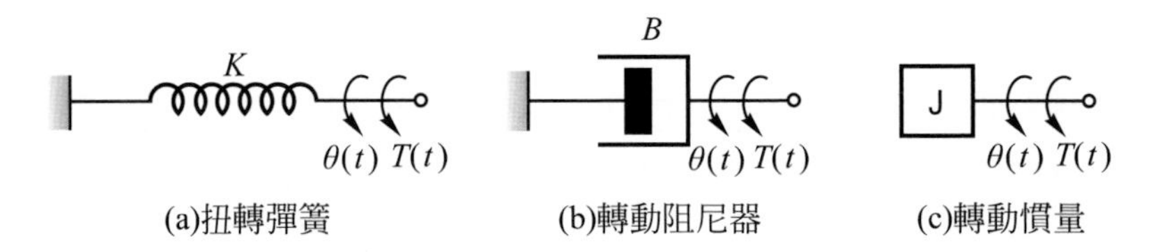

圖 4-6 轉動式元件

由以上的討論可知，移動系統與轉動系統的元件間，有一個對照關係，如表 4-1 所示。

表 4-1 移動與轉動系統之對照表

項次	移動		轉動	
1	力(牛頓)f(Nt)	f(Nt)	轉距(牛頓-米)	T(Nt-m)
2	質量(公斤)	M(kg)	慣量(公斤-米)	J(kg-m^2)
3	位移(米)	y(m)	角位移(弳)	θ(rad)
4	速度(米／秒)	v(m/s)	角速度(弳／秒)	ω(rad/s)
5	加速度(米／秒^2)	a(m/s^2)	角加速度(弳／秒^2)	α(rad/s^2)
6	彈性係數	K(Nt/m)	扭轉彈簧常數	K(Nt-m/rad)
7	黏性摩擦係數	B(Nt-s/m)	轉動黏性摩擦係數	B(N-m-s/rad)

4-4 機械系統的方程式

無論是移動系統或轉動系統，我們要將其寫成數學表示式，所依據的主要是牛頓第二運動定律，茲分別描述如下：

1. 移動之牛頓定律：若剛體所受外力之合力不為零，則將沿合力方向產生加速度，此加速度之大小與合力成正比，但與剛體之質量成反比，即

$$F = Ma \tag{4-32}$$

其中F為合力(為各分力之向量和)，M為質量，a為加速度。

2. 轉動之牛頓定律：若剛體所受外力對此軸之轉矩和不為零，則此剛體將會沿轉矩和方向產生角加速度，此角加速度大小與轉矩和成正比，而與剛體之轉動慣量成反比，即

$$T = Ja \tag{4-33}$$

其中T為外力對軸的轉矩和，J為轉動慣量，α為角加速度。

例 4-2　如圖 4-7(a)所示的系統，可繪得如圖 4-7(b)的自由體圖(Free-body diagram)，則由牛頓定律可得運動方程式為

$$f(t) - Ky(t) - B\frac{dy(t)}{dt} = M\frac{d^2y(t)}{dt^2} \tag{4-34}$$

或改寫為

$$M\frac{d^2y(t)}{dt^2} + B\frac{dy(t)}{dt} + Ky(t) = f(t) \tag{4-35}$$

為了繪出系統的狀態圖，可將式(4-35)重寫成

$$\frac{d^2y(t)}{dt^2} = -\frac{B}{M}\frac{dy(t)}{dt} - \frac{K}{M}y(t) + \frac{1}{M}f(t) \tag{4-36}$$

則其狀態圖為圖 4-7(c)所示。

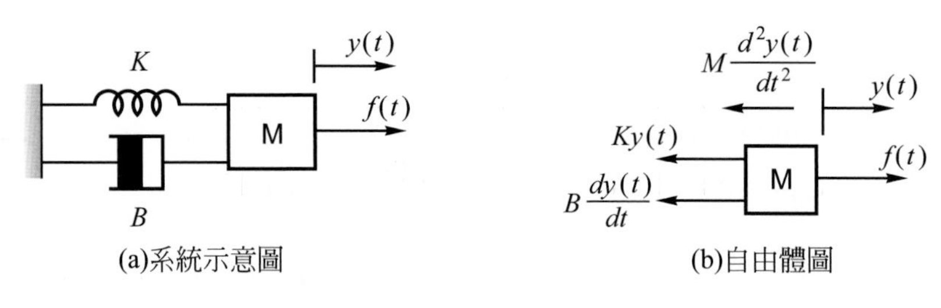

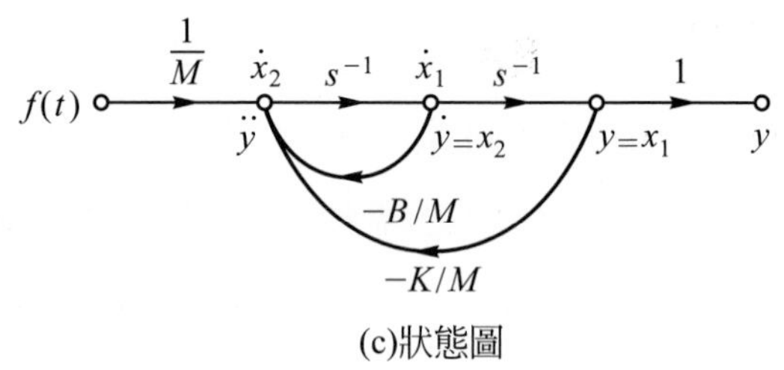

圖 4-7 例 4-2 之系統

如果定義積分器輸出爲狀態變數，即

$$x_1(t) = y(t) \tag{4-37}$$

$$x_2(t) = \frac{dy(t)}{dt} \tag{4-38}$$

則系統之狀態方程式爲

$$\begin{bmatrix} \dfrac{dx_1(t)}{dt} \\ \dfrac{dx_2(t)}{dt} \end{bmatrix} = \begin{bmatrix} 0 & 1 \\ -\dfrac{K}{M} & -\dfrac{B}{M} \end{bmatrix} \begin{bmatrix} x_1(t) \\ x_2(t) \end{bmatrix} + \begin{bmatrix} 0 \\ \dfrac{1}{M} \end{bmatrix} f(t) \tag{4-39}$$

前面已說過，質量爲儲存動能的元件，而線性彈簧爲儲存位能的元件，所以我們亦可重新假設速度$v(t)$及作用於線性彈簧的力$f_k(t)$爲狀態變數，即

$$v(t) = \frac{dy(t)}{dt} \tag{4-40}$$

$$f_k(t) = Ky(t) \tag{4-41}$$

則系統之狀態方程式可改寫為

$$\begin{bmatrix} \dfrac{dv(t)}{dt} \\ \\ \dfrac{df_k(t)}{dt} \end{bmatrix} = \begin{bmatrix} -\dfrac{B}{M} & -\dfrac{1}{M} \\ \\ K & 0 \end{bmatrix} \begin{bmatrix} v(t) \\ \\ f_k(t) \end{bmatrix} + \begin{bmatrix} \dfrac{1}{M} \\ \\ 0 \end{bmatrix} f(t) \tag{4-42}$$

我們可將式(4-35)兩邊取拉氏轉換，並令初始條件為零，而得系統之轉移函數

$$\frac{Y(s)}{F(s)} = \frac{1}{Ms^2 + Bs + K} \tag{4-43}$$

上式亦可由圖 4-7(c)的狀態圖中，利用梅森增益公式求得。

例 4-3　如圖 4-8(a)所示的機械系統，其自由體圖為圖 4-8(b)

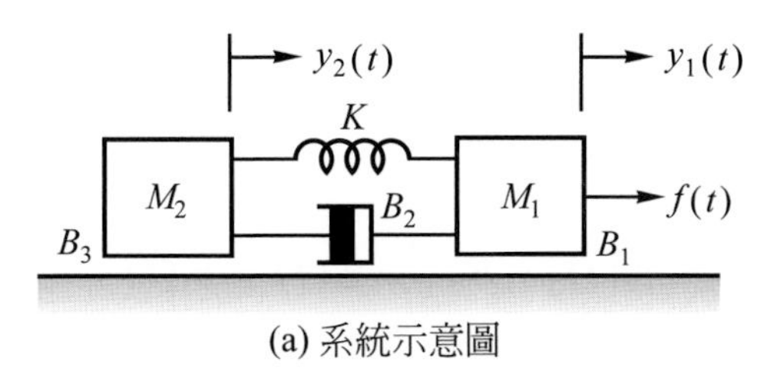

(a) 系統示意圖

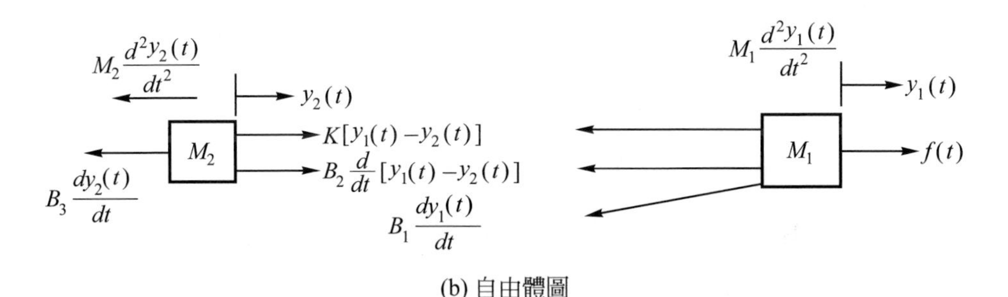

(b) 自由體圖

圖 4-8　例 4-3 之系統

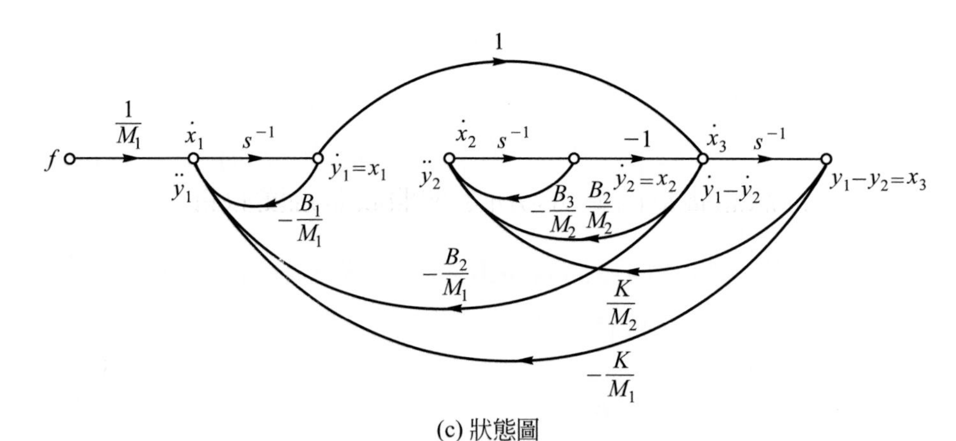

(c) 狀態圖

圖 4-8　例 4-3 之系統(續)

由牛頓定律可得運動方程式為

$$f(t)-B_1\frac{dy_1(t)}{dt}-B_2\frac{d}{dt}[y_1(t)-y_2(t)]-K[y_1(t)-y_2(t)]$$

$$=M_1\frac{d^2y_1(t)}{dt^2} \tag{4-44}$$

$$K[y_1(t)-y_2(t)]+B_2\frac{d}{dt}[y_1(t)-y_2(t)]-B_3\frac{dy_2(t)}{dt}=$$

$$M_2\frac{d^2y_2(t)}{dt^2} \tag{4-45}$$

可重新整理成

$$M_1\frac{d^2y_1(t)}{dt^2}+B_1\frac{dy_1(t)}{dt}+B_2\left[\frac{dy_1(t)}{dt}-\frac{dy_2(t)}{dt}\right]+$$

$$K[y_1(t)-y_2(t)]=f(t) \tag{4-46}$$

$$M_2\frac{d^2y_2(t)}{dt^2}+B_3\frac{dy_2(t)}{dt}-B_2\left[\frac{dy_1(t)}{dt}-\frac{dy_2(t)}{dt}\right]-$$

$$K[y_1(t)-y_2(t)]=0 \tag{4-47}$$

為了繪出系統的狀態圖，可重寫成

$$\frac{d^2y_1(t)}{dt^2}=\frac{1}{M_1}f(t)-\frac{B_1}{M_1}\frac{dy_1(t)}{dt}-\frac{B_2}{M_1}\left[\frac{dy_1(t)}{dt}-\frac{dy_2(t)}{dt}\right]-$$

$$\frac{K}{M_1}[y_1(t)-y_2(t)] \tag{4-48}$$

$$\frac{d^2y_2(t)}{dt^2}=\frac{K}{M_2}[y_1(t)-y_2(t)]+\frac{B_2}{M_2}\left[\frac{dy_1(t)}{dt}-\frac{dy_2(t)}{dt}\right]-\frac{B_3}{M_2}\frac{dy_2(t)}{dt} \tag{4-49}$$

則狀態圖爲圖 4-8(c)所示。假設狀態變數爲

$$x_1(t)=\dot{y}_1(t) \tag{4-50}$$

$$x_2(t)=\dot{y}_2(t) \tag{4-51}$$

$$x_3(t)=y_1(t)-y_2(t) \tag{4-51a}$$

則狀態方程式爲

$$\begin{bmatrix}\dfrac{dx_1(t)}{dt}\\ \dfrac{dx_2(t)}{dt}\\ \dfrac{dx_3(t)}{dt}\end{bmatrix}=\begin{bmatrix}-\dfrac{B_1+B_2}{M_1} & \dfrac{B_2}{M_1} & -\dfrac{K}{M_1}\\ \dfrac{B_2}{M_2} & -\dfrac{B_2+B_3}{M_2} & \dfrac{K}{M_2}\\ 1 & -1 & 0\end{bmatrix}\begin{bmatrix}x_1(t)\\ x_2(t)\\ x_3(t)\end{bmatrix}+\begin{bmatrix}\dfrac{1}{M_1}\\ 0\\ 0\end{bmatrix}f(t) \tag{4-52}$$

若對式(4-46)及(4-47)取拉氏轉換，且令所有初始條件爲零，則得

$$[M_1s^2+(B_1+B_2)s+K]Y_1(s)-(B_2s+K)Y_2(s)=F(s) \tag{4-53}$$

$$-(B_2s+K)Y_1(s)+[M_2s^2+(B_2+B_3)s+K]Y_2(s)=0 \tag{4-54}$$

由此可解得系統的轉移函數

$$\frac{Y_1(s)}{F(s)}=\frac{M_2s^2+(B_2+B_3)s+K}{\Delta} \tag{4-55}$$

$$\frac{Y_2(s)}{F(s)}=\frac{B_2s+K}{\Delta} \tag{4-56}$$

其中

$$\Delta=[M_1s^2+(B_1+B_2)s+K][M_2s^2+(B_2+B_3)s+K]-(B_2s+K)^2 \tag{4-57}$$

上列的轉移函數亦可由狀態圖中，利用梅森增益公式求得。

例 4-4 如圖 4-9(a)所示的旋轉系統，其轉矩方程式可由圖 4-9(b)的自由體圖求得為

$$J\frac{d^2\theta(t)}{dt^2}+B\frac{d\theta(t)}{dt}=T(t) \tag{4-58}$$

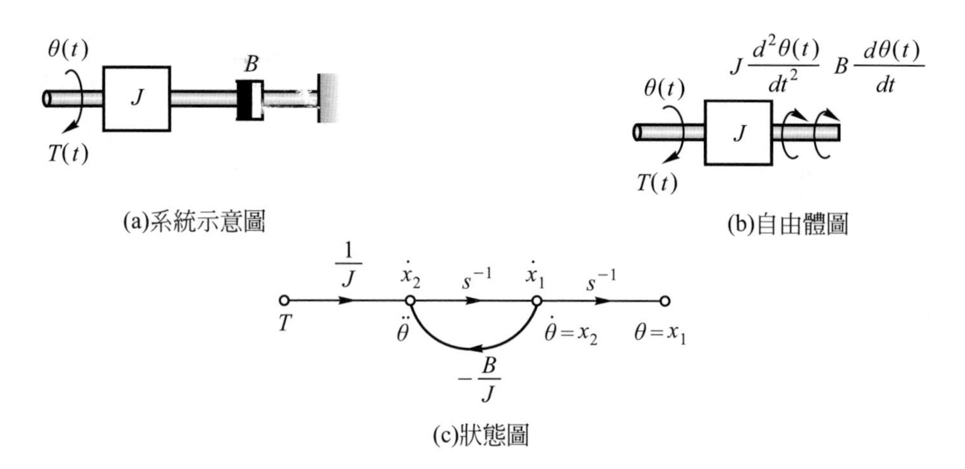

圖 4-9 例 4-4 之系統

將式(4-58)重寫為

$$\frac{d^2\theta(t)}{dt^2}=-\frac{B}{J}\frac{d\theta(t)}{dt}+\frac{1}{J}T(t) \tag{4-59}$$

根據式(4-59)可繪出系統的狀態圖，如圖 4-9(c)所示。設狀態變數為

$$x_1(t)=\theta(t) \tag{4-60}$$

$$x_2(t)=\frac{d\theta(t)}{dt} \tag{4-61}$$

則系統的狀態方程式為

$$\begin{bmatrix}\frac{dx_1(t)}{dt}\\ \frac{dx_2(t)}{dt}\end{bmatrix}=\begin{bmatrix}0 & 1\\ 0 & -\frac{B}{J}\end{bmatrix}\begin{bmatrix}x_1(t)\\ x_2(t)\end{bmatrix}+\begin{bmatrix}0\\ \frac{1}{J}\end{bmatrix}T(t) \tag{4-62}$$

可將式(4-58)取拉氏轉換，並令所有初始條件爲零，即得轉移函數

$$\frac{\Theta(s)}{T(s)}=\frac{1}{Js^2+Bs} \tag{4-63}$$

或由狀態圖利用梅森增益公式亦可求得。

例 4-5　圖 4-10(a)表示一個馬達－慣量負載系統，它們是經由一個彈簧常數爲K的轉軸進行耦合帶動。其自由體圖如圖 4-10(b)所示。

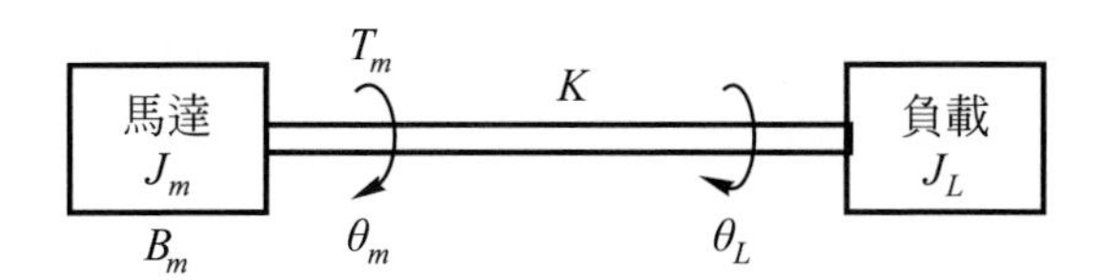

(a) 系統示意圖

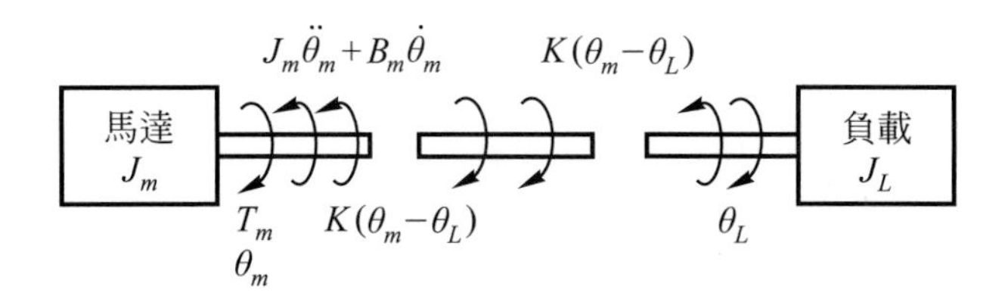

(b) 自由體圖

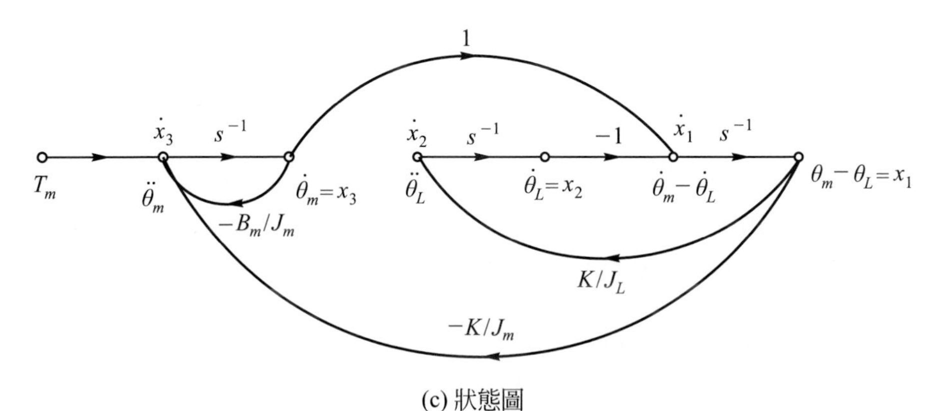

(c) 狀態圖

圖 4-10　例 4-5之系統

系統的轉矩方程式為

$$T_m(t) = J_m \frac{d^2\theta_m(t)}{dt^2} + B_m \frac{d\theta_m(t)}{dt} + K[\theta_m(t) - \theta_L(t)] \tag{4-64}$$

$$K[\theta_m(t) - \theta_L(t)] = J_L \frac{d^2\theta_L(t)}{dt^2} \tag{4-65}$$

上式可重新整理為

$$\frac{d^2\theta_m(t)}{dt^2} = -\frac{B_m}{J_m}\frac{d\theta_m(t)}{dt} - \frac{K}{J_m}[\theta_m(t) - \theta_L(t)] + \frac{1}{J_m}T_m(t) \tag{4-66}$$

$$\frac{d^2\theta_L(t)}{dt^2} = \frac{K}{J_L}[\theta_m(t) - \theta_L(t)] \tag{4-67}$$

根據式(4-66)及式(4-67)可繪出系統的狀態圖(圖 4-10(c))。

若定義狀態變數為

$$x_1(t) = \theta_m(t) - \theta_L(t) \tag{4-68}$$

$$x_2(t) = \frac{d\theta_L(t)}{dt} \tag{4-69}$$

$$x_3(t) = \frac{d\theta_m(t)}{dt} \tag{4-70}$$

可得系統的狀態方程式為

$$\begin{bmatrix} \frac{dx_1(t)}{dt} \\ \frac{dx_2(t)}{dt} \\ \frac{dx_3(t)}{dt} \end{bmatrix} = \begin{bmatrix} 0 & -1 & 1 \\ \frac{K}{J_L} & 0 & 0 \\ -\frac{K}{J_m} & 0 & -\frac{B_m}{J_m} \end{bmatrix} \begin{bmatrix} x_1(t) \\ x_2(t) \\ x_3(t) \end{bmatrix} + \begin{bmatrix} 0 \\ 0 \\ \frac{1}{J_m} \end{bmatrix} T_m(t) \tag{4-71}$$

由圖 4-10(c)的狀態圖利用梅森增益公式可得系統的轉移函數

$$\frac{\Theta_m(s)}{T_m(s)} = \frac{X_3(s)}{sT_m(s)} = \frac{J_L s^2 + K}{\Delta} \tag{4-72}$$

$$\frac{\Theta_L(s)}{T_m(s)} = \frac{X_2(s)}{sT_m(s)} = \frac{K}{\Delta} \tag{4-73}$$

其中

$$\Delta = s[J_m J_L s^3 + B_m J_L s^2 + K(J_m + J_L)s + B_m K] \tag{4-74}$$

在機械系統中，有時會使用到另外一些傳動的元件，例如：齒輪，槓桿、皮帶等，分述如下：

1. **齒輪列**：如圖 4-11 所示爲兩齒輪組成的傳動系統，一般稱爲齒輪列(Gear system)。在理想狀況下，齒輪的慣量及摩擦可忽略掉，則齒輪列的轉矩T_1和T_2、角位移θ_1和θ_2、角速度ω_1和ω_2、齒數N_1和N_2以及半徑r_1和r_2可以下列的關係表示

$$\frac{T_1}{T_2} = \frac{\theta_2}{\theta_1} = \frac{N_1}{N_2} = \frac{\omega_2}{\omega_1} = \frac{r_1}{r_2} \tag{4-75}$$

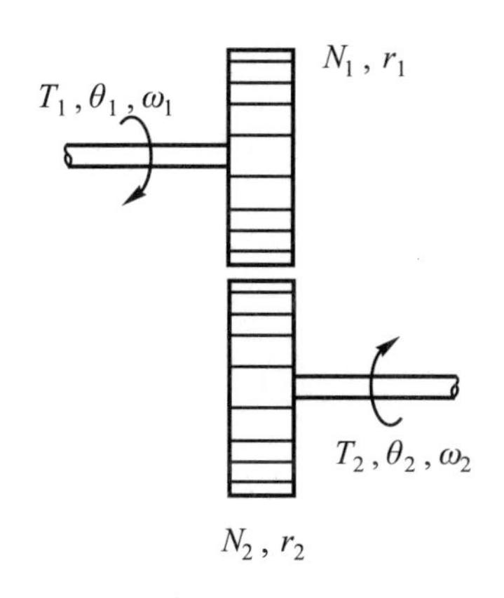

圖 4-11　齒輪列(忽略摩擦及慣量)

在實用上，齒輪的慣量及摩擦是確實存在的，所以一個帶有黏性摩擦及慣量的齒輪列可以圖 4-12 表示。

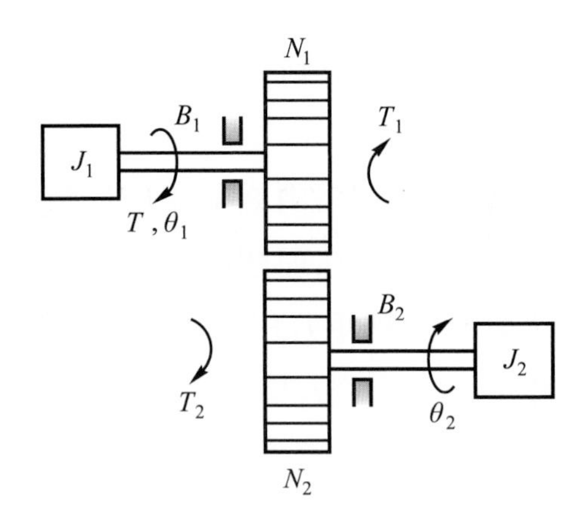

圖4-12 齒輪列(帶有摩擦及慣量)

齒輪2的轉矩方程式可寫爲

$$T_2(t) = J_2 \frac{d^2\theta_2(t)}{dt^2} + B_2 \frac{d\theta_2(t)}{dt} \tag{4-76}$$

而齒輪1的轉矩方程式爲

$$T(t) = J_1 \frac{d^2\theta_1(t)}{dt^2} + B_1 \frac{d\theta_1(t)}{dt} + T_1(t) \tag{4-77}$$

由式(4-75)知

$$T_1(t) = \frac{N_1}{N_2} T_2(t) \tag{4-78}$$

$$\theta_2(t) = \frac{N_1}{N_2} \theta_1(t) \tag{4-79}$$

由式(4-76)、式(4-78)和式(4-79)可得

$$T_1(t) = \left(\frac{N_1}{N_2}\right)^2 J_2 \frac{d^2\theta_1(t)}{dt^2} + \left(\frac{N_1}{N_2}\right)^2 B_2 \frac{d\theta_1(t)}{dt} \tag{4-80}$$

式(4-80)表示將慣量、摩擦、轉矩、速度及位移從齒輪 2 的一邊反射到齒輪 1 的一邊，再將式(4-80)代入式(4-77)，即得

$$T(t) = \left[J_1 + \left(\frac{N_1}{N_2}\right)^2 J_2\right]\frac{d^2\theta_1(t)}{dt^2} + \left[B_1 + \left(\frac{N_1}{N_2}\right)^2 B_2\right]\frac{d\theta_1(t)}{dt} \qquad (4\text{-}81)$$

其中$\left(\frac{N_1}{N_2}\right)^2 J_2$及$\left(\frac{N_1}{N_2}\right)^2 B_2$分別為齒輪 2 反射到齒輪 1 的慣量及黏性摩擦係數。

2. **皮帶(Belts)**：如圖 4-13 所示，若皮帶與滑輪間沒有打滑現象，則可以式(4-82)表示其關係。

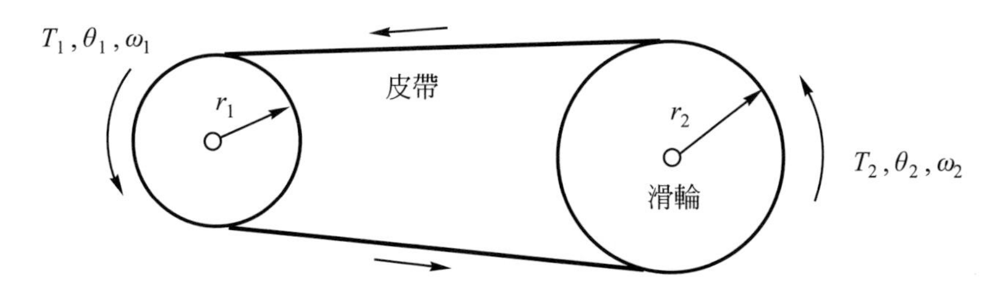

圖 4-13　皮帶滑輪系統

$$\frac{T_1}{T_2} = \frac{\theta_2}{\theta_1} = \frac{\omega_2}{\omega_1} = \frac{r_1}{r_2} \qquad (4\text{-}82)$$

3. **槓桿(Lever)**：如圖 4-14 所示，其作用力、位移與力臂的關係為

$$\frac{f_1}{f_2} = \frac{l_2}{l_1} = \frac{x_2}{x_1} \qquad (4\text{-}83)$$

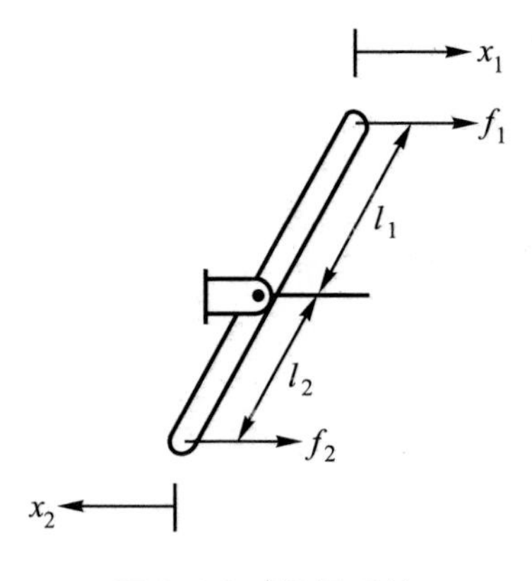

圖 4-14　槓桿系統

4-5　電機系統的方程式

電機系統的主體爲馬達，馬達的種類很多，本節僅就場控式直流馬達、樞控式直流馬達及雙相感應馬達系統做介紹。

4-5.1　場控式直流馬達

場控式直流馬達(Field-Controlled DC Motor)：又稱爲變動磁通式直流馬達，其構造可以圖 4-15 表示。

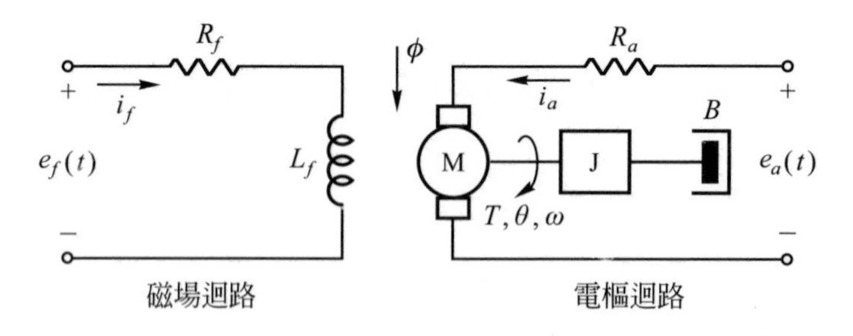

圖 4-15　場控式直流馬達系統

其中

$e_f(t)$：磁場電壓

$i_f(t)$：磁場電流

R_f：磁場繞組電阻

L_f：磁場繞組電感

$e_a(t)$：電樞電壓

$i_a(t)$：電樞電流

R_a：電樞電阻

$\phi(t)$：磁通量

$T(t)$：馬達轉矩

$\theta(t)$：轉子的角位移

$\omega(t)$：轉子的角速度

J：馬達軸與負載之總慣量

B：馬達軸與負載之總黏性摩擦係數

馬達輸出轉矩爲

$$T(t) = K_1 \phi(t) i_a(t) \tag{4-84}$$

因爲磁通量$\phi(t)$與磁場電流$i_f(t)$成正比，又假設電樞電流爲定值，則

$$\phi(t) = K_2 i_f(t) \tag{4-84a}$$

$$T(t) = K_1 K_2 i_f(t) i_a(t) = K_i i_f(t) \tag{4-85}$$

式中$K_1 = K_1 K_2 i_a(t)$爲轉矩常數。再應用克希荷夫電壓定律於磁場迴路中，可得

$$e_f(t) = L_f \frac{di_f(t)}{dt} + R_f i_f(t) \tag{4-86}$$

又應用牛頓第二運動定律於負載端，可得轉矩方程式

$$T(t)=J\frac{d^2\theta(t)}{dt^2}+B\frac{d\theta(t)}{dt} \tag{4-87}$$

將式(4-85)至式(4-87)重新按因果關係順序排列得

$$\frac{di_f(t)}{dt}=\frac{1}{L_f}e_f(t)-\frac{R_f}{L_f}i_f(t) \tag{4-88}$$

$$T(t)=K_i\,i_f(t) \tag{4-89}$$

$$\frac{d^2\theta(t)}{dt^2}=\frac{1}{J}T(t)-\frac{B}{J}\frac{d\theta(t)}{dt} \tag{4-90}$$

根據式(4-88)至式(4-90)可繪出系統的狀態圖如圖 4-16 所示。

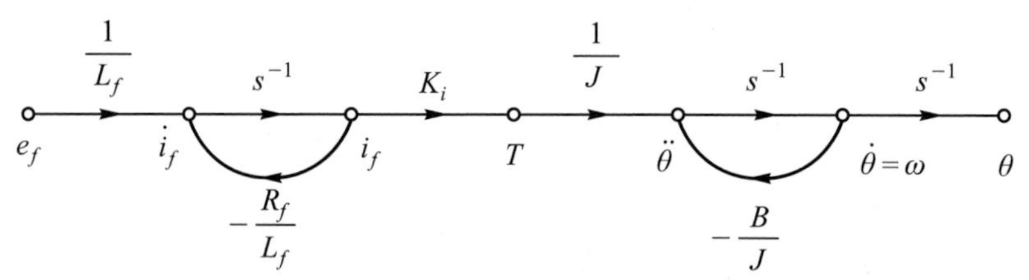

圖 4-16　場控式直流馬達之狀態圖

此系統的狀態變數可定義為$i_f(t)$、$\omega(t)$和$\theta(t)$，則系統的狀態方程式可寫成

$$\begin{bmatrix}\dfrac{di_f(t)}{dt}\\[2mm]\dfrac{d\omega(t)}{dt}\\[2mm]\dfrac{d\theta(t)}{dt}\end{bmatrix}=\begin{bmatrix}-\dfrac{R_f}{L_f} & 0 & 0\\[2mm]\dfrac{K_i}{J} & -\dfrac{B}{J} & 0\\[2mm]0 & 1 & 0\end{bmatrix}\begin{bmatrix}i_f(t)\\ \omega(t)\\ \theta(t)\end{bmatrix}+\begin{bmatrix}\dfrac{1}{L_f}\\ 0\\ 0\end{bmatrix}e_f(t) \tag{4-91}$$

將式(4-85)至式(4-87)取拉氏轉換，並令初始條件為零，可整理成如下的因果關係式

$$I_f(s)=\frac{1}{L_f s+R_f}E_f(s) \tag{4-92}$$

$$T(s)=K_i I_f(s) \tag{4-93}$$

$$\Theta(s)=\frac{1}{s(Js+B)}T(s) \tag{4-94}$$

根據式(4-92)至式(4-94)可繪出系統的方塊圖如圖 4-17 所示。

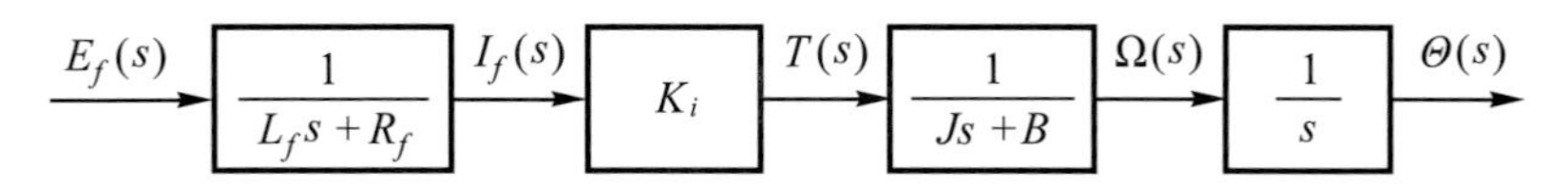

圖 4-17　場控式直流馬達之方塊圖

系統之轉移函數爲

$$\frac{\Theta(s)}{E_f(s)}=\frac{K_i}{s(Js+B)(L_f s+R_f)} \tag{4-95}$$

上式可改寫成

$$\frac{\Theta(s)}{E_f(s)}=\frac{K_m}{s(1+\tau_m s)(1+\tau_f s)} \tag{4-96}$$

其中

$K_m=\dfrac{K_i}{R_f B}$稱爲馬達增益常數

$\tau_m=\dfrac{J}{B}$稱爲慣性阻力時間常數

$\tau_f=\dfrac{L_f}{R_f}$稱爲場電路時間常數

通常$\tau_m \gg \tau_f$，因此式(4-96)可再簡化成

$$\frac{\Theta(s)}{E_f(s)}=\frac{K_m}{s(1+\tau_m s)} \tag{4-97}$$

4-5.2　樞控式直流馬達

樞控式直流馬達(Armature-Controlled DC Motor)：又稱爲固定磁通式直流馬達，其構造可以圖 4-18 表示。

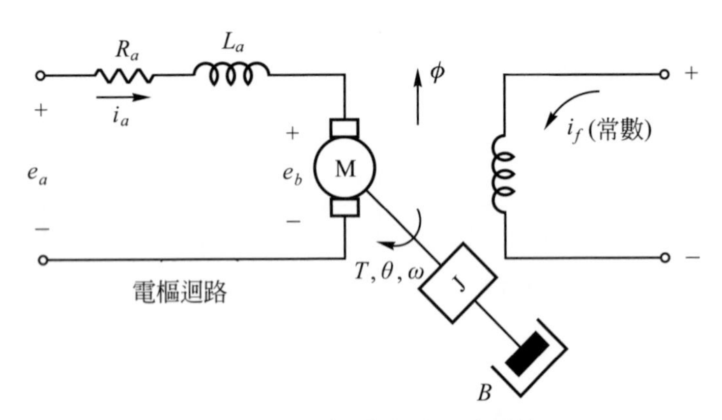

圖 4-18　樞控式直流馬達系統

其中

$e_a(t)$：電樞電壓

$i_a(t)$：電樞電流

R_a：電樞電阻

L_a：電樞電感

$e_b(t)$：反電動勢

$\phi(t)$：氣隙磁通

i_f：磁場電流

$T(t)$：馬達轉矩

$\theta(t)$：轉子角位移

$\omega(t)$：轉子角速度

J：馬達軸與負載之總慣量

B：馬達軸與負載之總黏性摩擦係數

應用克希荷夫電壓定律於電樞電路，可得：

$$e_a(t) = L_a \frac{di_a(t)}{dt} + R_a i_a(t) + e_b(t) \tag{4-98}$$

假設氣隙磁通$\phi(t)$為常數，因為馬達的輸出轉矩與氣隙磁通和電樞電流成正比，即

$$T(t) = K_m \phi(t) i_a(t) = K_i i_a(t) \tag{4-99}$$

其中K_i為轉矩常數。而電樞的反電動勢$e_b(t)$與轉速$\dot{\theta}(t)$成正比，即

$$e_b(t) = K_b \frac{d\theta(t)}{dt} \tag{4-100}$$

式中K_b為反電動勢常數。又於負載端可使用牛頓運動定律寫出轉矩方程式為

$$T(t) = J \frac{d^2\theta(t)}{dt^2} + B \frac{d\theta(t)}{dt} \tag{4-101}$$

將式(4-98)至式(4-101)整理成因果關係式，可得

$$\frac{di_a(t)}{dt} = \frac{1}{L_a} e_a(t) - \frac{R_a}{L_a} i_a(t) - \frac{1}{L_a} e_b(t) \tag{4-102}$$

$$T(t) = K_i i_a(t) \tag{4-103}$$

$$e_b(t) = K_b \frac{d\theta(t)}{dt} \tag{4-104}$$

$$\frac{d^2\theta(t)}{dt^2} = \frac{1}{J} T(t) - \frac{B}{J} \frac{d\theta(t)}{dt} \tag{4-105}$$

由式(4-102)至式(4-105)可繪出系統的狀態圖如圖 4-19 所示。

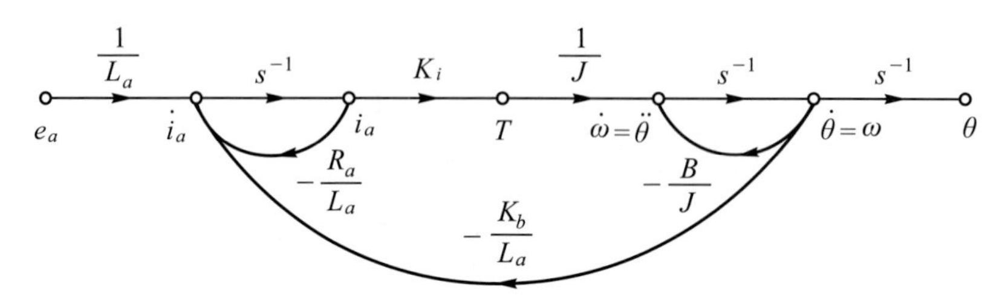

圖 4-19　樞控式直流馬達之狀態圖

若定義狀態變數為$i_a(t)$、$\omega(t)$和$\theta(t)$，則系統的狀態方程式可寫成

$$\begin{bmatrix} \dfrac{di_a(t)}{dt} \\ \dfrac{d\omega(t)}{dt} \\ \dfrac{d\theta(t)}{dt} \end{bmatrix} = \begin{bmatrix} -\dfrac{R_a}{L_a} & -\dfrac{K_b}{L_a} & 0 \\ \dfrac{K_i}{J} & -\dfrac{B}{J} & 0 \\ 0 & 1 & 0 \end{bmatrix} \begin{bmatrix} i_a(t) \\ \omega(t) \\ \theta(t) \end{bmatrix} + \begin{bmatrix} \dfrac{1}{L_a} \\ 0 \\ 0 \end{bmatrix} e_a(t) \tag{4-106}$$

將式(4-98)至式(4-101)取拉氏轉換，並令初始條件為零，可整理得因果關係式如下：

$$I_a(s) = \frac{1}{L_a s + R_a}[E_a(s) - E_b(s)] \tag{4-107}$$

$$T(s) = K_i I_a(s) \tag{4-108}$$

$$E_b(s) = K_b s\Theta(s) = K_b \Omega(s) \tag{4-109}$$

$$\Theta(s) = \frac{1}{s(Js+B)}T(s) \tag{4-110}$$

根據上列式子，可繪出如圖 4-20 所示的方塊圖。

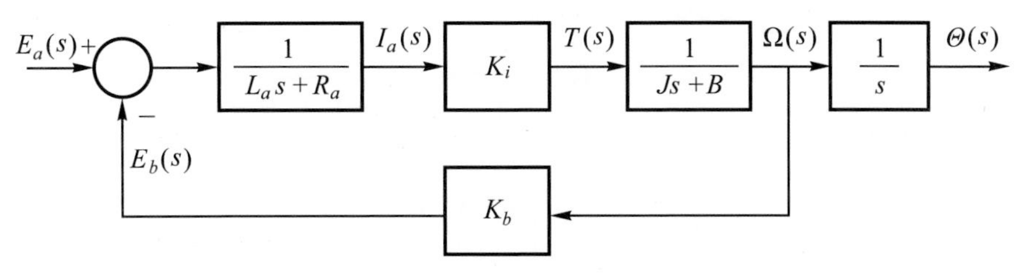

圖 4-20　樞控式直流馬達之方塊圖

系統的轉移函數可由圖 4-20 求得爲

$$\frac{\Theta(s)}{E_a(s)}=\frac{K_i}{s[(L_a s+R_a)(Js+B)+K_i K_b]} \tag{4-111}$$

因爲電樞電感L_a通常很小，可予以忽略，因此上式可簡化爲

$$\frac{\Theta(s)}{E_a(s)}=\frac{K_m}{s(1+\tau_m s)} \tag{4-112}$$

式中

$K_m=\frac{K_i}{R_a B+K_i K_b}$爲馬達增益常數

$\tau_m=\frac{R_a J}{R_a B+K_i K_b}$爲馬達時間常數

4-5.3　雙相感應馬達(Two-phase Inductance Motor)

在控制系統中，大部分的交流馬達爲雙相感應式的，又稱爲雙相伺服馬達，其簡圖如圖 4-21 所示。

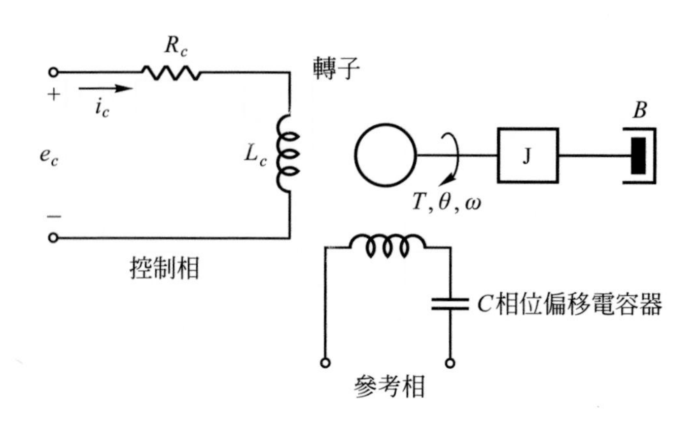

圖 4-21　雙相感應馬達系統

其中

$e_c(t)$：輸入控制相電壓

R_c：控制相繞組電阻

L_c：控制相繞組電感

i_c：控制相繞組電流

$T(t)$：馬達轉矩

$\theta(t)$：馬達角位移

$\omega(t)$：馬達角速度

J：馬達與負載之總慣量

B：馬達與負載之總黏性摩擦係數

雙相感應馬達的轉矩－轉速關係曲線如圖 4-22 所示(虛線部分)，爲非線性。爲了簡化其數學關係，我們以直線來近似它(如圖中之實線)，其關係可寫成

$$T(t) = -K_\omega \frac{d\theta(t)}{dt} + K_c e_c(t) \tag{4-113}$$

其中K_ω爲轉速常數，K_c爲轉矩常數。

另外，馬達的輸出轉矩方程式爲

$$T(t) = J\frac{d^2\theta(t)}{dt^2} + B\frac{d\theta(t)}{dt} \tag{4-114}$$

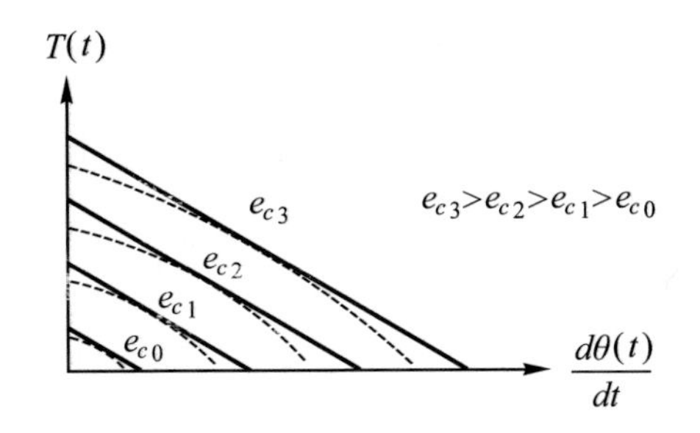

圖 4-22　雙相感應馬達之轉矩－轉速曲線

將式(4-114)整理成因果關係式，即

$$\frac{d^2\theta(t)}{dt^2} = \frac{1}{J}T(t) - \frac{B}{J}\frac{d\theta(t)}{dt} \tag{4-115}$$

利用式(4-113)及式(4-115)可繪出系統之狀態圖，如圖 4-23 所示。

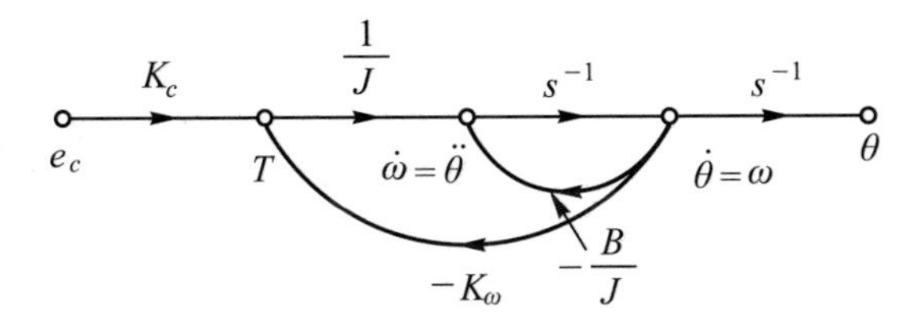

圖 4-23　雙相感應馬達之狀態圖

若定義狀態變數爲$\theta(t)$和$\omega(t)$，則系統之狀態方程式可寫成

$$\begin{bmatrix} \dfrac{d\theta(t)}{dt} \\ \dfrac{d\omega(t)}{dt} \end{bmatrix} = \begin{bmatrix} 0 & 1 \\ 0 & -\dfrac{B+K_\omega}{J} \end{bmatrix} \begin{bmatrix} \theta(t) \\ \omega(t) \end{bmatrix} + \begin{bmatrix} 0 \\ \dfrac{K_c}{J} \end{bmatrix} e_c(t) \tag{4-116}$$

將式(4-113)和式(4-114)取拉氏轉換，並令所有初始條件爲零，可整理得如下的因果關係式

$$T(s) = -K_{\omega}\, s\Theta(s) + K_c E_c(s) \tag{4-117}$$

$$\Theta(s) = \frac{1}{s(Js+B)} T(s) \tag{4-118}$$

利用式(4-117)和式(4-118)可繪出系統的方塊圖，如圖4-24所示。

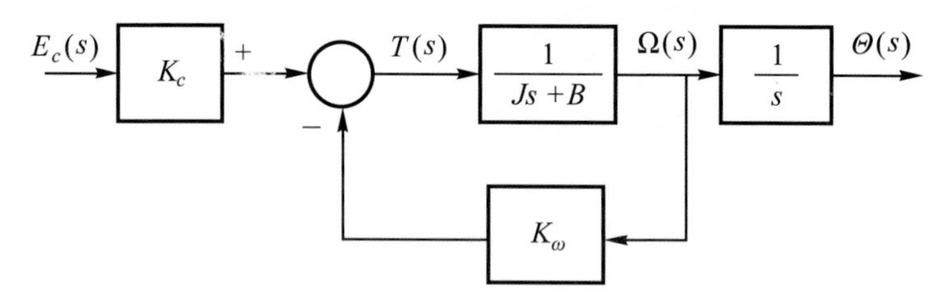

圖4-24 雙相感應馬達之方塊圖

由圖4-24可得系統的轉移函數

$$\frac{\Theta(s)}{E_c(s)} = \frac{K_c}{s(Js+B+K_{\omega})} \tag{4-119}$$

或改寫成

$$\frac{\Theta(s)}{E_c(s)} = \frac{K_m}{s(1+\tau_m s)} \tag{4-120}$$

式中

$K_m = \dfrac{K_c}{B+K_{\omega}}$ 爲馬達增益常數

$\tau_m = \dfrac{J}{B+K_{\omega}}$ 爲馬達時間常數

4-6 轉換器(Tranducer)

在控制系統中，經常需要將一種物理量轉換成另一種不同型式的物理量，此種轉換裝置通稱爲轉換器。由於轉換器經常用於迴授路徑上，用以感測輸出信號的大小，並將其轉換爲他種型式的信號，所以也被稱爲感測器(Sensor)。

轉換器的種類很多，本節僅就比較常見的幾種提出探討，其他沒提及者可參閱相關資料。

4-6.1 電位計(Potentiometer)

電位計是一種將機械能轉換成電能的機電換能器，亦即它能將直線位移轉換成電壓輸出(如圖 4-25(a)的直線式電位計），或者可將旋轉角度轉換成電壓輸出(如圖 4-25(b))的旋轉式電位計)。

圖 4-25(a)的直線式電位計具有兩個固定端點和一個可動端點，其數學關係爲

$$v(t) = Ky(t) \tag{4-121}$$

其中$v(t)$爲輸出電壓，$y(t)$爲輸入位移，K爲比例常數，可寫成

$$K = \frac{E}{y_{\max}} \tag{4-122}$$

E爲兩固定端所加的電源電壓，$y_{\max}$表示輸入位移的最大值。

圖 4-25(b)所示的旋轉式電位計，同樣具有兩個固定端點以及一個可動端點，其數學關係爲

$$v(t) = K\theta(t) \tag{4-123}$$

$$K = \frac{E}{\theta_{\max}} \tag{4-124}$$

其中$v(t)$爲輸出電壓，$\theta(t)$爲輸入角度位移，K爲比例常數，E爲外加電源電壓，$\theta_{\max}$爲輸入角位移的最大值。

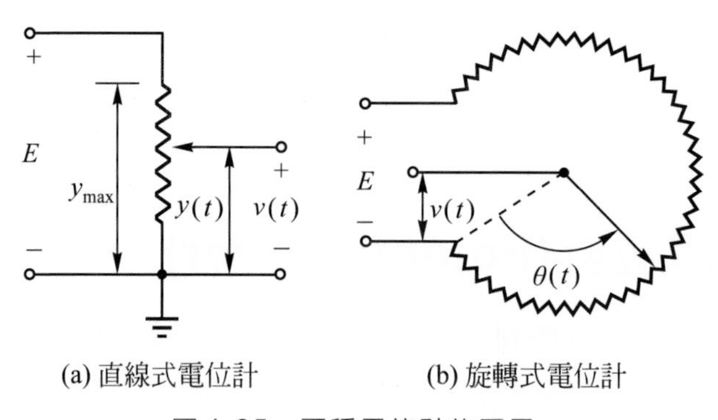

(a) 直線式電位計　　(b) 旋轉式電位計

圖 4-25　兩種電位計的圖示

圖 4-26(a)及圖 4-26(b)是由兩個電位計連接成的裝置，稱爲誤差檢測器(Error dector)。此裝置的輸入爲兩個位移(或角位移)，而輸出爲一電壓；此輸出電壓正比於兩輸入位移(或角位移)的差値，即

$$v(t) = K[y_1(t) - y_2(t)] \tag{4-125}$$

或

$$v(t) = K[\theta_1(t) - \theta_2(t)] \tag{4-126}$$

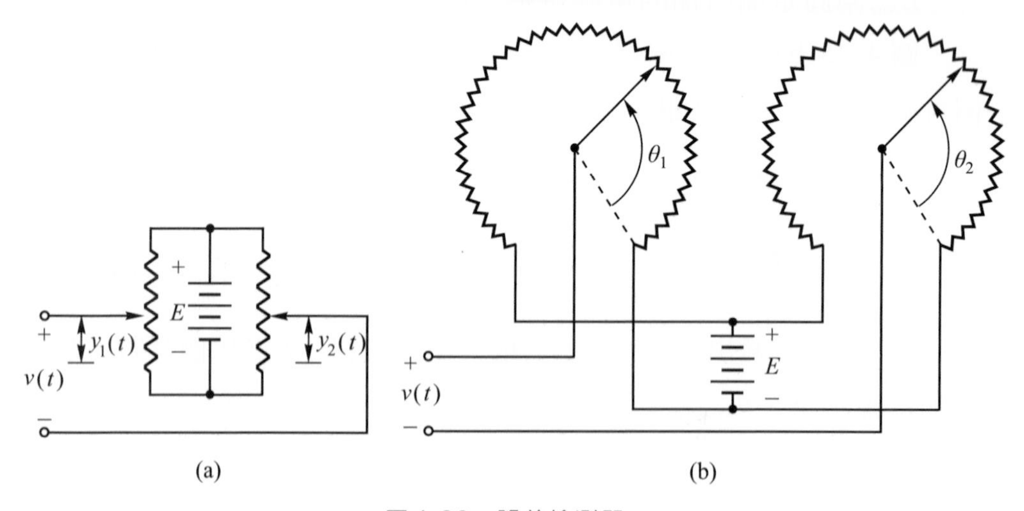

(a)　　(b)

圖 4-26　誤差檢測器

4-6.2　同步器(Synchros)

在控制系統中，同步器用於測量交流機電裝置的角位移的一種轉換器。主要可分成同步發射器(Synchros transmitter)與同步變壓器(Synchros transformer)等。

1. **同步發射器**：其構造如圖 4-27 所示，有一組類似三相感應馬達的 Y 型定子繞組作為二次側，轉子由一組線圈構成是為一次側。

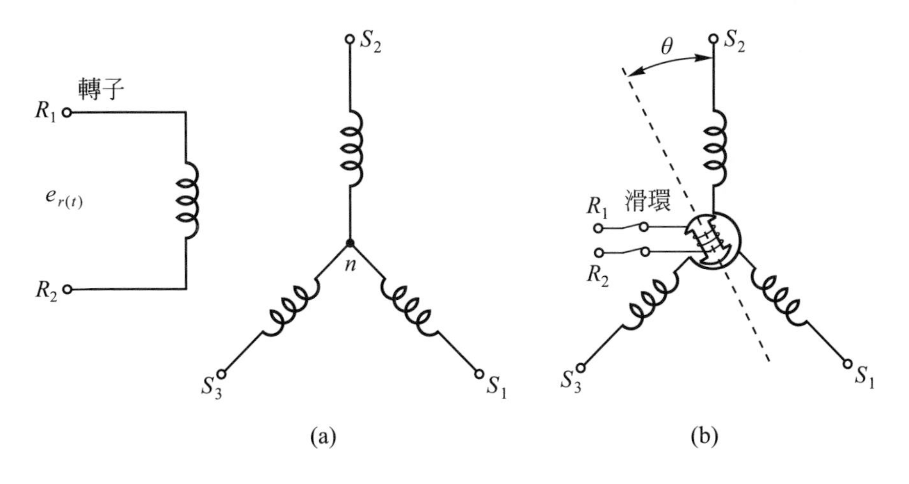

圖 4-27　同步發射器的概略圖

若以轉子的磁極軸與定子S_2線圈成一直線的位置為零點位置(角度為零)，當外加交流電壓

$$e_r(t) = E_r \sin\omega_c t \tag{4-127}$$

於轉子線圈上時，轉子以逆時針方向轉動一個角度$\theta(t)$，此時定子線圈的感應電壓與此切割角度有關，可表示為

$$E_{s_1s_2} = \sqrt{3}KE_r \sin(\theta + 240°) \tag{4-128}$$

$$E_{s_2s_3} = \sqrt{3}KE_r\sin(\theta + 120°) \tag{4-129}$$

$$E_{s_3s_1} = \sqrt{3}KE_r\sin\theta \tag{4-130}$$

由此可知：每一轉子位置對應一組唯一的定子電壓，藉測量及確認三個定子端點電壓，可用同步發射器來確認角位移。

2. 同步變壓器：同步變壓器的構造原理與同步發射器類似，其轉子爲圓柱形，故氣隙磁通均勻分佈在轉子周圍，使轉子端產生一固定的阻抗值。

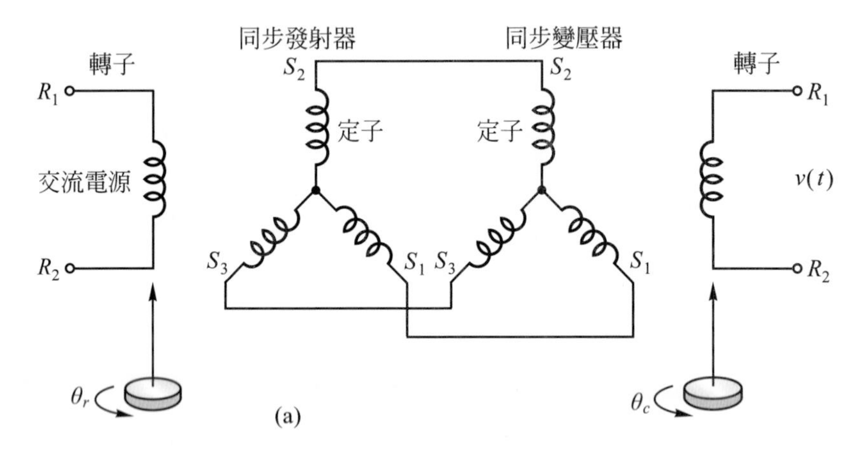

圖 4-28　同步誤差檢測器

同步變壓器與同步發射器連接可作爲同步誤差檢測器，如圖 4-28 所示。圖中同步變壓器有兩個輸入，一個是由同步發射器來的三個定子端電壓，一個是外來的轉動使轉子有一個轉動角度。當同步發射器的轉子轉動角度與同步變壓器的轉子角度重合時，則同步變壓器轉子的輸出電壓爲零。當兩個轉子不重合時，則同步變壓器的轉子電壓爲兩軸角度差的正弦函數，即

$$v(t) = E_{\max}\sin(\theta_r - \theta_c) \tag{4-131}$$

式中：

E_{max}：轉子的最大電壓

θ_r：同步發射器的轉軸位置

θ_c：同步變壓器的轉軸位置

如果誤差角度很小(小於15°)，則$\sin(\theta_r-\theta_c)\cong\theta_r-\theta_c$，式(4－131)可寫成

$$v(t)=E_{max}(\theta_r-\theta_c) \tag{4-132}$$

即轉子的輸出電壓與角度誤差成正比。

4-6.3　轉速計(Tachometer)

轉速計是一種機電轉換裝置，可將機械轉軸速度轉變成電壓信號輸出，因此轉速計可視爲一個發電機，也有稱爲轉速發電機(Tacho generator)者，如圖4-29所示。

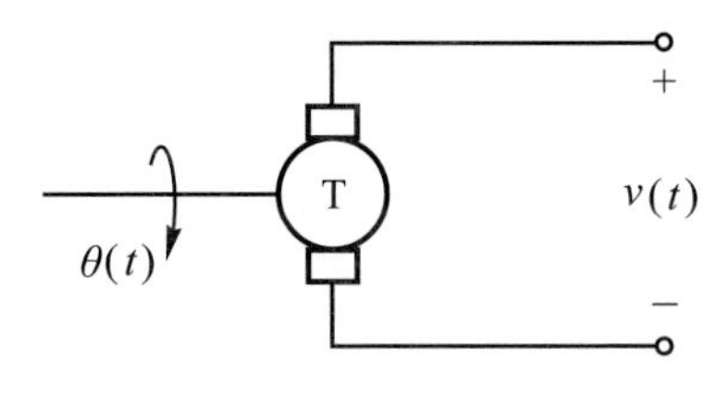

圖4-29　轉速計

轉速計的輸出電壓與轉速成正比，可表示成

$$v(t)=K_t\omega(t)=K_t\frac{d\theta(t)}{dt} \tag{4-133}$$

式中$v(t)$爲輸出電壓，$\theta(t)$爲角位移，$\omega(t)$爲角速度，而K_t爲轉速計常數。

4-6.4 增量編碼器(Incremental Encoder)

編碼器可將直線或旋轉位置轉換成數位碼或脈波信號，輸出爲數位碼者稱爲絕對編碼器(Absolute encoder)，輸出爲脈波信號者稱爲增量編碼器。由於增量編碼器製造容易，成本低及容易應用是較常用的一種編碼器。

典型的增量編碼器由四個部份組成：光源、旋轉盤、靜止光罩及感測器，如圖 4-30 所示。沿著旋轉盤及靜止光罩的外緣每隔一定距離刻有光柵，當兩圓盤上的光柵轉至同一位置上時，光線從光源可照射到感測器，而形成一個脈波連續轉動時，編碼器即產生一連串脈波信號，如圖 4-31 所示。圖 4-31(a)表示有一個輸出波形，而圖 4-31(b)則有兩個輸出波形(相差 90°)。

由編碼器直接輸出的信號(圖 4-31)無法直接接到數位控制電路，必須經過史密特觸發電路(Schmitt trigger)及比較器電路處理後，形成的方波方能使用(圖 4-32)。

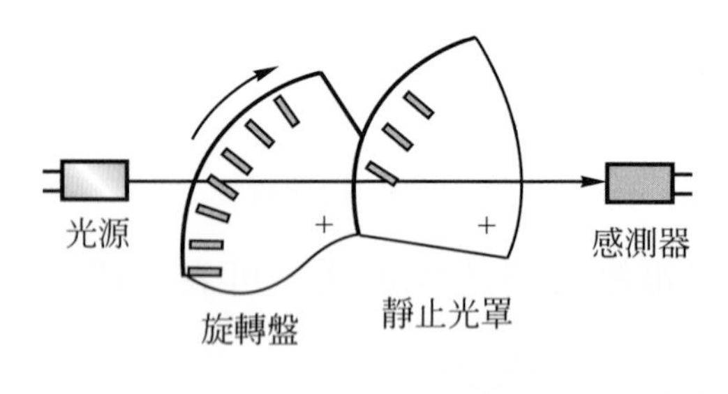

圖 4-30 增量編碼器

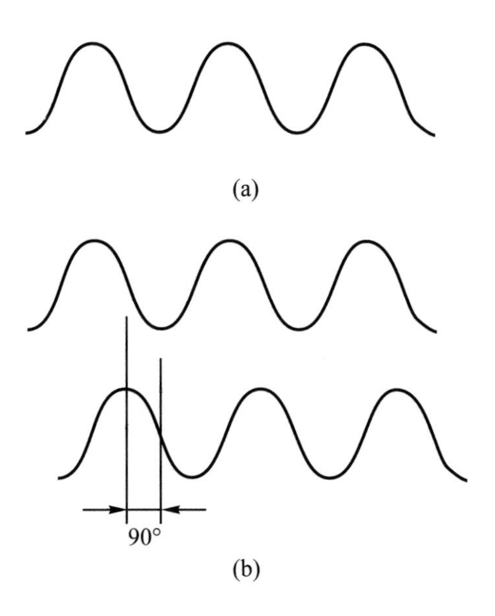

圖 4-31　(a)單一輸出波形(b)雙輸出波形

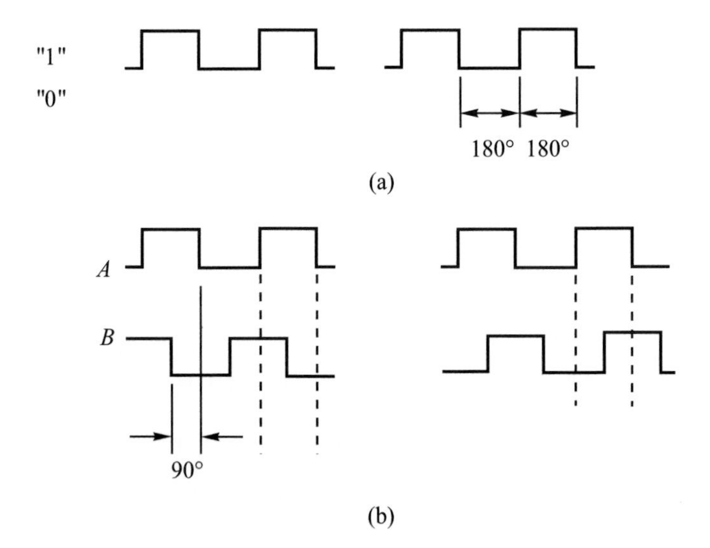

圖 4-32　(a)單一輸出整流波形(b)雙輸出整流波形

習題四

選擇題

(　　)4-1　機械平移系統中之質量(M)與RLC 並聯電路系統中何者類比？　(A)電阻 R　(B)電感 L　(C)電容 C　(D)電壓 V。

(　　)4-2　機械平移系統中之阻尼器(B)與RLC 並聯電路系統中何者類比？　(A)電阻R　(B)電感L　(C)電容C　(D)電壓V　。

(　　)4-3　如圖 3，等效慣量爲J，黏滯摩擦係數爲B，轉動彈性係數爲K，輸出爲$\theta(S)$，求與輸入轉矩$T(S)$之關係$\frac{\theta(S)}{T(S)}$=？

(A)$\frac{1}{JS^2+KS+B}$　(B)$\frac{1}{BS^2+JS+K}$　(C)$\frac{1}{JS^2+BS+K}$

(D)$\frac{1}{BS^2+KS+J}$。

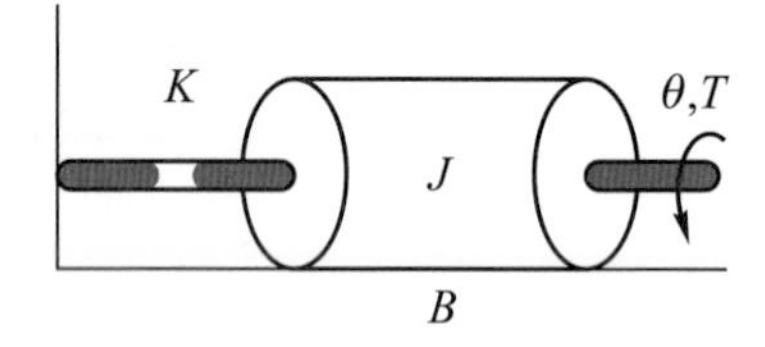

圖 3

(　　)4-4　一個 RLC 串聯電路系統圖 4 中，如果希望電路之轉移函數有兩個極點、兩個零點，則輸出電壓應測量(跨接)何者之兩端？　(A)電阻　(B)電感　(C)電容　(D)電源。

(　　)4-5　一個 RLC 串聯電路系統圖 4 中，如果希望電路之轉移函數有兩個極點、一個零點，則輸出電壓應測量(跨接)何者之兩端？　(A)電阻　(B)電感　(C)電容　(D)電源。

(　　) 4-6　一個 RLC 串聯電路系統圖 4 中，如果希望電路之轉移函數有兩個極點、沒有零點，則輸出電壓應測量(跨接)何者之兩端？　(A)電阻　(B)電感　(C)電容　(D)電源。

(　　) 4-7　一個 RLC 並聯電路系統圖 5 中，如果希望電路之轉移函數有兩個極點、兩個零點，則輸出電流應該取哪一元件的電流？　(A)電阻　(B)電感　(C)電容　(D)電源。

(　　) 4-8　一個 RLC 並聯電路系統圖 5 中，如果希望電路之轉移函數有兩個極點、一個零點，則輸出電流應該取哪一元件的電流？　(A)電阻　(B)電感　(C)電容　(D)電源。

(　　) 4-9　一個 RLC 並聯電路系統圖 5 中，如果希望電路之轉移函數有兩個極點、沒有零點，則輸出電流應該取哪一元件的電流？　(A)電阻　(B)電感　(C)電容　(D)電源。

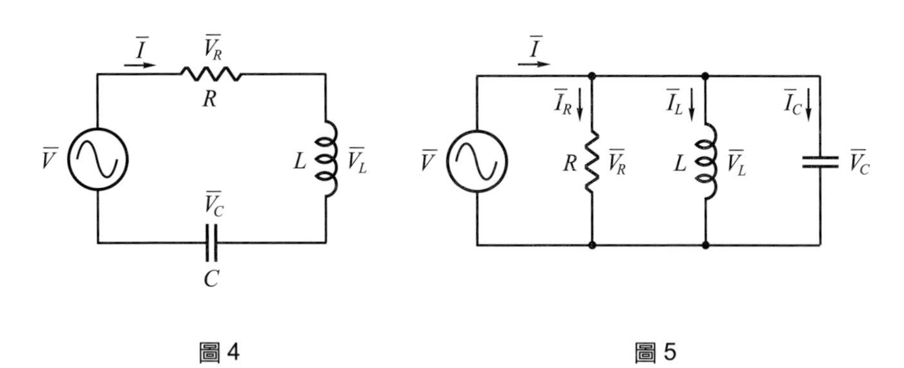

圖 4　　　　圖 5

問答題

4-1 寫出圖 P4-1 所示電網路的狀態方程式。令電容器電壓和電感器電流爲狀態變數。

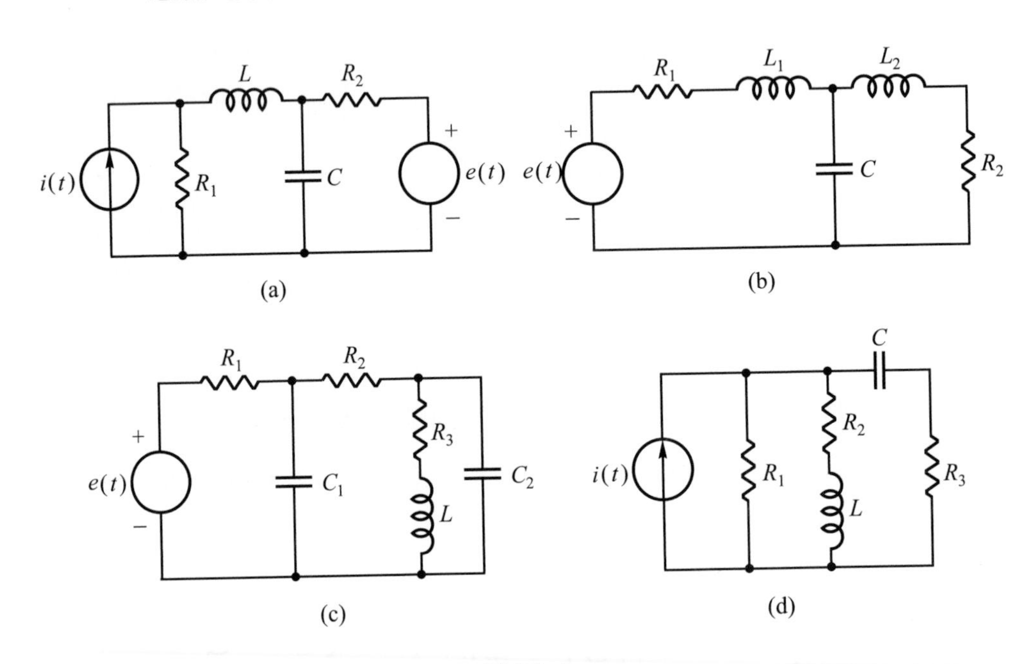

圖 P4-1

4-2 試求圖 P4-2 所示系統的轉移函數$\dfrac{V_o(s)}{V_i(s)}$。

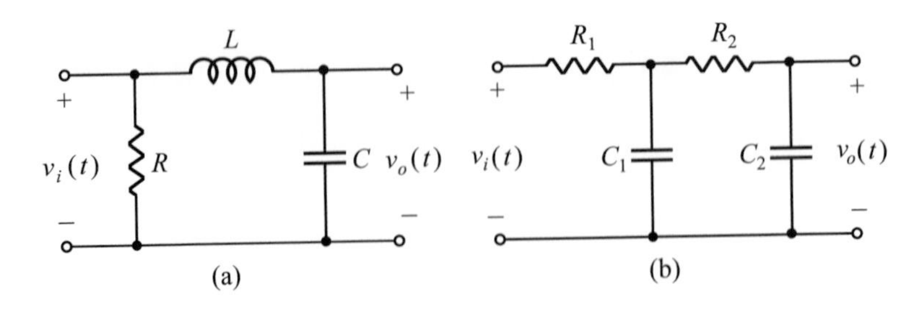

圖 P4-2

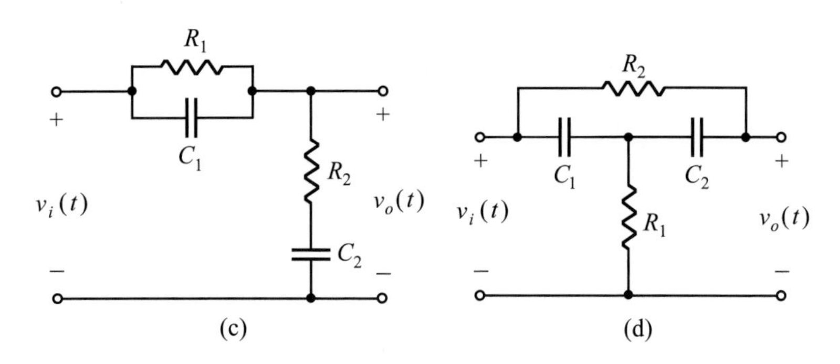

圖 P4-2(續)

4-3　求圖 P4-3 之*RLC*網路的動態方程式：

$R_1 = 1\text{k}\Omega$，$R_2 = 2\text{k}\Omega$

$C_1 = 10^3\mu f$，$C_2 = 500\mu\text{f}$，$L = 1\text{h}$

$$\begin{cases} \dot{x} = Ax + Bu \\ y = Cx + Du \end{cases}$$

(歷屆研究所試題)

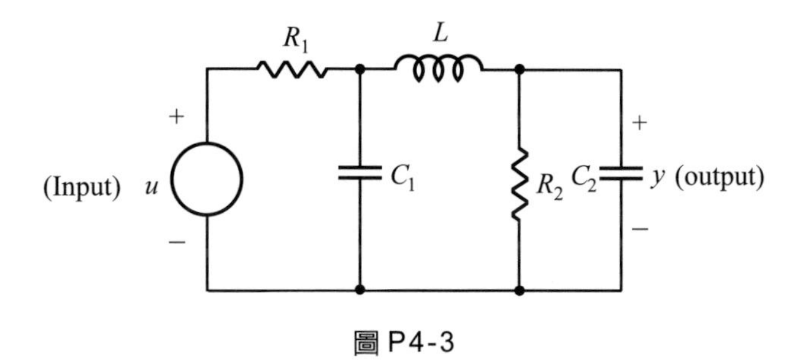

圖 P4-3

4-4　假設圖P4-4(a)所示的網路，其方塊圖爲圖P4-4(b)，求$G_1(s)$，$G_2(s)$，$G_3(s)$及$G_4(s)$。(歷屆研究所試題)

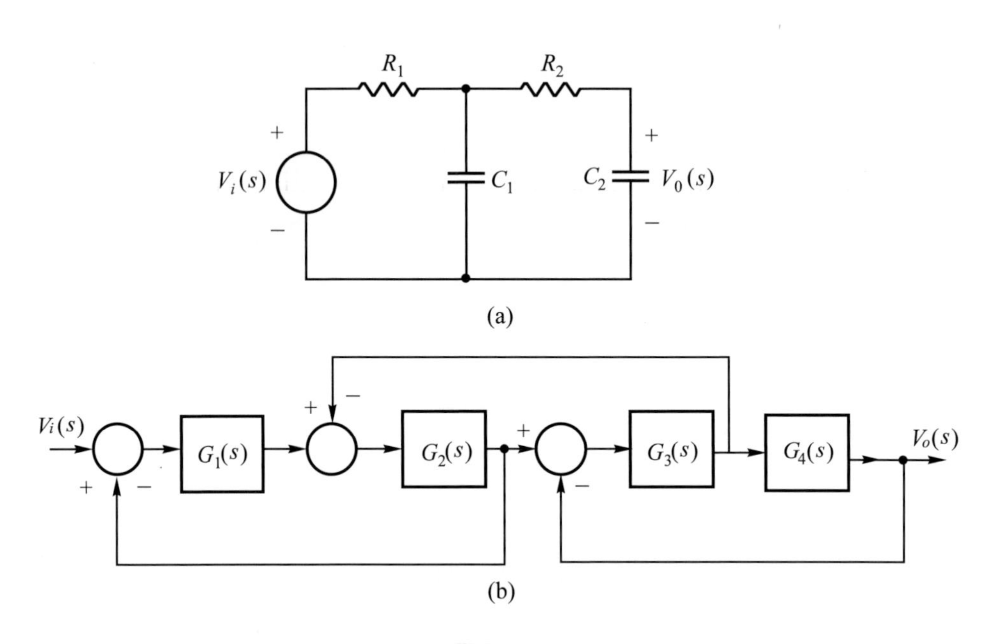

圖 P4-4

4-5　如圖 P4-5 所示的機械系統

(1)寫出系統的力方程式(Force equation)。

(2)用最少個積分器畫出其狀態圖，並據此寫出系統的狀態方程式(矩陣形式)。

(3)重新定義狀態變數爲：

圖 P4-5(a)：$x_1 = y_2$，$x_2 = \dfrac{dy_2}{dt}$，$x_3 = y_1$，$x_4 = \dfrac{dy_1}{dt}$

圖 P4-5(b)：$x_1 = y_2$，$x_2 = y_1$，$x_3 = \dfrac{dy_1}{dt}$

利用這些狀態變數寫出系統的狀態方程式(矩陣形式)及畫出狀態圖。

(4)求系統的轉移函數$\dfrac{Y_1(s)}{F(s)}$和$\dfrac{Y_2(s)}{F(s)}$。

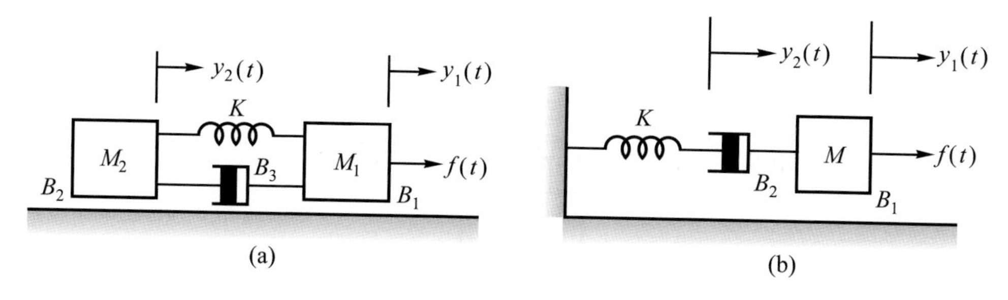

圖 P4-5

4-6　試推導圖 P4-6 機械系統之狀態方程式。(歷屆高考試題)

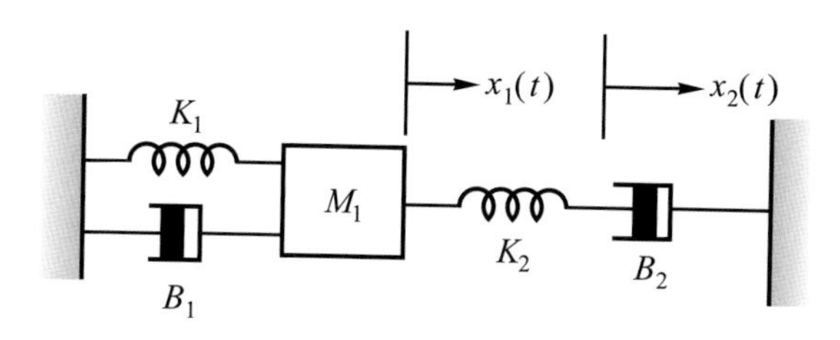

圖 P4-6

4-7　⑴畫出如圖P4-7所示機械系統的方塊圖，假設初始條件爲零。

⑵化簡方塊圖，以求得轉移函數$X_{\text{out}}(s)/F_{\text{in}}(s)$。

(歷屆研究所試題)

4-8　如圖 P4-8 所示的旋轉系統

⑴寫出系統的轉矩方程式。

⑵用最少個積分器畫出其狀態圖，並據此寫出系統的狀態方程式(矩陣形式)。

⑶求系統的轉移函數$\dfrac{\Theta_1(s)}{T(s)}$及$\dfrac{\Theta_2(s)}{T(s)}$。

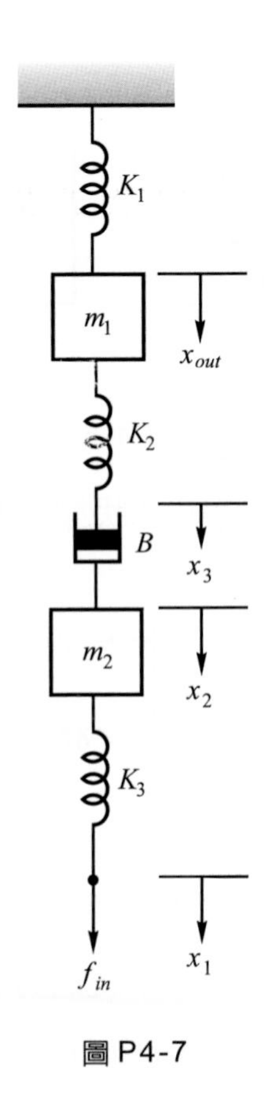

圖 P4-7

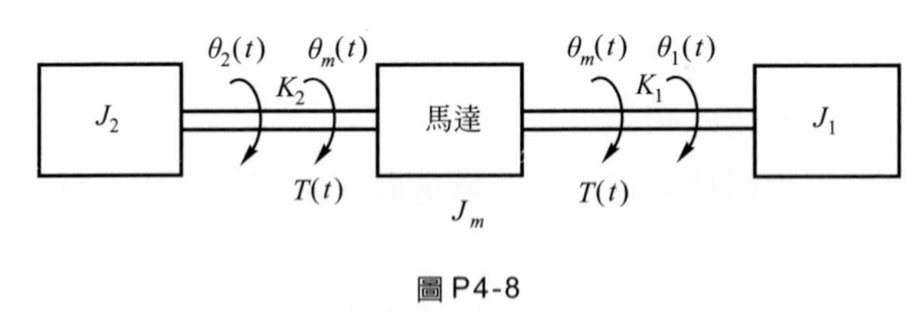

圖 P4-8

4-9 如圖 P4-9 所示的機械系統

(1)試以$\theta_1(t)$，$\omega_1(t)$，$\theta_2(t)$和$\omega_2(t)$爲狀態變數，寫出其狀態方程式(以矩陣形式表示)。

(2)因爲此系統只有三個儲能元件：J_1，K及J_2，所以系統可以只定義三個狀態變數$x_1(t)=\theta_1(t)-\theta_2(t)$，$x_2(t)=\dot{\theta}_2(t)$和$x_3(t)=\dot{\theta}_1(t)$，試寫出其狀態方程式(以矩陣形式表示)。

(3)試分別繪出上面兩種情況的狀態圖。

(4)分別導出兩種情況的轉移函數$\dfrac{\Omega_2(s)}{T(s)}$，並比較有否不同。

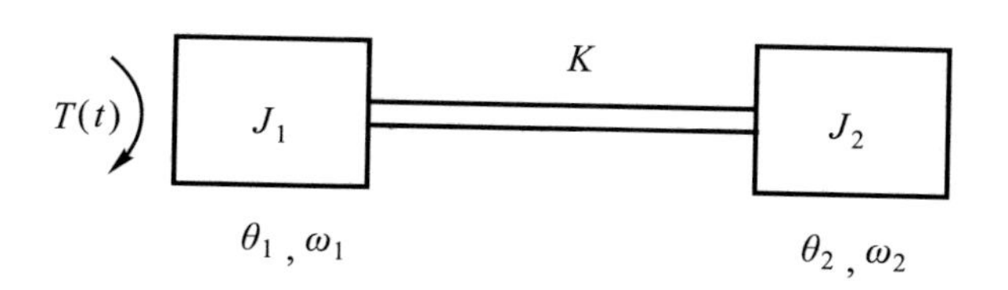

圖 P4-9

4-10　如圖P4-10所示的齒輪列，J_1，J_2和J_3爲齒輪的轉動慣量，J_m及J_L分別爲馬達及負載轉動慣量，$T_m(t)$是作用轉矩，N_1，N_2，N_3和N_4表示齒數，且爲剛性轉軸。

(a)若忽略J_1，J_2和J_3時，寫出系統的轉矩方程式和馬達所看到的總慣量。

(b)若J_1，J_2和J_3不可忽略時，重做(a)。

4-11　圖 P4-11 表示一輛汽車經由彈簧－阻尼耦合器牽引一部拖車。參數和變數定義如下：拖車質量M，耦合器的彈簧常數K_h，耦合器的黏性阻尼係數B_h，拖車的黏性阻尼係數B_t，汽車位移$y_1(t)$，拖車位移$y_2(t)$和汽車的作用力$f(t)$。

(a)寫出此系統的微分方程式。

(b)若定義狀態變數爲$x_1(t)=y_1(t)-y_2(t)$和$x_2(t)=\dfrac{dy_2(t)}{dt}$，寫出系統的狀態方程式(矩陣形式)。

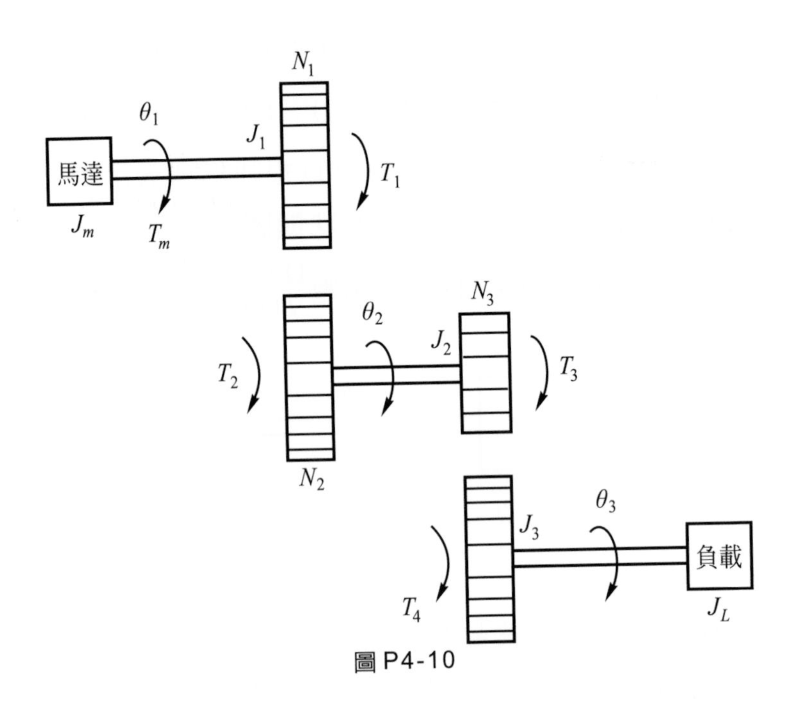

圖 P4-10

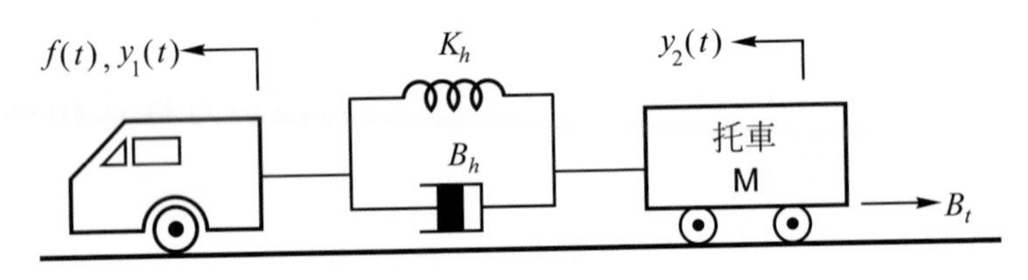

圖 P4-11

4-12 如圖 P4-12 所示的馬達－發電機控制系統，其中

$$e_g = K_g\, i_f \text{，} e_m = K_b \frac{d\theta_0}{dt}$$

以及

$$T = K_T\, i_m = J\frac{d^2\theta_0}{dt^2} + B\frac{d\theta_0}{dt}$$

(a)畫出系統的方塊圖。

(b)求轉移函數 $\dfrac{\Theta_0(s)}{E_f(s)} = ?$ (歷屆研究所試題)

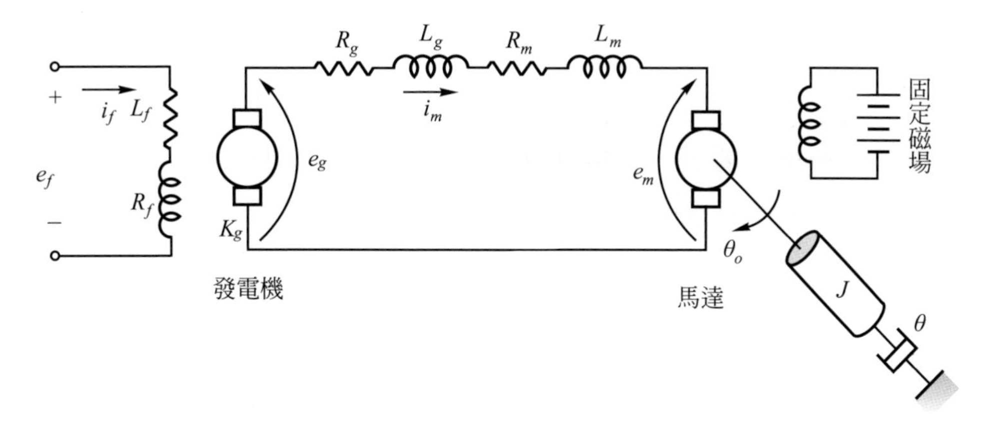

圖 P4-12

參考資料

1. 陸仁傑編譯，自動控制系統，全華，84年1月。
2. 張振添等編著，自動控制，文京，83年1月。
3. 丘世衡等編著，自動控制，高立，81年2月。
4. 楊維楨著，自動控制，三民，76年2月。
5. 余政光編著，自動控制分析與設計，茂昌，80年8月。
6. 黃燕文編著，自動控制，文京，78年6月。
7. 王偉彥，陳新得編著，自動控制考題分析整理，全華，81年9月。
8. 喬偉編解，控制系統研究所歷屆試題精解，立功。

第五章

狀態空間分析

§ 引言

控制系統的分析與設計在古典控制理論是以轉移函數爲主要表示方式，而近代控制理論則以狀態變數法爲架構。因爲轉移函數只能用於線性非時變系統，而狀態變數法則可適用於線性和非線性，時變和非時變與單變數和多變數系統。

本章主要是探討狀態變數與狀態方程式的基本觀念，並求出線性非時變狀態方程式的解(狀態轉移方程式)。接著探討如何由動態方程式求出系統的轉移函數、特性方程式及特性根，線性系統的可控制性與可觀測性是另一個討論主題。

5-1　狀態空間描述

對一個線性非時變系統，可用動態方程式表示如下

$$\frac{dx(t)}{dt} = Ax(t) + Br(t) \tag{5-1}$$

$$c(t) = Dx(t) + Er(t) \tag{5-2}$$

式(5-1)稱爲狀態方程式，式(5-2)稱爲輸出方程式。其中$x(t)$是由n個狀態變數組成的行向量，稱爲狀態向量；$r(t)$是由p個輸入信號組成的行向量，稱爲輸入向量；$c(t)$是由q個輸出信號組成的行向量，稱爲輸出向量；而A，B，D，E爲常數矩陣，分示如下：

$$x(t) = \begin{bmatrix} x_1(t) \\ x_2(t) \\ \vdots \\ x_n(t) \end{bmatrix}_{n \times 1} \tag{5-3}$$

$$r(t) = \begin{bmatrix} r_1(t) \\ r_2(t) \\ \vdots \\ r_p(t) \end{bmatrix}_{p \times 1} \tag{5-4}$$

$$c(t) = \begin{bmatrix} c_1(t) \\ c_2(t) \\ \vdots \\ c_q(t) \end{bmatrix}_{q \times 1} \tag{5-5}$$

$$A = \begin{bmatrix} a_{11} & a_{12} & \cdots & a_{1n} \\ a_{21} & a_{22} & \cdots & a_{2n} \\ \vdots & \vdots & \vdots & \vdots \\ a_{n1} & a_{n2} & \cdots & a_{nn} \end{bmatrix}_{n \times n} \tag{5-6}$$

$$B = \begin{bmatrix} b_{11} & b_{12} & \cdots & b_{1p} \\ b_{21} & b_{22} & \cdots & b_{2p} \\ \vdots & \vdots & \vdots & \vdots \\ b_{n1} & b_{n2} & \cdots & b_{np} \end{bmatrix}_{n \times p} \tag{5-7}$$

$$D = \begin{bmatrix} d_{11} & d_{12} & \cdots & d_{1n} \\ d_{21} & d_{22} & \cdots & d_{2n} \\ \vdots & \vdots & \vdots & \vdots \\ d_{q1} & d_{q2} & \cdots & d_{qn} \end{bmatrix}_{q \times n} \tag{5-8}$$

$$E = \begin{bmatrix} e_{11} & e_{12} & \cdots & e_{1p} \\ e_{21} & e_{22} & \cdots & e_{2p} \\ \vdots & \vdots & \vdots & \vdots \\ e_{q1} & e_{q2} & \cdots & e_{qp} \end{bmatrix}_{q \times p} \tag{5-9}$$

5-2 狀態轉移矩陣(State-Transition Matrix)

當式(5-1)的狀態方程式，其輸入$r(t)=0$時，則成爲

$$\frac{dx(t)}{dt} = Ax(t) \tag{5-10}$$

稱爲線性齊次狀態方程式，此時只剩下初始狀態$x(0)$會影響其他的狀態變數。將式(5-10)取拉氏轉換

$$sX(s) - x(0) = AX(s) \tag{5-11}$$

整理得

$$X(s) = (sI - A)^{-1}x(0) \tag{5-12}$$

取反拉氏轉換，即得

$$x(t) = \mathcal{L}^{-1}[(sI - A)^{-1}]x(0) \tag{5-13}$$

或(5-13)中$(sI - A)^{-1}$可以級數展開成

$$(sI - A)^{-1} = s^{-1}\left(I - \frac{A}{s}\right)^{-1} = s^{-1}\left(I + \frac{A}{s} + \frac{A^2}{s^2} + \cdots\right)$$
$$= \frac{I}{s} + \frac{A}{s^2} + \frac{A^2}{s^3} + \cdots \tag{5-14}$$

而其反拉氏轉換爲

$$\mathcal{L}^{-1}[(sI-A)^{-1}]=I+At+\frac{1}{2!}A^2t^2+\cdots$$
$$=\sum_{k=0}^{\infty}\frac{A^kt^k}{k!}=e^{At} \tag{5-15}$$

通常定義

$$\phi(t)=e^{At}=\mathcal{L}^{-1}[(sI-A)^{-1}] \tag{5-16}$$

稱爲狀態轉移矩陣，則式(5-13)可寫成

$$x(t)=\phi(t)x(0) \tag{5-17}$$

上式可視爲：當輸入爲零時，狀態轉移矩陣$\phi(t)$可將初始狀態$x(0)$轉移至任何時間 t 之狀態$x(t)$。計算$\phi(t)$除了可先求出$(sI-A)^{-1}$，再用部分分式展開法求反拉氏轉換$\mathcal{L}^{-1}[(sI-A)^{-1}]$來求得外，也可使用凱立－漢米爾頓定理(Caley-Hamilton Theorem)來求解。

例 5-1　已知系統之狀態方程式爲

$$\begin{bmatrix}\dfrac{dx_1(t)}{dt}\\[2mm]\dfrac{dx_2(t)}{dt}\end{bmatrix}=\begin{bmatrix}0 & 1\\ -2 & -3\end{bmatrix}\begin{bmatrix}x_1(t)\\ x_2(t)\end{bmatrix}+\begin{bmatrix}0\\ 1\end{bmatrix}r(t)$$

試求狀態轉移矩陣。

解一：

$$sI-A=\begin{bmatrix}s & -1\\ 2 & s+3\end{bmatrix}$$

$$(sI-A)^{-1}=\frac{1}{s^2+3s+2}\begin{bmatrix}s+3 & 1\\ -2 & s\end{bmatrix}$$

$$= \begin{bmatrix} \dfrac{s+3}{(s+1)(s+2)} & \dfrac{1}{(s+1)(s+2)} \\ \dfrac{-2}{(s+1)(s+2)} & \dfrac{s}{(s+1)(s+2)} \end{bmatrix}$$

利用部分分式展開法可得

$$(sI-A)^{-1} = \begin{bmatrix} \dfrac{2}{s+1} - \dfrac{1}{s+2} & \dfrac{1}{s+1} - \dfrac{1}{s+2} \\ -\dfrac{2}{s+1} + \dfrac{2}{s+2} & -\dfrac{1}{s+1} + \dfrac{2}{s+2} \end{bmatrix}$$

所以可求得

$$\phi(t) = \mathcal{L}^{-1}[(sI-A)^{-1}] = \begin{bmatrix} 2e^{-t} - e^{-2t} & e^{-t} - e^{-2t} \\ -2e^{-t} + 2e^{-2t} & -e^{-t} + 2e^{-2t} \end{bmatrix}$$

解二：

由特性方程式

$$|\lambda I - A| = \begin{vmatrix} \lambda & -1 \\ 2 & \lambda+3 \end{vmatrix} = \lambda^2 + 3\lambda + 2 = (\lambda+1)(\lambda+2) = 0$$

可求得特性根$\lambda_1 = -1$和$\lambda_2 = -2$，由凱立－漢米爾頓定理可令

$$\phi(t) = e^{At} = \beta_0 I + \beta_1 A$$

而特性根亦滿足下式：

$$e^{\lambda t} = \beta_0 + \beta_1 \lambda$$

將$\lambda_1 = -1$及$\lambda_2 = -2$代入上式可得

$$e^{-t} = \beta_0 - \beta_1$$

$$e^{-2t} = \beta_0 - 2\beta_1$$

解得$\beta_0 = 2e^{-t} - e^{-2t}$及$\beta_1 = e^{-t} - e^{-2t}$，所以

$$\phi(t) = e^{At} = (2e^{-t} - e^{2t})\begin{bmatrix} 1 & 0 \\ 0 & 1 \end{bmatrix} + (e^{-t} - e^{-2t})\begin{bmatrix} 0 & 1 \\ -2 & -3 \end{bmatrix}$$
$$= \begin{bmatrix} 2e^{-t} - e^{-2t} & e^{-t} - e^{-2t} \\ -2e^{-t} + 2e^{-2t} & -e^{-t} + 2e^{-2t} \end{bmatrix}$$

狀態轉移矩陣的性質：

(1)　$\phi(0) = I$，$\dot{\phi}(0)=A$　(5-18)

(2)　$\phi^{-1}(t) = \phi(-t)$　(5-19)

(3)　$\phi(t_2 - t_1)\phi(t_1 - t_0) = \phi(t_2 - t_0)$對任意$t_0$，$t_1$及$t_2$　(5-20)

(4)　$[\phi(\mathrm{t})]^k = \phi(kt)$　(5-21)

以上四個性質的證明都很簡單，予以省略。但對性質(3)的意義稍作說明如下：

如圖 5-1 所示$x(t_0)$，$x(t_1)$及$x(t_2)$分別代表三個不同時間的狀態變數值，則$\phi(t_1 - t_0)$可視爲將$x(t_0)$轉移至$x(t_1)$的狀態轉移矩陣，依狀態轉移矩陣的定義可寫成

$$x(t_1) = \phi(t_1 - t_0)x(t_0) \tag{5-22}$$

同理

$$x(t_2) = \phi(t_2 - t_1)x(t_1) \tag{5-23}$$
$$x(t_2) = \phi(t_2 - t_0)x(t_0) \tag{5-24}$$

若將式(5-22)代入式(5-23)可得

$$x(t_2) = \phi(t_2 - t_1)\phi(t_1 - t_0)x(t_0) \tag{5-25}$$

比較式(5-24)與式(5-25)可知

$$\phi(t_2 - t_1)\phi(t_1 - t_0) = \phi(t_2 - t_0)$$

而按照圖 5-1 來看，上式說明了將狀態變數由$x(t_0)$轉移至$x(t_1)$，再由$x(t_1)$轉移至$x(t_2)$，相當於直接由$x(t_0)$轉移至$x(t_2)$。

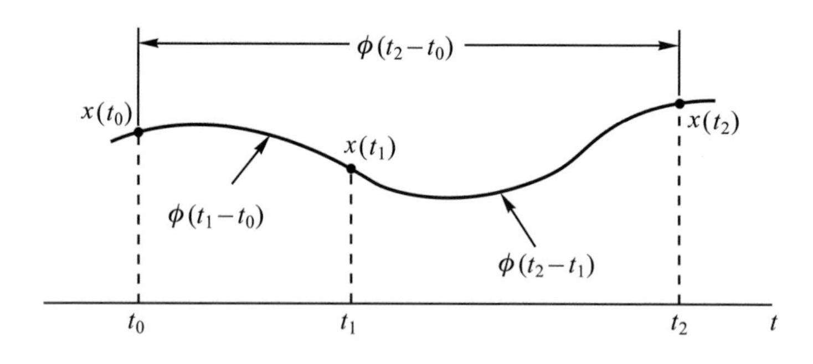

圖 5-1 狀態轉移矩陣的性質

5-3 轉移函數矩陣(Transfer Function Matrix)、特性方程式與特性根

一個線性非時變系統的動態方程式如式(5-1)及式(5-2)所示，對其兩邊分別取拉氏轉換可得

$$sX(s) - x(0) = AX(s) + BR(s) \tag{5-26}$$

及

$$C(s) = DX(s) + ER(s) \tag{5-27}$$

式(5-26)整理得

$$X(s) = (sI - A)^{-1}x(0) + (sI - A)^{-1}BR(s) \tag{5-28}$$

將式(5-28)代入式(5-27)即得

$$C(s) = D(sI - A)^{-1}x(0) + [D(sI - A)^{-1}B + E]R(s) \tag{5-29}$$

若令初始條件$x(0) = 0$，可得輸入與輸出關係

$$\begin{aligned} C(s) &= [D(sI - A)^{-1}B + E]R(s) \\ &= G(s)R(s) \end{aligned} \tag{5-30}$$

式中

$$G(s) = D(sI - A)^{-1}B + E \tag{5-31}$$

稱爲系統的轉移函數矩陣。

式(5-30)可寫成

$$\begin{aligned} G(s) &= D\frac{adj(sI - A)}{|sI - A|}B + E \\ &= \frac{D[adj(sI - A)]B + |sI - A|E}{|sI - A|} \end{aligned} \tag{5-32}$$

令轉移函數矩陣$G(s)$的分母爲零，可得特性方程式

$$|sI - A| = 0 \tag{5-33}$$

特性方程式的根稱爲特性根。

例 5-2　同例5-1的系統，若其輸出方程式爲

$$c(t) = [0 \quad 1]\begin{bmatrix} x_1(t) \\ x_2(t) \end{bmatrix}$$

則其轉移函數爲

$$\begin{aligned} G(s) &= \frac{1}{s^2 + 3s + 2}[0 \quad 1]\begin{bmatrix} s+3 & 1 \\ -2 & s \end{bmatrix}\begin{bmatrix} 0 \\ 1 \end{bmatrix} \\ &= \frac{s}{s^2 + 3s + 2} \end{aligned}$$

令轉移函數分母為零，可得特性方程式為

$$s^2 + 3s + 2 = 0$$

或直接由$|sI - A| = 0$也可得到同樣結果。

特性根分別為-1及-2。

練習題

1. 若一狀態方程式$\frac{dx}{dt} = \begin{bmatrix} 0 & 1 \\ -2 & -3 \end{bmatrix} x(t) + \begin{bmatrix} 0 \\ 1 \end{bmatrix} u(t)$，設計一狀態回授控制器，$u(t) = -[k_1 \quad k_2]\, x(t)$，使其封閉系統之極點被安置在：－5，－2；試問$[k_1 \quad k_2] = ?$

2. 一系統的狀態方程式為$\dot{x}(t) = \begin{bmatrix} 0 & 1 \\ 4 & -3 \end{bmatrix} x(t) + \begin{bmatrix} 1 \\ 2 \end{bmatrix} u(t)$，則其特徵值為？

3. 若一系統之狀態方程式為$\frac{dx}{dt} = \begin{bmatrix} 0 & 1 & 0 \\ 0 & 0 & 1 \\ -1 & -2 & -3 \end{bmatrix} x(t) + \begin{bmatrix} 0 \\ 0 \\ 1 \end{bmatrix} u(t)$，$y(t) = [2 \quad 3 \quad 1]\, x(t)$；其中$x(t)$為狀態向量，$u(t)$為輸入，$y(t)$為輸出，則該系統的轉移函數為何？

答案：

1. $[k_1 \quad k_2] = [8 \quad 4]$
2. 1，－4
3. $\frac{s^2 + 3s + 2}{s^3 + 3s^2 + 2s + 1}$

5-4　狀態方程式之解——狀態轉移方程式(State Transition Equation)

線性非時變系統的狀態方程式(式(5-1))之解，稱爲狀態轉移方程式。在上節中我們已求得式(5-1)的拉氏轉換如式(5-28)所示，所以只要將式(5-28)取反拉氏轉換即得狀態轉移方程式

$$x(t)=\mathcal{L}^{-1}[(sI-A)^{-1}]x(0)+\mathcal{L}^{-1}[(sI-A)^{-1}BR(s)] \qquad (5\text{-}34)$$

上式可重寫成

$$x(t)=\phi(t)x(0)+\int_0^t \phi(t-\tau)Br(\tau)d\tau\text{，}t\geq 0 \qquad (5\text{-}35)$$

對於初始時間爲t_0，初始狀態爲$x(t_0)$，且輸入$r(t)$是在$t\geq t_0$加入時，狀態轉移方程式可重新推導得

$$x(t)=\phi(t-t_0)x(t_0)+\int_{t_0}^t \phi(t-\tau)Br(\tau)d\tau\text{，}t\geq t_0 \qquad (5\text{-}36)$$

輸出向量也可寫成

$$c(t)=D\phi(t-t_0)x(t_0)+\int_{t_0}^t D\phi(t-\tau)Br(\tau)d\tau+Er(t) \qquad (5\text{-}37)$$

例 5-3　同例5-1及例5-2的系統，若初始狀態$x(0)=\begin{bmatrix}x_1(0)\\x_2(0)\end{bmatrix}=\begin{bmatrix}1\\-1\end{bmatrix}$，且輸入$r(t)=u_s(t)$，則$t\geq 0$的狀態轉移方程式可寫成

$$x(t)=\begin{bmatrix}2e^{-t}-e^{-2t} & e^{-t}-e^{-2t}\\-2e^{-t}+2e^{-2t} & -e^{-t}+2e^{-2t}\end{bmatrix}\begin{bmatrix}1\\-1\end{bmatrix}+$$
$$\int_0^t\begin{bmatrix}2e^{-(t-\tau)}-e^{-2(t-\tau)} & e^{-(t-\tau)}-e^{-2(t-\tau)}\\-2e^{-(t-\tau)}+2e^{-2(t-\tau)} & -e^{-(t-\tau)}+2e^{-2(t-\tau)}\end{bmatrix}\begin{bmatrix}0\\1\end{bmatrix}d\tau$$

$$= \begin{bmatrix} e^{-t} \\ -e^{-t} \end{bmatrix} + \int_0^t \begin{bmatrix} e^{-(t-\tau)} - e^{-2(t-\tau)} \\ -e^{-(t-\tau)} + 2e^{-2(t-\tau)} \end{bmatrix} d\tau$$

$$= \begin{bmatrix} e^{-t} \\ -e^{-t} \end{bmatrix} + \begin{bmatrix} \frac{1}{2} - e^{-t} + \frac{1}{2}e^{-2t} \\ e^{-t} - e^{-2t} \end{bmatrix} = \begin{bmatrix} \frac{1}{2} + \frac{1}{2}e^{-2t} \\ -e^{-2t} \end{bmatrix}, \ t \geq 0$$

另解：

$$X(s) = (sI-A)^{-1}x(0) + (sI-A)^{-1}BR(s)$$

$$= \frac{1}{s^2+3s+2}\begin{bmatrix} s+3 & 1 \\ -2 & s \end{bmatrix}\begin{bmatrix} 1 \\ -1 \end{bmatrix} + \frac{1}{s^2+3s+2}\begin{bmatrix} s+3 & 1 \\ -2 & s \end{bmatrix}\begin{bmatrix} 0 \\ 1 \end{bmatrix} \cdot \frac{1}{s}$$

$$= \frac{1}{s^2+3s+2}\begin{bmatrix} s+3 & 1 \\ -2 & s \end{bmatrix}\begin{bmatrix} 1 \\ \frac{-s+1}{s} \end{bmatrix}$$

$$= \frac{1}{(s+1)(s+2)}\begin{bmatrix} \frac{(s+1)^2}{s} \\ -s-1 \end{bmatrix}$$

$$= \begin{bmatrix} \frac{s+1}{s(s+2)} \\ \frac{-1}{s+2} \end{bmatrix}$$

$$= \begin{bmatrix} \frac{\frac{1}{2}}{s} + \frac{\frac{1}{2}}{s+2} \\ \frac{-1}{s+2} \end{bmatrix}$$

$$x(t) = \begin{bmatrix} \frac{1}{2} + \frac{1}{2}e^{-2t} \\ -e^{-2t} \end{bmatrix}, \ t \geq 0$$

輸出向量

$$c(t) = [0 \quad 1]\begin{bmatrix} \frac{1}{2} + \frac{1}{2}e^{-2t} \\ -e^{-2t} \end{bmatrix} = -e^{-2t}, \ t \geq 0$$

練習題

1. 求下系統之$x(t)$及$c(t)$，其中$u(t)$爲單位步階函數。

$$\dot{x}=\begin{bmatrix}-2 & -1\\ 0 & -3\end{bmatrix}x+\begin{bmatrix}1\\ 0\end{bmatrix}u(t)$$

$$c=[1 \quad 1]x\ ;\ x(0)=\begin{bmatrix}1\\ 0\end{bmatrix}$$

2. 求下列系統之$x(t)$及$c(t)$，其中$u(t)$爲單位步階函數。

$$\dot{x}=\begin{bmatrix}-4 & 1 & 0\\ 0 & -5 & 1\\ 0 & 0 & -2\end{bmatrix}x+\begin{bmatrix}0\\ 0\\ 1\end{bmatrix}u(t)$$

$$c=[1 \quad 1 \quad 0]\,x\ ;\ x(0)=\begin{bmatrix}0\\ 0\\ 0\end{bmatrix}$$

答案：

1. $$x(t)=\begin{bmatrix}\frac{1}{2}+\frac{1}{2}e^{-2t}\\ 0\end{bmatrix},\ t\geq 0$$

$$c(t)=\frac{1}{2}+\frac{1}{2}e^{-2t},\ t\geq 0$$

2. $$x(t)=\begin{bmatrix}\frac{1}{40}+\frac{1}{8}e^{-4t}-\frac{1}{15}e^{-5t}-\frac{1}{12}e^{-2t}\\ \frac{1}{10}+\frac{1}{15}e^{-5t}-\frac{1}{6}e^{-2t}\\ \frac{1}{2}-\frac{1}{2}e^{-2t}\end{bmatrix},\ t\geq 0$$

$$c(t)=\frac{1}{8}+\frac{1}{8}e^{-4t}-\frac{1}{4}e^{-2t},\ t\geq 0$$

5-5 轉換至相位變數標準式

一個n階線性非時變系統的狀態方程式可寫成

$$\frac{dy(t)}{dt}=A_c y(t)+B_c r(t) \tag{5-38}$$

其中

$$A_C=\begin{bmatrix} 0 & 1 & 0 & 0 & \cdots & 0 \\ 0 & 0 & 1 & 0 & \cdots & 0 \\ \vdots & \vdots & \vdots & \vdots & \vdots & \vdots \\ 0 & 0 & 0 & 0 & \cdots & 1 \\ -a_1 & -a_2 & -a_3 & -a_4 & \cdots & -a_n \end{bmatrix} \tag{5-39}$$

$$B_c=\begin{bmatrix} 0 \\ 0 \\ \vdots \\ 0 \\ 1 \end{bmatrix} \tag{5-40}$$

矩陣A_c具有式(5-39)之型式者，稱爲相位變數標準式(Phase-Variable Canonical Form)。對於一個非相位變數標準式的狀態方程式(式(5-41))，

$$\frac{dx(t)}{dt}=Ax(t)+Br(t) \tag{5-41}$$

可經由以下的步驟將其轉換爲式(5-38)的相位變數標準式。

1. 求得矩陣S

$$S=[B\ AB\ A^2B\ \cdots\ A^{n-1}B] \tag{5-42}$$

2. 判斷矩陣S是否爲非奇異。若是，則必存在一個非奇異轉換

$$y(t)=Qx(t) \tag{5-43}$$

若是奇異，則此轉換不存在，可不必進行下一步驟。

3. 求得S^{-1}及Q_1，Q，其中

$$Q_1=[0\ \ 0\ \ \cdots\ \ 0\ \ 1]S^{-1} \tag{5-44}$$

$$Q=\begin{bmatrix} Q_1 \\ Q_1A \\ Q_1A^2 \\ \vdots \\ Q_1A^{n-1} \end{bmatrix} \tag{5-45}$$

4. 矩陣Q求得後，A_c及B_c可由下式求出。

$$A_c=QAQ^{-1} \tag{5-46}$$

$$B_c=QB \tag{5-47}$$

例 5-4　若狀態方程式如式(5-41)所示，其中

$$A=\begin{bmatrix} 0 & 2 & 0 \\ 1 & 2 & 0 \\ -1 & 1 & 1 \end{bmatrix}，B=\begin{bmatrix} 1 \\ 1 \\ 0 \end{bmatrix}$$

若要將其轉換成相位變數標準式，首先求得

$$S=[B\ \ AB\ \ A^2B]=\begin{bmatrix} 1 & 2 & 6 \\ 1 & 3 & 8 \\ 0 & 0 & 1 \end{bmatrix}$$

因爲$|S| = 1 \neq 0$，所以S爲非奇異矩陣，即此種轉換存在。矩陣S的反矩陣可求得

$$S^{-1} = \begin{bmatrix} 3 & -2 & -2 \\ -1 & 1 & -2 \\ 0 & 0 & 1 \end{bmatrix}$$

同時Q_1及Q可由式(5-44)及式(5-45)求得爲

$$Q_1 = [0 \ \ 0 \ \ 1]S^{-1} = [0 \ \ 0 \ \ 1]$$

$$Q = \begin{bmatrix} Q_1 \\ Q_1 A \\ Q_1 A^2 \end{bmatrix} = \begin{bmatrix} 0 & 0 & 1 \\ -1 & 1 & 1 \\ 0 & 1 & 1 \end{bmatrix}$$

$$Q^{-1} = \begin{bmatrix} 0 & -1 & 1 \\ -1 & 0 & 1 \\ 1 & 0 & 0 \end{bmatrix}$$

因此，可轉換成式(5-38)的相位變數標準式，而

$$A_c = QAQ^{-1} = \begin{bmatrix} 0 & 1 & 0 \\ 0 & 0 & 1 \\ -2 & 0 & 3 \end{bmatrix}$$

$$B_c = QB = \begin{bmatrix} 0 \\ 0 \\ 1 \end{bmatrix}$$

練習題

1. 將下列系統轉換爲相位變數標準式

$$\dot{x}(t)=\begin{bmatrix}0&1&2\\0&3&4\\1&3&2\end{bmatrix}x(t)+\begin{bmatrix}0\\0\\1\end{bmatrix}u(t)$$

2. 將下列系統轉換爲相位變數標準式

$$\dot{x}(t)=\begin{bmatrix}-2&1&0\\0&0&1\\0&-6&-1\end{bmatrix}x(t)+\begin{bmatrix}0\\0\\1\end{bmatrix}u(t)$$

答案：

1. $A_C=\begin{bmatrix}0&1&0\\0&0&1\\-2&8&5\end{bmatrix}$，$B_C=\begin{bmatrix}0\\0\\1\end{bmatrix}$

2. $A_C=\begin{bmatrix}0&1&0\\0&0&1\\-12&-8&-3\end{bmatrix}$，$B_C=\begin{bmatrix}0\\0\\1\end{bmatrix}$

5-6 對角化與約旦標準式

通常，若矩陣A具有相異的特性根，則可使用相似轉換(Similarity transformation)的方式將其對角化。

考慮如下的狀態方程式：

$$\frac{dx(t)}{dt}=Ax(t)+Br(t) \tag{5-48}$$

式中$x(t)$爲$n\times 1$的狀態向量，$r(t)$爲$p\times 1$的輸入向量，A爲$n\times n$的矩陣及B爲$n\times p$的矩陣。

假設矩陣A有n個相異的特性根λ_1，λ_2，……，λ_n，則必有一個非奇異的矩陣P，可將狀態變數$x(t)$轉換爲另一狀態變數$y(t)$，即

$$x(t)=Py(t) \tag{5-49}$$

或

$$y(t)=P^{-1}x(t) \tag{5-50}$$

經過此項轉換後，狀態方程式會變成

$$\frac{dy(t)}{dt}=\Lambda y(t)+\Gamma r(t) \tag{5-51}$$

其中

$$\Lambda=\begin{bmatrix} \lambda_1 & 0 & 0 & \cdots & 0 \\ 0 & \lambda_2 & 0 & \cdots & 0 \\ \vdots & \vdots & \vdots & \vdots & \vdots \\ 0 & 0 & 0 & \cdots & \lambda_n \end{bmatrix} \tag{5-52}$$

式(5-51)稱爲標準式(Canonical Form)。

將式(5-49)代入式(5-48)，即得

$$P\frac{dy(t)}{dt}=APy(t)+Br(t) \tag{5-53}$$

或

$$\frac{dy(t)}{dt}=P^{-1}APy(t)+P^{-1}Br(t) \tag{5-54}$$

此式與式(5-51)比較可知：

$$\Lambda=P^{-1}AP \tag{5-55}$$

及

$$\Gamma = P^{-1}B \tag{5-56}$$

上面所提到的非奇異矩陣P可由矩陣A的特性向量組成。令λ_1，λ_2，……，λ_n爲矩陣A的n個相異的特性根，則可找到n個對應的向量P_1，P_2，……，P_n，滿足下式：

$$\lambda_i P_i = AP_i \text{，} i = 1\text{，}2\text{，}\cdots\text{，}n \tag{5-57}$$

P_i爲一$n \times 1$的行向量，稱爲特性向量。式(5-57)可以重組爲

$$[\lambda_1 P_1 \ \ \lambda_2 P_2 \ \ \cdots \ \ \lambda_n P_n] = [AP_1 \ \ AP_2 \ \ \cdots \ \ AP_n] \tag{5-58}$$

即

$$P\Lambda = AP \tag{5-59}$$

或

$$\Lambda = P^{-1}AP \tag{5-60}$$

其中

$$P = [P_1 \ \ P_2 \ \ \cdots \ \ P_n] \tag{5-61}$$

若矩陣A爲相位變數標準式，則矩陣P爲范得蒙矩陣(Vandermonde matrix)：

$$P = \begin{bmatrix} 1 & 1 & \cdots & 1 \\ \lambda_1 & \lambda_2 & \cdots & \lambda_n \\ \lambda_1^2 & \lambda_2^2 & \cdots & \lambda_n^2 \\ \vdots & \vdots & \vdots & \vdots \\ \lambda_1^{n-1} & \lambda_2^{n-1} & \cdots & \lambda_n^{n-1} \end{bmatrix} \tag{5-62}$$

例 5-5 若式(5-48)的系統，

$$A=\begin{bmatrix}0 & 1 & 0\\ 3 & 0 & 2\\ -12 & -7 & -6\end{bmatrix}，B=\begin{bmatrix}0\\0\\1\end{bmatrix}$$

首先求矩陣A的特性根，由

$$|\lambda I-A|=\begin{vmatrix}\lambda & -1 & 0\\ -3 & \lambda & -2\\ 12 & 7 & \lambda+6\end{vmatrix}=(\lambda+1)(\lambda+2)(\lambda+3)=0$$

所以特性根$\lambda_1=-1$，$\lambda_2=-2$，$\lambda_3=-3$。

＜解法 1＞

$$(\lambda_1 I-A)P_1=0$$

$$\begin{bmatrix}-1 & -1 & 0\\ -3 & -1 & -2\\ 12 & 7 & 5\end{bmatrix}\begin{bmatrix}P_{11}\\P_{21}\\P_{31}\end{bmatrix}=\begin{bmatrix}0\\0\\0\end{bmatrix}$$

令$P_{11}=1$，則$P_{21}=-1$，$P_{31}=-1$

$$(\lambda_2 I-A)P_2=0$$

$$\begin{bmatrix}-2 & -1 & 0\\ -3 & -2 & -2\\ 12 & 7 & 4\end{bmatrix}\begin{bmatrix}P_{12}\\P_{22}\\P_{32}\end{bmatrix}=\begin{bmatrix}0\\0\\0\end{bmatrix}$$

令$P_{12}=2$，則$P_{22}=-4$，$P_{32}=1$

$$(\lambda_3 I-A)P_3=0$$

$$\begin{bmatrix}-3 & -1 & 0\\ -3 & -3 & -2\\ 12 & 7 & 3\end{bmatrix}\begin{bmatrix}P_{13}\\P_{23}\\P_{33}\end{bmatrix}=\begin{bmatrix}0\\0\\0\end{bmatrix}$$

令$P_{13}=1$，則$P_{23}=-3$，$P_{33}=3$

$$\text{所以}P=\begin{bmatrix} 1 & 2 & 1 \\ -1 & -4 & -3 \\ -1 & 1 & 3 \end{bmatrix}$$

＜解法2＞

亦可由公式直接計算矩陣P

$$P=\begin{bmatrix} \begin{vmatrix} \lambda_1 & -2 \\ 7 & \lambda_1+6 \end{vmatrix} & \begin{vmatrix} \lambda_2 & -2 \\ 7 & \lambda_2+6 \end{vmatrix} & \begin{vmatrix} \lambda_3 & -2 \\ 7 & \lambda_3+6 \end{vmatrix} \\ -\begin{vmatrix} -3 & -2 \\ 12 & \lambda_1+6 \end{vmatrix} & -\begin{vmatrix} -3 & -2 \\ 12 & \lambda_2+6 \end{vmatrix} & -\begin{vmatrix} -3 & -2 \\ 12 & \lambda_3+6 \end{vmatrix} \\ \begin{vmatrix} -3 & \lambda_1 \\ 12 & 7 \end{vmatrix} & \begin{vmatrix} -3 & \lambda_2 \\ 12 & 7 \end{vmatrix} & \begin{vmatrix} -3 & \lambda_3 \\ 12 & 7 \end{vmatrix} \end{bmatrix}$$

← $\lambda I-A$矩陣第1列第1行位置之餘因子

← $\lambda I-A$矩陣第1列第2行位置之餘因子

← $\lambda I-A$矩陣第1列第3行位置之餘因子

$$=\begin{bmatrix} 9 & 6 & 5 \\ -9 & -12 & -15 \\ -9 & 3 & 15 \end{bmatrix}$$

(註：事實上，求矩陣$\lambda I-A$任何一列之餘因子，當作矩陣P的每一行元素，並將特性根分別代入每一行後，即可求得矩陣P)

因為矩陣P的每一行均有公因數，為了簡化起見，可約去此公因數，而將P改為

$$P=\begin{bmatrix} 1 & 2 & 1 \\ -1 & -4 & -3 \\ -1 & 1 & 3 \end{bmatrix}$$

其反矩陣為

$$P^{-1}=\begin{bmatrix}\frac{9}{2} & \frac{5}{2} & 1\\ -3 & -2 & -1\\ \frac{5}{2} & \frac{3}{2} & 1\end{bmatrix}$$

所以

$$\Lambda=P^{-1}AP=\begin{bmatrix}-1 & 0 & 0\\ 0 & -2 & 0\\ 0 & 0 & -3\end{bmatrix}$$

及

$$\Gamma=P^{-1}B=\begin{bmatrix}1\\ -1\\ 1\end{bmatrix}$$

即得式(5-51)的對角化標準式。

例 5-6 已知式(5-48)的系統中，

$$A=\begin{bmatrix}0 & 1 & 0\\ 0 & 0 & 1\\ 0 & -2 & -3\end{bmatrix}，B=\begin{bmatrix}0\\ 0\\ 1\end{bmatrix}$$

由特性方程式$|\lambda I-A|=0$

$$|\lambda I-A|=\begin{bmatrix}\lambda & -1 & 0\\ 0 & \lambda & -1\\ 0 & 2 & \lambda+3\end{bmatrix}=\lambda(\lambda+1)(\lambda+2)=0$$

所以特性根$\lambda_1 = 0$，$\lambda_2 = -1$，$\lambda_3 = -2$，由於矩陣A為相位變數標準式，所以矩陣P可為范得蒙矩陣，即

$$P = \begin{bmatrix} 1 & 1 & 1 \\ 0 & -1 & -2 \\ 0 & 1 & 4 \end{bmatrix}$$

其反矩陣為

$$P^{-1} = \begin{bmatrix} 1 & \frac{2}{3} & \frac{1}{2} \\ 0 & -2 & -1 \\ 0 & \frac{1}{2} & \frac{1}{2} \end{bmatrix}$$

所以

$$\Lambda = P^{-1}AP = \begin{bmatrix} 0 & 0 & 0 \\ 0 & -1 & 0 \\ 0 & 0 & -2 \end{bmatrix}$$

及

$$\Gamma = P^{-1}B = \begin{bmatrix} \frac{1}{2} \\ -1 \\ \frac{1}{2} \end{bmatrix}$$

即得式(5-51)的對角化標準式。

當矩陣A的特性根有重根出現時，除非矩陣A為對稱矩陣，否則無法將其對角化。但仍存在一相似轉換P，使得

$$\Lambda = P^{-1}AP \tag{5-63}$$

其中

$$\Lambda = \begin{bmatrix} J_1 & & 0 \\ & J_2 & \\ & & \ddots \\ 0 & & J_r \end{bmatrix} \tag{5-64}$$

稱爲約旦標準式(Jordan Canonical Form)，而J_1，J_2，$\cdots J_r$稱爲約旦方塊(Jordan Block)，有如下的形式：

$$J_i = \begin{bmatrix} \lambda_i & 1 & 0 & 0 & \cdots & 0 \\ 0 & \lambda_i & 1 & 0 & \cdots & 0 \\ 0 & 0 & \lambda_i & 1 & \cdots & 0 \\ \vdots & \vdots & \vdots & \vdots & \vdots & \vdots \\ 0 & 0 & 0 & 0 & \cdots & \lambda_i \end{bmatrix}_{m_i \times m_i} \tag{5-65}$$

式中m_i爲λ_i的重根次數。例如：

$$\Lambda = \left[\begin{array}{c|cc|ccc} \lambda_1 & 0 & 0 & 0 & 0 & 0 \\ \hline 0 & \lambda_2 & 1 & 0 & 0 & 0 \\ 0 & 0 & \lambda_2 & 0 & 0 & 0 \\ \hline 0 & 0 & 0 & \lambda_3 & 1 & 0 \\ 0 & 0 & 0 & 0 & \lambda_3 & 1 \\ 0 & 0 & 0 & 0 & 0 & \lambda_3 \end{array}\right] = \left[\begin{array}{c|c|c} J_1 & & 0 \\ \hline & J_2 & \\ \hline 0 & & J_3 \end{array}\right] \tag{5-66}$$

式中λ_1爲單根，而λ_2爲二重根，λ_3爲三重根。

約旦標準式有下列性質：

⑴主對角線上的元素爲矩陣A的特性根。

⑵主對角線下方的元素皆爲零。

⑶某些主對角線上方元素爲1(重根時)。

式(5-63)中的矩陣P也是由矩陣A的特性向量組成，當矩陣A的特性根爲相異(非重根)時，其特性向量求法如前；當某一特性根λ_j有m階重根出現時，經轉換後會得到如下的約旦方塊：

$$\Lambda = \begin{bmatrix} \lambda_j & 1 & 0 & \cdots & 0 \\ 0 & \lambda_j & 1 & \cdots & 0 \\ \vdots & \vdots & \vdots & \vdots & \vdots \\ 0 & 0 & 0 & \cdots & 1 \\ 0 & 0 & 0 & \cdots & \lambda_j \end{bmatrix}_{m\times m} \tag{5-67}$$

則由$\Lambda = P^{-1}AP$可得

$$[P_1 \ \ P_2 \ \ \cdots \ \ P_m]\Lambda = A[P_1 \ \ P_2 \ \ \cdots \ \ P_m] \tag{5-68}$$

展開得

$$\begin{aligned} \lambda_j P_1 &= AP_1 \\ P_1 + \lambda_j P_2 &= AP_2 \\ P_2 + \lambda_j P_3 &= AP_3 \\ &\vdots \\ P_{m-1} + \lambda_j P_m &= AP_m \end{aligned} \tag{5-69}$$

重新整理得

$$(\lambda_j I - A)P_1 = 0$$

$$(\lambda_j I - A)P_2 = -P_1$$

$$(\lambda_j I-A)P_3=-P_2$$

$$\vdots$$

$$(\lambda_j I-A)P_m=-P_{m-1} \tag{5-70}$$

因此，重根λ_j所對應的m個特性向量P_1，P_2，…，P_m可由上式求得。

例 5-7 已知式(5-48)的系統中，

$$A=\begin{bmatrix}0 & 1 & 0\\ 0 & 0 & 1\\ -25 & -35 & -11\end{bmatrix}，B=\begin{bmatrix}0\\ 0\\ 1\end{bmatrix}$$

由$|\lambda I-A|=(\lambda+1)(\lambda+5)^2=0$ 得特性根爲$\lambda_1=-1$，$\lambda_2=\lambda_3=-5$，

當$\lambda_1=-1$時，$(\lambda_1 I-A)P_1=0$，即

$$\begin{bmatrix}-1 & -1 & 0\\ 0 & -1 & -1\\ 25 & 35 & 11\end{bmatrix}\begin{bmatrix}P_{11}\\ P_{21}\\ P_{31}\end{bmatrix}=\begin{bmatrix}0\\ 0\\ 0\end{bmatrix}$$

可得

$$P_1=\begin{bmatrix}P_{11}\\ P_{21}\\ P_{31}\end{bmatrix}=\begin{bmatrix}1\\ -1\\ 1\end{bmatrix}$$

當$\lambda_2=-5$時，$(\lambda_2 I-A)P_2=0$，即

$$\begin{bmatrix}-5 & -1 & 0\\ 0 & -5 & -1\\ 25 & 35 & 6\end{bmatrix}\begin{bmatrix}P_{12}\\ P_{22}\\ P_{32}\end{bmatrix}=\begin{bmatrix}0\\ 0\\ 0\end{bmatrix}$$

可得

$$P_2=\begin{bmatrix}P_{12}\\P_{22}\\P_{32}\end{bmatrix}=\begin{bmatrix}1\\-5\\25\end{bmatrix}$$

當$\lambda_3=-5$時，$(\lambda_3 I-A)P_3=-P_2$，即

$$\begin{bmatrix}-5&-1&0\\0&-5&-1\\25&35&6\end{bmatrix}\begin{bmatrix}P_{13}\\P_{23}\\P_{33}\end{bmatrix}=\begin{bmatrix}-1\\5\\-25\end{bmatrix}$$

可得

$$P_3=\begin{bmatrix}P_{13}\\P_{23}\\P_{33}\end{bmatrix}=\begin{bmatrix}0\\1\\-10\end{bmatrix}$$

所以

$$P=\begin{bmatrix}1&1&0\\-1&-5&1\\1&25&-10\end{bmatrix}$$

其反矩陣爲

$$P^{-1}=\frac{1}{16}\begin{bmatrix}25&10&1\\-9&-10&-1\\-20&-24&-4\end{bmatrix}$$

故

$$\Lambda = P^{-1}AP = \begin{bmatrix} -1 & 0 & 0 \\ 0 & -5 & 1 \\ 0 & 0 & -5 \end{bmatrix}$$

$$\Gamma = P^{-1}B = \frac{1}{16}\begin{bmatrix} 1 \\ -1 \\ -4 \end{bmatrix}$$

另解： 因爲A爲相位變數標準式所以令

$$P = \begin{bmatrix} 1 & 1 & 0 \\ \lambda_1 & \lambda_2 & 1 \\ \lambda_1^2 & \lambda_2^2 & 2\lambda_2 \end{bmatrix}$$

其中最後一行爲第二行對λ_2微分，分別代入$\lambda_1=-1$，$\lambda_2=\lambda_3=-5$，可得

$$P = \begin{bmatrix} 1 & 1 & 0 \\ -1 & -5 & 1 \\ 1 & 25 & -10 \end{bmatrix}$$

$$P^{-1} = \frac{1}{16}\begin{bmatrix} 25 & 10 & 1 \\ -9 & -10 & -1 \\ -20 & -24 & -4 \end{bmatrix}$$

所以

$$\Lambda = P^{-1}AP = \begin{bmatrix} -1 & 0 & 0 \\ 0 & -5 & 1 \\ 0 & 0 & -5 \end{bmatrix}$$

$$\Gamma = P^{-1}B = \frac{1}{16}\begin{bmatrix} 1 \\ -1 \\ -4 \end{bmatrix}$$

5-7　線性系統的可控制性

考慮下列動態方程式所描述的線性非時變系統：

$$\frac{dx(t)}{dt} = Ax(t) + Br(t) \tag{5-71}$$

$$c(t) = Dx(t) + Er(t) \tag{5-72}$$

其中

$x(t)$：$n \times 1$ 狀態向量

$r(t)$：$p \times 1$ 輸入向量

$c(t)$：$q \times 1$ 輸出向量

A、B、D及E分別爲$n \times n$、$n \times p$、$q \times n$及$q \times p$之係數矩陣。

如果在一有限時間$(t_f - t_0) > 0$內，存在片斷連續輸入$r(t)$，可趨使狀態$x(t_0)$至任何終態$x(t_f)$時，則稱狀態$x(t_0)$是可控制的(Controllable)。如果系統的每一狀態$x(t_0)$在一有限時間內均爲可控制的，則系統爲完全狀態可控制的(Completely State Controllable)或簡稱狀態可控制的。

圖 5-2 爲一個具有兩個狀態變數的系統，因輸入$r(t)$只影響$x_1(t)$，而不影響$x_2(t)$，所以$x_1(t)$爲可控制的，而$x_2(t)$爲不可控制的，整個系統因此被稱爲不可控制的。

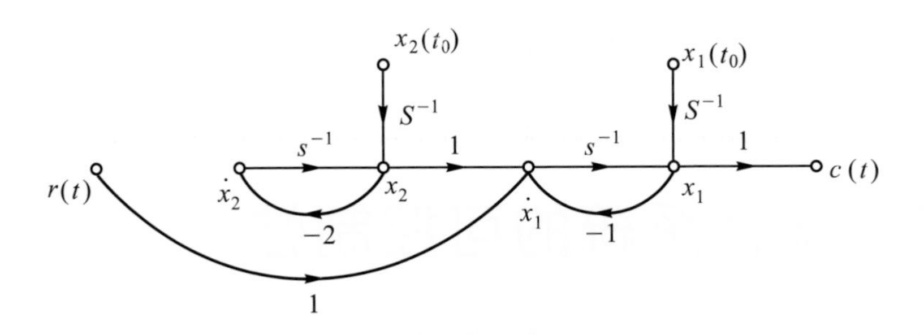

圖 5-2 狀態不可控制的系統

定理 5-1 若且唯若矩陣S的秩數爲n，則式(5-71)的狀態方程式所描述的系統爲完全狀態可控制的。其中矩陣S爲A、B組成的矩陣，如下所示：

$$S=[B \ \ AB \ \ A^2B \ \ \cdots \ \ A^{n-1}B] \tag{5-73}$$

例 5-8 式(5-71)的系統中，若

$$A=\begin{bmatrix} 1 & 1 \\ -2 & -1 \end{bmatrix}，B=\begin{bmatrix} 0 \\ 1 \end{bmatrix}$$

則

$$S=[B \ \ AB]=\begin{bmatrix} 0 & 1 \\ 1 & -1 \end{bmatrix}$$

因爲矩陣S的秩數等於 2，所以系統是完全狀態可控制的。

例 5-9 式(5-71)的系統中，若

$$A=\begin{bmatrix} 1 & 1 \\ 0 & -1 \end{bmatrix}，B=\begin{bmatrix} 1 \\ 0 \end{bmatrix}$$

則

$$S=[B\ \ AB]=\begin{bmatrix}1 & 1\\ 0 & 0\end{bmatrix}$$

因爲矩陣S的秩數爲 $1<2$，所以系統是非完全狀態可控制的。

註： 1. 若系統可化成對角矩陣Λ，且其特性根皆相異，如式(5-51)所示，則系統爲狀態可控制的充要條件爲Γ無均爲零之列。

例如：$\Lambda=\begin{bmatrix}-1 & 0 & 0\\ 0 & -2 & 0\\ 0 & 0 & -3\end{bmatrix}$，$\Gamma=\begin{bmatrix}0 & 1\\ 1 & -1\\ 1 & 0\end{bmatrix}$爲完全狀態可控制的

$\Lambda=\begin{bmatrix}-1 & 0 & 0\\ 0 & -2 & 0\\ 0 & 0 & -3\end{bmatrix}$，$\Gamma=\begin{bmatrix}1 & 0\\ 0 & -1\\ 0 & 0\end{bmatrix}$爲非完全狀態可控制的

2. 若系統可化爲約旦標準式Λ，則系統爲狀態可控制的條件是每個約旦方塊所對應Γ矩陣之最後一列元素皆不爲零。

例如：

$\Lambda=\left[\begin{array}{c:cc}-1 & 0 & 0\\ \hdashline 0 & -2 & 1\\ 0 & 0 & -2\end{array}\right]$，$\Gamma=\left[\begin{array}{cc}0 & 1\\ \hdashline 0 & 0\\ 1 & 0\end{array}\right]$爲完全狀態可控制的

$\Lambda=\left[\begin{array}{c:cc}-1 & 0 & 0\\ \hdashline 0 & -2 & 1\\ 0 & 0 & -2\end{array}\right]$，$\Gamma=\left[\begin{array}{cc}1 & 0\\ \hdashline 0 & -1\\ 0 & 0\end{array}\right]$爲非完全狀態可控制的

5-8　線性系統的可觀測性

如果在一有限的時間間隔$(t_f - t_0)$內，由已知之輸入$r(t)$及輸出$c(t)$，就足以決定$x(t_0)$時，則稱此系統是可觀測的。如果每一狀態$x(t_0)$在一有限時間$(t_f - t_0)$內都是可觀測的，則系統爲完全可觀測的(Completely observable)或簡稱爲可觀測的。

圖5-3的系統中，x_2並未連接至輸出c，亦即不能由測量c，而觀測到x_2；但x_1則可，所以x_1是可觀測的，x_2是不可觀測的，且整個系統並非完全可觀測的。

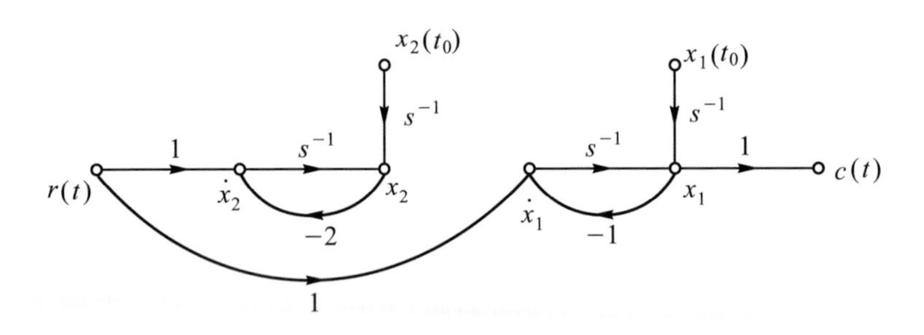

圖5-3　不可觀測的系統

定理 5-2　若且唯若矩陣V的秩數爲n，則式(5-71)及式(5-72)的動態方程式所描述的系統爲完全可觀測的。其中V矩陣爲A，D組成的矩陣，如下所示：

$$V=\begin{bmatrix} D \\ DA \\ DA^2 \\ \vdots \\ DA^{n-1} \end{bmatrix} \tag{5-74}$$

例 5-10 若式(5-71)及(5-72)系統中，

$$A=\begin{bmatrix}1 & 1\\ -2 & -1\end{bmatrix}\text{，}D=[1\ \ 0]$$

則

$$V=\begin{bmatrix}D\\ DA\end{bmatrix}=\begin{bmatrix}1 & 0\\ 1 & 1\end{bmatrix}$$

因為矩陣V的秩數為2，所以系統是完全可觀測的。

例 5-11 若式(5-71)及式(5-72)系統中

$$A=\begin{bmatrix}1 & 1\\ 0 & -1\end{bmatrix}\text{，}D=[0\ \ 1]$$

則

$$V=\begin{bmatrix}D\\ DA\end{bmatrix}=\begin{bmatrix}0 & 1\\ 0 & -1\end{bmatrix}$$

因為矩陣V的秩數為$1<2$，所以系統是非完全可觀測的。

註：

1. 若系統為對角化矩陣Λ，且其特性根皆相異如下式所示，

$$\frac{dx(t)}{dt}=\Lambda x(t)+\Gamma r(t)$$
$$c(t)=\overline{D}x(t)+\overline{E}r(t)$$

則系統為狀態可觀測的充要條件是$\overline{D}$無均為零之行。

例如：

$$\Lambda=\begin{bmatrix}-1 & 0 & 0\\ 0 & -2 & 0\\ 0 & 0 & -3\end{bmatrix},\ \overline{D}=\begin{bmatrix}1 & 0 & 1\\ 0 & -1 & 1\end{bmatrix}$$ 爲完全狀態可觀測的。

$$\Lambda=\begin{bmatrix}-1 & 0 & 0\\ 0 & -2 & 0\\ 0 & 0 & -3\end{bmatrix},\ \overline{D}=\begin{bmatrix}1 & 0 & -1\\ 0 & 0 & 1\end{bmatrix}$$ 爲非完全狀態可觀測的。

2. 若系統可化爲約旦標準式Λ，則系統爲狀態可觀測的條件是每個約旦方塊所對應$\overline{D}$矩陣之第一行元素皆不爲零。

例如：

$$\Lambda=\left[\begin{array}{c:cc}-1 & 0 & 0\\ \hdashline 0 & -2 & 1\\ 0 & 0 & -2\end{array}\right],\ \overline{D}=\left[\begin{array}{c:cc}1 & -1 & 0\\ 0 & 1 & 0\end{array}\right]$$ 爲完全狀態可觀測的。

$$\Lambda=\left[\begin{array}{c:cc}-1 & 0 & 0\\ \hdashline 0 & -2 & 1\\ 0 & 0 & -2\end{array}\right],\ \overline{D}=\left[\begin{array}{c:cc}0 & 0 & 1\\ 1 & 0 & -1\end{array}\right]$$ 爲非完全狀態可觀測的。

習題五

選擇題

(　　) 5-1　某系統之動態方程式爲$\dot{x}(t)\begin{bmatrix} 0 & 1 \\ 0 & 1 \end{bmatrix}x(t)+\begin{bmatrix} b_1 \\ b_2 \end{bmatrix}u(t)$，$y(t)=[c_1 \;\; c_2]\,x(t)$，其中$u(t)$爲輸入，$x(t)$爲狀態向量，$y(t)$爲輸出，滿足此系統爲狀態可控制且狀態可觀測之條件爲何？　(A)$b_1\neq0$且$c_1\neq0$　(B)$b_1\neq0$且$c_2\neq0$　(C)$b_2\neq0$且$c_2\neq0$　(D)$b_2\neq0$且$c_2\neq0$。

(　　) 5-2　系統之狀態微分方程式爲$\dot{x}(t)=Ax(t)+Bu(t)$，$y(t)=Cx(t)+Du(t)$，則轉移函數爲何？　(A)$(sI-A)^{-1}$　(B)$C(sI-A)^{-1}B+D$　(C)$C(sI-A)^{-1}B$　(D)$B(sI-A)^{-1}C$。

(　　) 5-3　下列有關狀態轉移矩陣$\Phi(t)$之描述何者爲正確？
(A)$\Phi(nt)=n\Phi(t)$　(B)$\Phi^{-1}(t)=\Phi(-t)$
(C)$\Phi(t-t_0)=\Phi(t)\Phi(t_0)$　(D)$X(t)=\Phi(t-t_0)X(0)$。

(　　) 5-4　某一系統之單位步階響應(unit-step response) $y(t)=1-e^{-2t}+3\sin(3t)$，$t\geq0$ 求此系統之脈衝響應(impulse response)的拉式轉換(Laplace transform) 爲何？
(A)$\dfrac{2}{s+2}+\dfrac{3s}{s^2+9}$　(B)$\dfrac{2}{s-2}+\dfrac{9}{s^2+9}$　(C)$\dfrac{2}{s+2}-\dfrac{3}{s^2+9}$
(D) $\dfrac{1}{s}-\dfrac{1}{s+2}+\dfrac{3}{s^2+9}$。

(　　) 5-5　一系統之轉移函數$\dfrac{Y(s)}{R(s)}=\dfrac{s+k}{s^3+6s^2+11s+6}$，則當$k$爲何值時，此系統爲狀態不可控制或狀態不可觀測？　(A)$k=6$　(B)$k=5$　(C)$k=4$　(D)$k=3$。

問答題

5-1 線性非時變系統的狀態方程式爲

$$\dot{x}(t)=Ax(t)+Br(t)$$

在下列情況下，求狀態轉移矩陣$\phi(t)$；設$x(0)$爲初始狀態向量，且輸入向量$r(t)$爲單位步階函數，求$t\geq 0$時之狀態轉移方程式$x(t)$。

(a) $A=\begin{bmatrix}0 & 1\\ -4 & -5\end{bmatrix}$，$B=\begin{bmatrix}1\\ 1\end{bmatrix}$，$x(0)=\begin{bmatrix}1\\ -1\end{bmatrix}$

(b) $A=\begin{bmatrix}-1 & 0 & 0\\ 0 & -2 & 1\\ 0 & 0 & -2\end{bmatrix}$，$B=\begin{bmatrix}0\\ 1\\ 0\end{bmatrix}$，$x(0)=\begin{bmatrix}1\\ 1\\ 0\end{bmatrix}$

5-2 若狀態方程式爲

$$\dot{x}(t)=Ax(t)+Br(t)$$

找出$y=Qx$，將下列各題轉換爲相位變數標準式：

$$\dot{y}(t)=A_1y(t)+B_1r(t)$$

(a) $A=\begin{bmatrix}0 & 0 & 1\\ 1 & 0 & -1\\ 2 & 1 & 1\end{bmatrix}$，$B=\begin{bmatrix}0\\ 0\\ 1\end{bmatrix}$

(b) $A=\begin{bmatrix}0 & 2 & 0\\ 1 & 2 & 0\\ -1 & 1 & 1\end{bmatrix}$，$B=\begin{bmatrix}1\\ 1\\ 0\end{bmatrix}$

5-3　有一系統其狀態方程式爲

$$\dot{x}(t)=Ax(t)+Br(t)$$

$$A=\begin{bmatrix}0&6&-5\\1&0&2\\3&2&4\end{bmatrix}，B=\begin{bmatrix}0\\0\\1\end{bmatrix}$$

試將上式轉換成約旦標準式。

5-4　已知一線性系統之狀態方程式爲

$$\dot{x}(t)=Ax(t)+Br(t)$$

$$A=\begin{bmatrix}0&1&0\\0&0&1\\-6&-11&-6\end{bmatrix}，B=\begin{bmatrix}0\\0\\1\end{bmatrix}$$

試求一轉換$x(t)=Py(t)$，使狀態方程式變成

$$\dot{y}(t)=\Lambda y(t)+\Gamma r(t)$$

其中Λ爲對角矩陣。

5-5　線性非時變系統之動態方程式爲

$$\dot{x}(t)=Ax(t)+Br(t)$$

$$c(t)=Dx(t)$$

其中A，B及D矩陣分別如下所示，試判斷每一系統之可控制性及可觀測性。

(a)　$A=\begin{bmatrix}1&0&-1\\0&2&1\\1&-2&0\end{bmatrix}，B=\begin{bmatrix}1\\0\\-1\end{bmatrix}，D=\begin{bmatrix}1&0&0\end{bmatrix}$

(b)　$A=\begin{bmatrix}1&0&0\\0&1&2\\1&-2&0\end{bmatrix}，B=\begin{bmatrix}0&1\\1&0\\1&2\end{bmatrix}，D=\begin{bmatrix}1&-1&0\end{bmatrix}$

5-6　已知一動態方程式如下所示：

$$\begin{bmatrix}\dot{x}_1\\ \dot{x}_2\\ \dot{x}_3\end{bmatrix}=\begin{bmatrix}1 & 2 & 3\\ 0 & 1 & -1\\ 2 & 0 & 0\end{bmatrix}\begin{bmatrix}x_1\\ x_2\\ x_3\end{bmatrix}+\begin{bmatrix}1\\ 0\\ 0\end{bmatrix}u$$

$$y=[3\ \ 2\ \ 1]\begin{bmatrix}x_1\\ x_2\\ x_3\end{bmatrix}，$$

令

$$u=[k_1\ \ k_2\ \ k_3]\begin{bmatrix}x_1\\ x_2\\ x_3\end{bmatrix}，$$

試求在已知此系統之特性根爲-1，-2，-3時之k_1，k_2，k_3值。

5-7　已知系統爲

$$\dot{x}(t)=Ax(t)+Br(t)，c(t)=Dx(t)$$

其中

$$A=\begin{bmatrix}0 & 1\\ -1 & -3\end{bmatrix}，B=\begin{bmatrix}1\\ 2\end{bmatrix}，D=[1\ \ 1]$$

(a)求此系統的狀態可控制性及可觀測性。

(b)令$r(t)=-Gx(t)+u(t)$，其中$G=[g_1\ \ g_2]$，$u(t)$爲參考輸入，求G的元素是否影響閉迴路系統的可控制性及可觀測性？如何影響？

參考資料

1. 陸仁傑編譯，自動控制系統，全華，84年1月。
2. 張振添等編著，自動控制，文京，83年1月。
3. 余政光編著，自動控制分析與設計，茂昌，80年8月。
4. 王偉彥，陳新得編著，自動控制考題分析整理，全華，81年9月。
5. 喬偉編解，控制系統研究所歷屆試題精解，立功。
6. 呂澤彥譯，自動控制系統問題詳解，儒林，75年4月。

心得筆記

第六章

控制系統的時域分析

§ 引言

一般說來，控制系統的時間響應(Time domain response)包含暫態響應(Transient response)與穩態響應(Steady-state response)。若以$c(t)$代表時間響應，可以數學式表為

$$c(t) = c_t(t) + c_{ss}(t) \quad (6\text{-}1)$$

其中$c_t(t)$為暫態響應，$c_{ss}(t)$為穩態響應。

所謂暫態響應是指由最初狀態至穩定狀態之過程，當時間趨近無限大($t \to \infty$)時，此部分響應會消失，即

$$\lim_{t \to \infty} c_t(t) = 0 \quad (6\text{-}2)$$

而穩態響應是在暫態響應消失後($t \to \infty$)仍存在的部分，即

$$c_{ss}(t) = \lim_{t \to \infty} c(t) \quad (6\text{-}3)$$

分析一個控制系統的時域性能，在暫態響應部份主要是分析幾個性能規格：上升時間、尖峰時間、最大超越量、延遲時間及安定時間。而穩態響應部份主要是探討穩定度、穩態誤差等問題。

6-1 控制系統的典型測試信號

在實際的控制問題中，系統的輸入經常無法預先知道，或者不能以確切的數學式來表示，使得分析與設計產生困難。通常以一些基本函數代替眞正的輸入，以評估系統性能的好壞，這些基本測試信號有步階函數(Step function)，斜坡函數(Ramp function)和拋物線函數(Parabolic function)，分述如下：

1. **步階函數**：其數學式爲

$$r(t)=\begin{cases}A， & t\geq 0\\ 0， & t<0\end{cases} \tag{6-4}$$

或

$$r(t)=Au_s(t) \tag{6-5}$$

其中$u_s(t)$爲單位步階函數(Unit step function)，如圖 6-1(a)所示。

2. **斜坡函數**：其數學式爲

$$r(t)=\begin{cases}At， & t\geq 0\\ 0， & t<0\end{cases} \tag{6-6}$$

或

$$r(t)=Atu_s(t) \tag{6-7}$$

如圖 6-1(b)所示。

3. **抛物線函數**：其數學式爲

$$r(t)=\begin{cases}At^2， & t\geq 0\\ 0， & t<0\end{cases} \tag{6-8}$$

或

$$r(t)=At^2u_s(t) \tag{6-9}$$

如圖 6-1(c)所示。

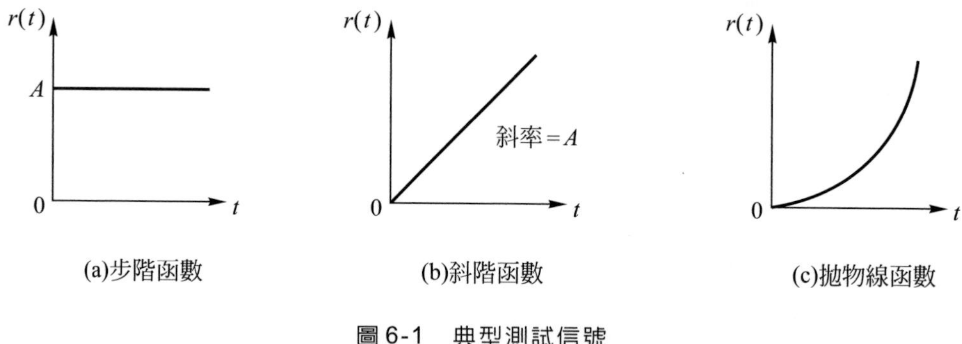

圖 6-1 典型測試信號

6-2 回授系統之穩態誤差

若系統的穩態輸出與輸入不一致，其差值稱爲穩態誤差(Steady state error)。實際系統中，由於元件的非線性、特性的漂移、老化等，是造成誤差的原因，而控制系統的設計目的之一，即是如何使穩態誤差降至最低，或是降至系統可容忍的範圍內。

穩態誤差與系統的型式及輸入信號種類有關，本節將以誤差常數(Error constant)法及誤差級數(Error series)法分別探討回授系統之穩態誤差。

6-2.1 誤差常數法

考慮圖 6-2 所示的系統，其誤差信號

$$E(s)=R(s)-B(s)$$
$$=R(s)-G(s)H(s)E(s) \tag{6-10}$$

整理得

$$E(s)=\frac{1}{1+G(s)H(s)}R(s) \tag{6-11}$$

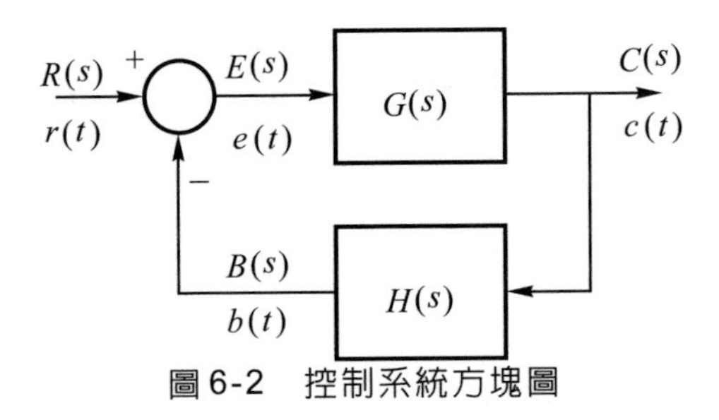

圖6-2　控制系統方塊圖

穩態誤差定義爲

$$e_{ss} = \lim_{t \to \infty} e(t) \tag{6-12}$$

上式可利用終值定理來求解，即

$$e_{ss} = \lim_{s \to 0} sE(s) = \lim_{s \to 0} \frac{sR(s)}{1 + G(s)H(s)} \tag{6-13}$$

式中$sE(s)$的所有極點都必須在左半s平面才可以。

若系統之開迴路轉移函數爲

$$G(s)H(s) = \frac{K(1 + T_1 s)(1 + T_2 s) \cdots (1 + T_m s)}{s^j (1 + T_a s)(1 + T_b s) \cdots (1 + T_n s)} \tag{6-14}$$

其中K和T_1，T_2，…，T_m及T_a，T_b，…，T_n均爲常數，且$j = 0$，1，2…，則稱此系統爲型式j(type j)之系統。

以下針對不同的輸入函數信號，探討在不同的系統型式下的穩態誤差。

1. **步階輸入之穩態誤差：**

若輸入信號爲步階函數：$r(t) = Au_s(t)$，其拉氏轉換$R(s) = \dfrac{A}{s}$，代入式(6-13)穩態誤差爲

$$e_{ss} = \lim_{s \to 0} \frac{A}{1 + G(s)H(s)} = \frac{A}{1 + \lim_{s \to 0} G(s)H(s)}$$

$$= \frac{A}{1 + K_p} \tag{6-15}$$

其中

$$K_p = \lim_{s \to 0} G(s)H(s) \tag{6-16}$$

稱爲位置誤差常數(Position-error constant)。

(1) 型式 0 系統：$K_p = K$，$e_{ss} = \dfrac{A}{1+K}$

(2) 型式 1(或更高)系統：$K_p = \infty$，$e_{ss} = 0$

2. **斜坡輸入之穩態誤差：**

若輸入信號爲斜坡函數：$r(t) = Atu_s(t)$，其拉氏轉換$R(s) = \dfrac{A}{s^2}$，代入式(6-13)穩態誤差爲

$$e_{ss} = \lim_{s \to 0} \frac{A}{s + sG(s)H(s)} = \frac{A}{\lim_{s \to 0} sG(s)H(s)} = \frac{A}{K_v} \tag{6-17}$$

其中

$$K_v = \lim_{s \to 0} sG(s)H(s) \tag{6-18}$$

稱爲速度誤差常數(Velocity-error constant)。

(1) 型式 0 系統：$K_v = 0$，$e_{ss} = \infty$

(2) 型式 1 系統：$K_v = K$，$e_{ss} = \dfrac{A}{K}$

(3) 型式 2(或更高)系統：$K_v = \infty$，$e_{ss} = 0$

3. **拋物線輸入之穩態誤差：**

若輸入信號爲拋物線函數：$r(t) = \dfrac{At^2}{2}u_s(t)$，其拉氏轉換$R(s) = \dfrac{A}{s^3}$，代入式(6-13)穩態誤差爲

$$e_{ss} = \lim_{s \to 0} \frac{A}{s^2 + s^2G(s)H(s)} = \frac{A}{\lim_{s \to 0} s^2G(s)H(s)} = \frac{A}{K_a} \tag{6-19}$$

其中

$$K_a = \lim_{s \to 0} s^2 G(s)H(s) \tag{6-20}$$

稱爲加速度誤差常數(Acceleration-error constant)。

(1)　型式 0，1 系統：$K_a = 0$，$e_{ss} = \infty$

(2)　型式 2 系統：$K_a = K$，$e_{ss} = \dfrac{A}{K}$

(3)　型式 3(或更高)系統：$K_a = \infty$，$e_{ss} = 0$

以上所討論的穩態誤差與輸入及系統型式關係，可整理如表 6-1 所示。

表 6-1　穩態誤差與系統型式關係

系統型式	K_P	K_v	K_a	步階輸入 $e_{ss}=\dfrac{A}{1+K_P}$	斜坡輸入 $e_{ss}=\dfrac{A}{K_v}$	拋物線輸入 $e_{ss}=\dfrac{A}{K_a}$
0	K	0	0	$\dfrac{A}{1+K}$	∞	∞
1	∞	K	0	0	$\dfrac{A}{K}$	∞
2	∞	∞	K	0	0	$\dfrac{A}{K}$
3 以上	∞	∞	∞	0	0	0

例 6-1　已知回授控制系統的開迴路轉移函數

$$G(s)H(s) = \frac{12(s+3)}{s(s+1)(s+2)}$$

此系統爲型式 1，其誤差常數分別爲

$$K_p = \lim_{s \to 0} G(s)H(s) = \infty$$

$$K_v = \lim_{s \to 0} sG(s)H(s) = 18$$

$$K_a = \lim_{s \to 0} s^2 G(s)H(s) = 0$$

當輸入三個基本測試信號時，其穩態誤差分別爲

$$r(t) = u_s(t)，e_{ss} = 0$$

$$r(t) = tu_s(t)，e_{ss} = \frac{1}{18}$$

$$r(t) = t^2 u_s(t)，e_{ss} = \infty$$

當輸入信號爲$r(t) = (12 + 2t + t^2)u_s(t)$，其穩態誤差爲

$$e_{ss} = \frac{12}{1+\infty} + \frac{2}{18} + \frac{2}{0} = \infty$$

6-2.2 誤差級數法

若輸入信號不是三種典型測試信號，可利用誤差級數法來做系統穩態誤差分析。

圖6-2所示回授控制系統，其誤差信號

$$E(s) = \frac{R(s)}{1 + G(s)H(s)} \tag{6-21}$$

若定義誤差轉移函數

$$W_e(s) = \frac{E(s)}{R(s)} = \frac{1}{1 + G(s)H(s)} \tag{6-22}$$

將上式以長除法展開可得

$$W_e(s) = C_0 + C_1 s + C_2 s^2 + \cdots + C_n s^n + \cdots \tag{6-23}$$

代入式(6-22)，即得誤差信號

$$E(s) = (C_0 + C_1 s + C_2 s^2 + \cdots + C_n s^n + \cdots)R(s) \tag{6-24}$$

取反拉氏轉換得

$$e(t) = C_0 r(t) + C_1 \dot{r}(t) + C_2 \ddot{r}(t) + \cdots + C_n r^{(n)}(t) + \cdots \tag{6-25}$$

令$r_s(t)$表示輸入的穩態部份，$e_s(t)$表示$e(t)$的穩態部份，則穩態誤差函數$e_s(t)$爲

$$e_s(t) = C_0 r_s(t) + C_1 \dot{r}_s(t) + C_2 \ddot{r}_s(t) + \cdots + C_n r_s^{(n)}(t) + \cdots \tag{6-26}$$

此式稱爲誤差級數，係數C_0，C_1，C_2，…，C_n稱爲誤差係數(Error coefficients)。誤差係數亦可以下式來計算：

$$C_0 = \lim_{s \to 0} W_e(s) \tag{6-27}$$

$$C_1 = \lim_{s \to 0} \frac{dW_e(s)}{ds} \tag{6-28}$$

$$C_2 = \frac{1}{2!} \lim_{s \to 0} \frac{d^2 W_e(s)}{ds^2} \tag{6-29}$$

$$\cdots$$

$$C_n = \frac{1}{n!} \lim_{s \to 0} \frac{d^n W_e(s)}{ds^n} \tag{6-30}$$

例 6-2　回授控制系統的開迴路轉移函數

$$G(s)H(s) = \frac{10}{s(s+1)}$$

若其輸入信號爲$r(t) = (2 + 2t + t^2 + e^{-2t})u_s(t)$，則

$$r_s(t) = (2 + 2t + t^2)u_s(t)$$

$$r_s(t) = (2 + 2t)u_s(t)$$

$$\ddot{r}_s(t) = 2u_s(t)$$

$$r_s^{(3)}(t) = r_s^{(4)}(t) = \cdots = 0$$

誤差轉移函數爲

$$W_e(s)=\frac{1}{1+G(s)H(s)}=\frac{1}{1+\dfrac{10}{s(s+1)}}=\frac{s+s^2}{10+s+s^2}$$
$$=0.1s+0.09s^2-0.019s^3+\cdots$$

所以$C_0=0$，$C_1=0.1$，$C_2=0.09$，…，代入式(6-26)得誤差級數

$$e_s(t)=[0.1(2+2t)+0.09\times 2]u_s(t)$$
$$=(0.38+0.2t)u_s(t)$$

6-3 暫態響應性能規格

控制系統的暫態響應性能通常以步階響應作分析，如圖 6-3 所示即爲典型的單位步階響應，時域性能規格定義如下：

1. **延遲時間(t_d)**：步階響應到達終値的百分之五十所需時間。
2. **上升時間(t_r)**：步階響應從終値的百分之十到百分之九十所需時間。
3. **最大超越量(M_p)**：步階響應在暫態期間，距離終値的最大偏移量。
4. **尖峰時間(t_p)**：步階響應達最大超越量的時間。
5. **安定時間(t_s)**：步階響應減小並維持在終値特定百分比內所需的時間，通常使用±5 %。

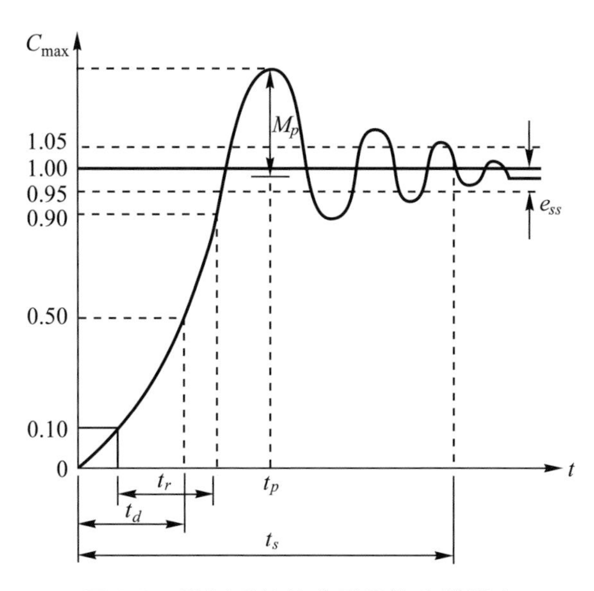

圖 6-3　控制系統的典型單位步階響應

6-3.1　一階系統的暫態響應規格

假設一階系統的轉移函數爲：

$$\frac{C(s)}{R(s)} = \frac{K}{\tau s + 1} \tag{6-31}$$

其中$R(s)$爲輸入，$C(s)$爲輸出，τ爲時間常數(Time constant)，K爲任意常數。

若輸入信號爲單位步階函數$r(t) = u_s(t)$，則$R(s) = \frac{1}{s}$代入式(6-31)得

$$C(s) = \frac{K}{s(\tau s + 1)} = K\left(\frac{1}{s} - \frac{\tau}{\tau s + 1}\right) \tag{6-32}$$

取反拉氏轉換即得步階響應$c(t)$爲

$$c(t)=K(1-e^{-\frac{t}{\tau}}) \tag{6-33}$$

式(6-33)可畫出其時間響應圖，如圖6-4所示。

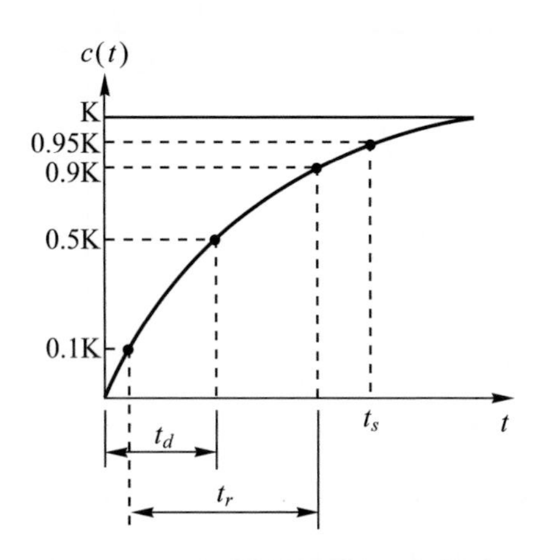

圖6-4　一階系統的單位步階響應

依暫態響應規格之定義，可得如下結果：

1. 延遲時間　$t_d=0.693\tau$　(6-34)

2. 上升時間　$t_r=2.197\tau$　(6-35)

3. 安定時間　$t_s=\begin{cases}3\tau(\pm 5\ \%\text{誤差})\\ 4\tau(\pm 2\ \%\text{誤差})\end{cases}$　(6-36)

由圖6-4可看出一階系統沒有超越量，且穩態誤差爲零。

6-3.2 二階系統的暫態響應規格

考慮圖6-5所示二階系統方塊圖，其閉迴路轉移函數爲

$$\frac{C(s)}{R(s)}=\frac{\omega_n^{\ 2}}{s^2+2\zeta\omega_n s+\omega_n^{\ 2}} \tag{6-37}$$

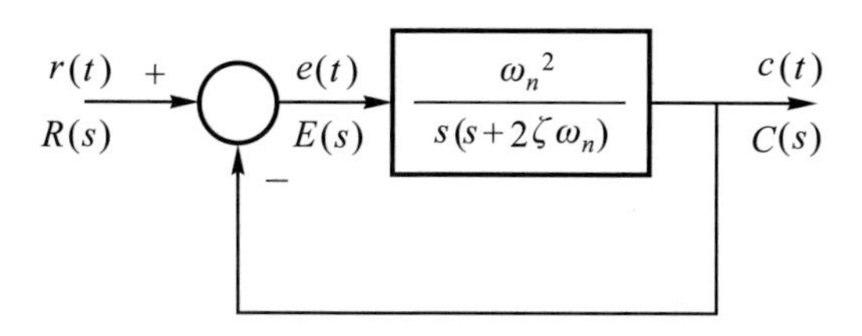

圖6-5　標準二階控制系統

其中ζ：阻尼比(Damping ratio)，

ω_n：自然無阻尼頻率(Natural undamped freguency)。

令式(6-37)的分母爲零，即得系統的特性方程式：

$$\triangle(s) = s^2 + 2\zeta\omega_n s + \omega_n^2 = 0 \tag{6-38}$$

而特性方程式的根爲

$$\begin{aligned} s_1，s_2 &= -\zeta\omega_n \pm j\omega_n\sqrt{1-\zeta^2} \qquad (0<\zeta<1) \\ &= -\alpha \pm j\omega \end{aligned} \tag{6-39}$$

其中α：阻尼常數(Damping constant)或阻尼因子(Damping factor)，

ω：條件頻率(Conditional freguency)。

對一單位步階輸入$R(s) = \dfrac{1}{s}$，代入式(6-37)可得

$$C(s) = \frac{\omega_n^2}{s(s^2 + 2\zeta\omega_n s + \omega_n^2)} \tag{6-40}$$

取反拉氏轉換即得步階響應$c(t)$爲

$$c(t) = 1 - \frac{e^{-\zeta\omega_n t}}{\sqrt{1-\zeta^2}}\sin(\omega_n\sqrt{1-\zeta^2}\,t + \cos^{-1}\zeta) \tag{6-41}$$

依定義可得如下的暫態響應規格：

1.　延遲時間：

$$t_d \cong \frac{1+0.7\zeta}{\omega_n} \qquad (0<\zeta<1) \tag{6-42}$$

或

$$t_d \cong \frac{1.1+0.125\zeta+0.469\zeta^2}{\omega_n} \tag{6-43}$$

2. 上升時間：

$$t_r \cong \frac{0.8+2.5\zeta}{\omega_n} \qquad (0<\zeta<1) \tag{6-44}$$

或

$$t_r = \frac{1-0.4167\zeta+2.917\zeta^2}{\omega_n} \qquad (0<\zeta<1) \tag{6-45}$$

在欠阻尼狀況下的系統，也有定義上升時間爲從終值的0%到達終值的100%所需時間，則此時

$$t_r = \frac{\pi-\cos^{-1}\zeta}{\omega_n\sqrt{1-\zeta^2}} \tag{6-45a}$$

3. 尖峰時間：

$$t_p = \frac{\pi}{\omega_n\sqrt{1-\zeta^2}} \tag{6-46}$$

4. 最大超越量：

$$M_p = e^{-\pi\zeta/\sqrt{1-\zeta^2}} \tag{6-47}$$

百分最大超越量：

$$M_p(\%) = 100e^{-\pi\zeta/\sqrt{1-\zeta^2}}(\%) \tag{6-48}$$

5. 安定時間：

$$t_s \cong \begin{cases} \dfrac{3}{\zeta\omega_n} \ (\pm 5\ \%\text{誤差}) \\ \dfrac{4}{\zeta\omega_n} \ (\pm 2\ \%\text{誤差}) \end{cases} \tag{6-49}$$

例 6-3　一單位回授控制系統如圖 6-6 所示，

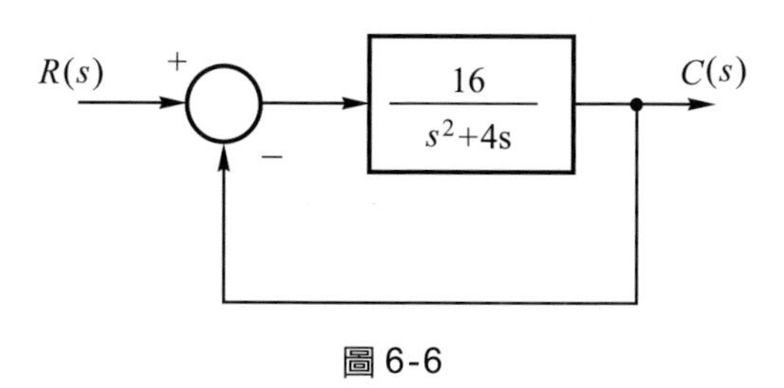

圖 6-6

系統轉移函數爲

$$\frac{C(s)}{R(s)} = \frac{16}{s^2+4s+16}$$

與標準二階系統轉移函數式(6-37)比較，可知$\zeta = \dfrac{1}{2}$，$\omega_n = 4$，代入上面各項暫態規格，可得

$$t_d \cong \frac{1+0.7\times\frac{1}{2}}{4} = 0.34(\text{sec})$$

$$t_r \cong \frac{0.8+2.5\times\frac{1}{2}}{4} = 0.51(\text{sec})$$

$$t_p = \frac{\pi}{4\sqrt{1-\left(\frac{1}{2}\right)^2}} = 0.91(\text{sec})$$

$$M_p = e^{-\pi\times\frac{1}{2}/\sqrt{1-\left(\frac{1}{2}\right)^2}} = 0.16$$

$$t_s \cong \frac{3}{\frac{1}{2}\times 4} = 1.5(\text{sec}) \qquad (\pm 5\ \%\text{誤差})$$

例 6-4 某系統之步階響應如圖 6-7 所示，若此系統可以二階系統來近似，試求其轉移函數。

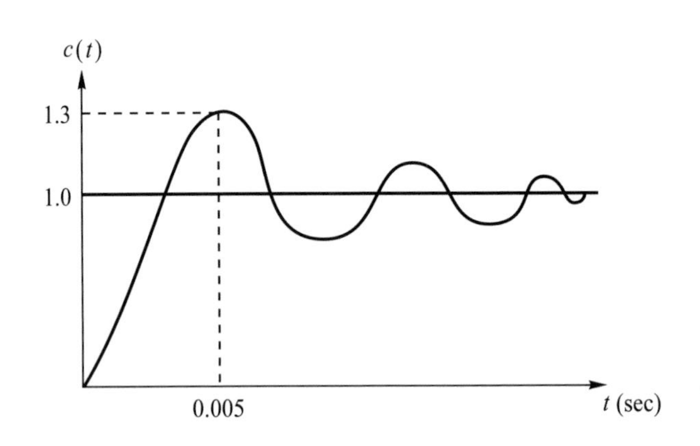

圖 6-7

由圖中可知最大超越量$M_p = e^{-\pi\zeta/\sqrt{1-\zeta^2}} = 0.3$。

上式可解得$\zeta = 0.358$，又尖峰時間$t_p = \dfrac{\pi}{\omega_n\sqrt{1-\zeta^2}} = 0.005$，

將ζ=0.358代入，解得$\omega_n = 672.92$，所以系統轉移函數爲

$$\frac{C(s)}{R(s)} = \frac{\omega_n^2}{s^2 + 2\zeta\omega_n s + \omega_n^2} = \frac{452821.33}{s^2 + 481.81s + 452821.33}$$

6-4 二階系統的步階響應

圖 6-5 所示的二階系統，其步階響應如式(6-41)所示。由式中可看出特性方程式的根的實部會影響系統的衰減或上升，而虛部則決定了振盪頻率；若將ω_n保持一定值，而阻尼比ζ由大而小改變時，可將步階響應分成以下幾種情況：

1. $\zeta > 1$(過阻尼)：兩相異負實根

$$s_1，s_2 = -\zeta\omega_n \pm \omega_n\sqrt{\zeta^2 - 1} \tag{6-50}$$

$$c(t) = 1 + k_1 e^{s_1 t} + k_2 e^{s_2 t}，k_1 = \frac{\omega_n^2}{s_1(s_1 - s_2)}，k_2 = \frac{\omega_n^2}{s_2(s_2 - s_1)} \tag{6-51}$$

2. $\zeta = 1$(臨界阻尼)：兩相等負實根

$$s_1，s_2 = -\omega_n \tag{6-52}$$

$$c(t) = 1 - e^{-\omega_n t}(1 + \omega_n t) \tag{6-53}$$

3. $0 < \zeta < 1$(欠阻尼)：具負實部的兩共軛複根

$$s_1，s_2 = -\zeta\omega_n \pm j\omega_n\sqrt{1 - \zeta^2} \tag{6-54}$$

$$c(t) = 1 - \frac{e^{-\zeta\omega_n t}}{\sqrt{1 - \zeta^2}}\sin(\omega_n\sqrt{1 - \zeta^2}t + \cos^{-1}\zeta) \tag{6-55}$$

4. $\zeta = 0$(無阻尼)：兩共軛虛根

$$s_1，s_2 = \pm j\omega_n \tag{6-56}$$

$$c(t) = 1 - \cos\omega_n t \tag{6-57}$$

5. $-1 < \zeta < 0$(負阻尼)：具正實部的兩共軛複根

$$s_1，s_2 = -\zeta\omega_n \pm j\omega_n\sqrt{1 - \zeta^2} \tag{6-58}$$

$$c(t) = 1 - \frac{e^{-\zeta\omega_n t}}{\sqrt{1 - \zeta^2}}\sin(\omega_n\sqrt{1 - \zeta^2}t + \cos^{-1}\zeta) \tag{6-59}$$

6. $\zeta = -1$(負阻尼)：兩相等正實根

$$s_1，s_2 = \omega_n \tag{6-59a}$$

$$c(t) = 1 - e^{\omega_n t}(1 - \omega_n t) \tag{6-59b}$$

7. $\zeta < -1$(負阻尼)：兩相異正實根

$$s_1，s_2 = -\zeta\omega_n \pm \omega_n\sqrt{\zeta^2 - 1} \tag{6-60}$$

$$c(t) = 1 + k_1 e^{s_1 t} + k_2 e^{s_2 t}，k_1 = \frac{\omega_n^2}{s_1(s_1 - s_2)}，k_2 = \frac{\omega_n^2}{s_2(s_2 - s_1)} \tag{6-61}$$

由以上的幾種分類可以看出，隨著ζ值的減小，特性方程式的根會由左半s平面漸漸移往右半s平面，且系統也會由穩定變成不穩定，即$\zeta>0$爲穩定，$\zeta=0$爲臨界穩定，$\zeta<0$爲不穩定，如圖 6-8 所示。

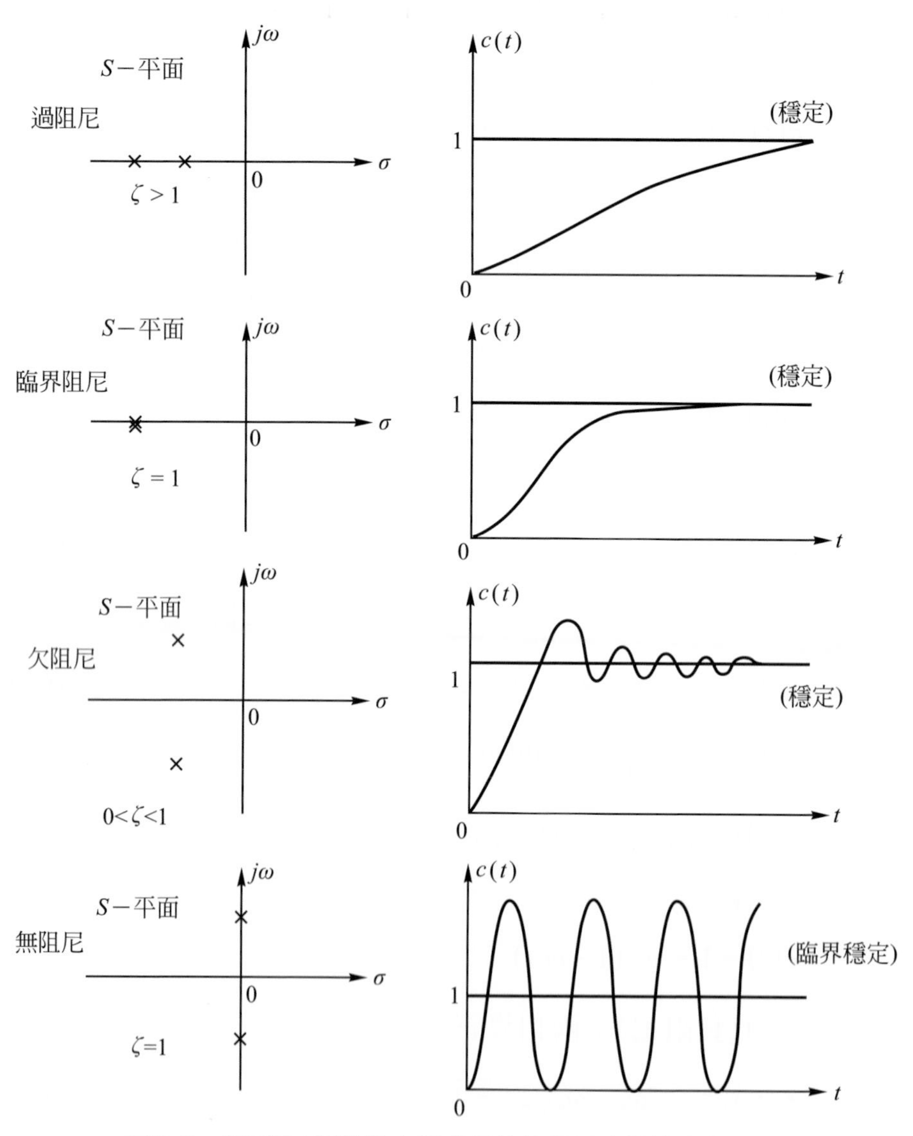

圖 6-8 阻尼比ζ與特性方程式根的位置及步階響應的關係

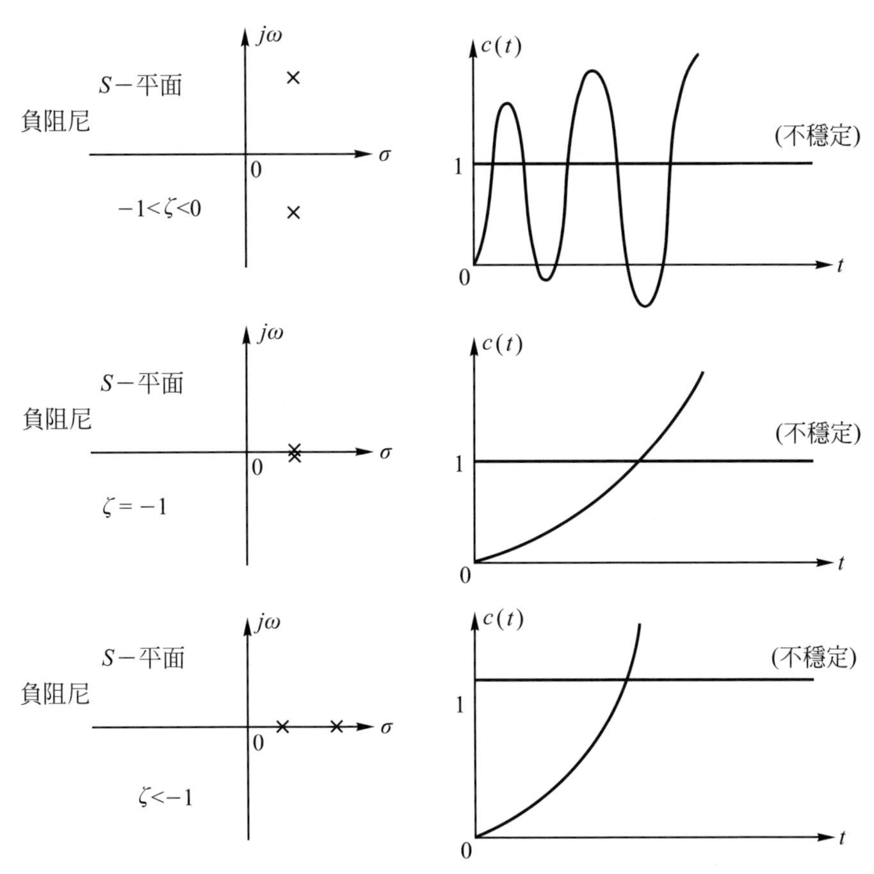

圖 6-8　阻尼比ζ與特性方程式根的位置及步階響應的關係(續)

6-5　高階系統之主極點

高階控制系統是指三階以上的控制系統，階數愈高，轉移函數極點數目愈多。因爲每一個極點對暫態響應都有影響，但程度上不太相同。對一個穩定的系統而言，其全部極點位於左半s平面，當這些極點愈遠離虛軸時，其影響暫態響應的部分，衰減的速度會愈快，因此這些極點是較不重要的極點。相反的，愈靠近虛軸的極點，其響應衰減愈慢，是比較重要的極點，我們稱爲主極點(Dominant poles)。

對高階系統在分析上較低階系統困難，所以我們希望以低階系統來近似高階系統，但仍保有原系統主要特性。通常一極點的實部爲主極點或一對共軛複數主極點實部的 5～10 倍大時，此極點被認爲不重要，而可予以省略。

以一個三階系統爲例，假設其轉移函數爲

$$\frac{C(s)}{R(s)}=\frac{\omega_n^2}{(s+p)(s^2+2\zeta\omega_n s+\omega_n^2)} \tag{6-62}$$

若$p>5\zeta\omega_n$時，此極點$-p$可以略去，但爲了確保穩態響應不受此影響，將式(6-62)改寫爲

$$\frac{C(s)}{R(s)}=\frac{\omega_n^2}{p\left(\frac{s}{p}+1\right)(s^2+2\zeta\omega_n s+\omega_n^2)} \tag{6-63}$$

當$\left|\frac{s}{p}\right|\ll 1$時，則式(6-63)可簡化爲

$$\frac{C(s)}{R(s)}=\frac{\omega_n^2}{p(s^2+2\zeta\omega_n s+\omega_n^2)} \tag{6-64}$$

式中ζ稱爲相對阻尼比(Relative damping ratio)，ω_n稱爲相對自然頻率(Relative natural freguency)。

例 6-5 若一個三階系統的轉移函數爲

$$\frac{C(s)}{R(s)}=\frac{10}{(s+10)(s^2+2s+2)}=\frac{10}{10\left(\frac{s}{10}+1\right)(s^2+2s+2)}$$

當s的絕對值遠小於 10 時，即$\left|\frac{s}{10}\right|\ll 1$，則$\frac{s}{10}$被忽略，所以原系統可被近似爲

$$\frac{C(s)}{R(s)}=\frac{10}{10(s^2+2s+2)}=\frac{10}{s^2+2s+2}$$

習題六

選擇題

(　)6-1 已知單位回授系統之開迴路轉移函數為 $G(s)=\dfrac{50}{(1+0.1s)(1+2s)}$，試求位置誤差常數(position error constant)K_p為何？ (A) 0 (B)25 (C) 50 (D)100。

(　)6-2 已知單位回授系統之開迴路轉移函數為$G(s)=\dfrac{50}{s(s+10)}$，試求速度誤差常數(velocity error constant)K_v為何？ (A) 0 (B)5 (C) 10 (D)50。

(　)6-3 已知單位回授系統之開迴路轉移函數為$G(s)=\dfrac{50}{s(s+10)}$當輸入$r(t)=1+2t+3t^2$，試求穩態誤(steady state error)e_{ss}為何？ (A) 0 (B)5 (C) 10 (D)∞ 。

(　)6-4 可消除穩態誤差的控制器是 (A)比率控制器 (B)積分控制器 (C)微分控制器 (D)比率微分控制器。

(　)6-5 一系統之轉移函數為$\dfrac{100}{s^2+14s+100}$，則其阻尼比(damping ratio)值為 (A)0.7 (B) 1.4 (C)0.07 (D)0.14。

(　)6-6 一系統之轉移函數為$\dfrac{100}{s^2+14s+100}$，此系統之頻寬為何？ (A)0.7 (B) 1.4 (C)0.07 (D)0.14。

(　)6-7 PID 控制器對系統之影響，下列敘述何者有誤？ (A)比例控制器（P controller）可調整系統性能，但無法消除穩態誤差，增益過高時會造成系統不穩定 (B)積分控制器（I controller)使系統在原點加一個極點，使系統型式(type)數加一，可以消除穩態誤差，會降低系統反應速度，穩定性也變差，屬於低通濾波器，較不怕雜訊干擾 (C)微分控制器(D controller)屬於高通濾波器，容易受雜訊干擾，會放大雜訊，系統反應變快，穩定度增加，有預測之作用 (D)微分控制器(D controller) 將原二階系統變爲三階系統，系統穩定性變差。

(　)6-8 如下圖 6 所示 $G(s)=\dfrac{s+1}{s^2+4s+3}$，$H(s)=2$ 且輸入信號爲單位步階函數(unit step function)，則其穩態誤差(steady state error)e_{ss}爲何？ (A)0.5 (B)0.75 (C)0.8 (D)1 。

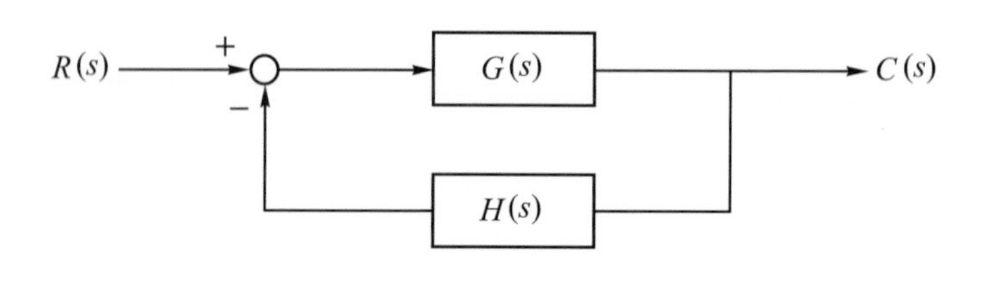

圖 6

(　)6-9 一系統之輸出-輸入轉移函數爲$\dfrac{s}{s^2+10s+100}$，當輸入爲單位斜波函數(unit ramp)function $tu_s(t)$時，其輸出在$t\to\infty$時之穩態値爲 (A) 0 (B)0.01 (C)0.1 (D) 1。

(　)6-10 一系統之轉移函數爲$G(s)=\dfrac{100}{s^2+10s+100}$，則此系統之直流增益(dc gain)爲何？ (A) 0 (B) 1 (C)10 (D) 100。

問答題

6-1　已知單位回授系統的開迴路轉移函數

(a)　$G(s)=\frac{50}{(1+0.1s)(1+2s)}$

(b)　$G(s)=\frac{K}{s(1+0.1s)(1+0.5s)}$

(c)　$G(s)=\frac{K(1+2s)(1+4s)}{s^2(s^2+2s+10)}$

⑴試求誤差常數K_p，K_v及K_a。

⑵分別求各系統的單位步階輸入穩態誤差，單位斜坡輸入穩態誤差及單位拋物線輸入穩態誤差。

6-2　一單位回授控制系統的開迴路轉移函數爲

$$G(s)=\frac{1000}{s(1+0.1s)}$$

當輸入分別爲下列各種情況，計算系統的誤差級數。

(a)　$r(t)=(2+t+5t^2)u_s(t)$

(b)　$r(t)=(1+\sin 5t)u_s(t)$

6-3　若標準二階系統之轉移函數爲

$$\frac{C(s)}{R(s)}=\frac{7}{s^2+4s+7}$$

試求t_r，t_d，t_p，M_p，t_s之值。

6-4　如圖 P6-4 所示的連續時間系統，設計一個控制器$G_c(s)$，使得閉迴路轉移函數是一個二階系統，且其阻尼比爲 0.5，另外，當輸入$u(t)$爲單位步階函數時，輸出$y(t)$會有零穩態誤差。

(歷屆研究所試題)

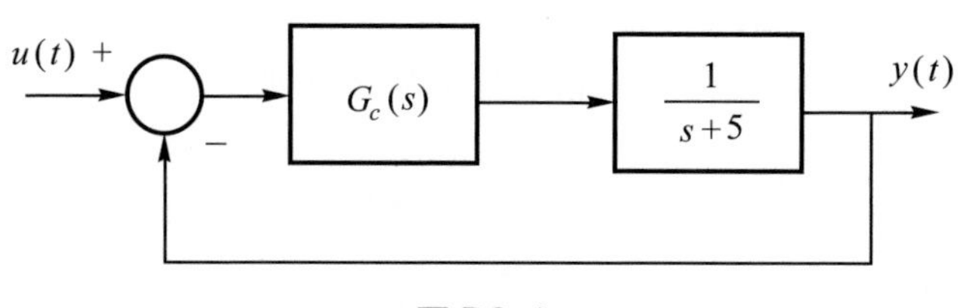

圖 P6-4

6-5 一控制過程以下列狀態方程式來表示

$\dot{x} = x_1 - 3x_2$

$\dot{x} = 5x_1 + u$

以如下之狀態回授來作控制

$u = -g_1x_1 - g_2x_2$

其中g_1和g_2是實常數。

(a)當整個系統之自然無阻尼頻率為$\sqrt{2}$rad ／ sec 時，試求g_1對g_2平面之軌跡。

(b)當整個系統之阻尼比是0.707時，試求g_1對g_2平面上之軌跡。

(c)當$\zeta = 0.707$ 及$\omega_n = \sqrt{2}$rad/sec時，試求g_1和g_2之值。

6-6 試考慮下圖 P6-6之伺服機構，試求K及b值，使得單位步階響應之$M_p = 25\%$，$t_p = 2$ 秒。

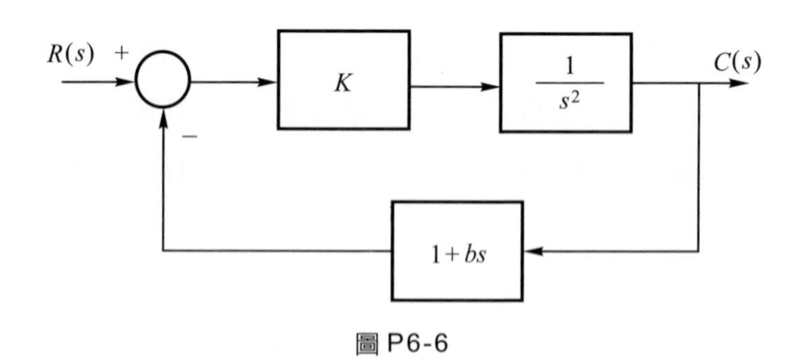

圖 P6-6

6-7　一系統閉迴路轉移函數爲

$$\frac{C(s)}{R(s)}=\frac{\omega_n^{\,2}}{s^2+2\zeta\omega_n s+\omega_n^{\,2}}$$

求ζ和ω_n的值，以使系統之百分最大超越量爲 5 %和其安定時間爲 2 秒(±5 %誤差內)。

6-8　試分析下圖 P6-8 所示系統：

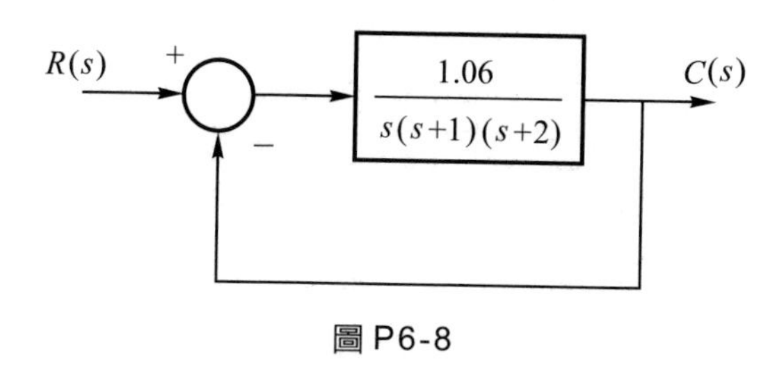

圖 P6-8

(a)計算系統主複數根之阻尼比(damping ratio)。

(b)計算相對之自然頻率(undamped natural freguency)。

(c)計算系統穩態速度誤差常數K_v(提示：有一根位於−2.34)

(歷屆高考試題)

參考資料

1. 陸仁傑編譯，自動控制系統，全華，84年1月。
2. 江東昇，楊受陞編著，自動控制，儒林，1994，8月。
3. 張振添等編著，自動控制，文京，83年1月。
4. 胡永柟編著，自動控制，全華，85年1月。
5. 余政光，自動控制分析與設計，茂昌，80年8月。
6. 朱仁貴等譯，自動控制，全威，85年1月。
7. 王偉彥，陳新得編著，自動控制考題分析整理，全華，81年9月。
8. 喬偉編解，控制系統研究所歷屆試題精解，立功。

控制系統之穩定度與靈敏度

§ 引言

一個穩定的系統是一般人所需要的，因爲系統如果不穩定，則會展現錯誤的或破壞性的反應。控制系統的穩定度分成兩種：⑴絕對穩定度(Absolute stability)：指出系統是否穩定，亦即判別系統是穩定或不穩定。⑵相對穩定度(Relative stability)：若系統是穩定的，則測定其穩定的程度。

控制系統的穩定度，決定於特性方程式的根；此外，一個控制系統參數的變化，也會影響系統的穩定度及靈敏度，此爲本章探討的主題。

7-1　穩定度的定義

一個線性非時變控制系統的響應由兩個部份組成：零態響應(Zero-state response)與零輸入響應(Zero-input response)，亦即：

全響應＝零態響應＋零輸入響應

零態響應是只受輸入支配之響應，而零輸入響應是只受初始狀態支配之響應。系統的穩定度也可依此分爲有界輸入有界輸出穩定(Bounded-input Bounded-output stability)，簡稱 BIBO 穩定以及漸近穩定(Asymptotic stability)。

1. BIBO穩定：在零初始條件下，若輸出$c(t)$是受限於一個有界輸入$r(t)$的話，系統即被稱爲 BIBO 穩定。
2. 漸近穩定：若受有限個初始條件驅動的零輸入響應$c(t)$，在t趨近於無窮大時會趨近於零，則此系統就被稱爲漸近穩定。

線性非時變系統是 BIBO 穩定及漸近穩定的充分必要條件爲特

性方程式的根必須全部位於左半s平面內。換言之，若特性方程式至少有一根不在左半 s 平面內，則系統是不穩定的。若特性方程式沒有根位在右半s平面，但有位於虛軸上的根，有時也稱爲臨界穩定(Marginally stable)。對線性非時變系統之穩定度，常用下列方法來判定：

1. 路斯－哈維次準則(Routh-Hurwitz criterion)。
2. 根軌跡圖(root locus diagram)
3. 奈奎士準則(Nyquist criterion)
4. 波德圖(Bode plot)。

7-2　路斯－哈維次準則

由上面的討論知道，如果能夠解得特性方程式的根，自然能知道是否全部的根均位在左半s平面，亦即了解系統是否穩定。不過，解一個高階的特性方程式並不是一件容易的事，況且也沒必要。因爲我們只須了解特性根在左半平面、右半平面及虛軸上的數目，即可判別系統的絕對穩定度。

考慮一個線性非時變系統的特性方程式爲

$$\Delta(s) = a_0 s^n + a_1 s^{n-1} + a_2 s^{n-2} + \cdots + a_{n-1} s + a_n = 0$$

其中a_0，a_1，a_2，…，a_n均爲實數。由這些係數可列出下表，稱爲路斯表(Routh's tabulation)。

$$
\begin{array}{lllll}
s^n & a_0 & a_2 & a_4 & a_6 & \cdots \\
s^{n-1} & a_1 & a_3 & a_5 & a_7 & \cdots \\
s^{n-2} & b_1 & b_2 & b_3 & b_4 & \cdots \\
s^{n-3} & c_1 & c_2 & c_3 & c_4 & \cdots \\
s^{n-4} & d_1 & d_2 & d_3 & d_4 & \cdots \\
\vdots & \vdots & \vdots & \vdots & & \\
s^0 & a_n & & & &
\end{array}
$$

其中前兩列(即s^n，s^{n-1}列)是由原來特性方程式的係數組成的，其餘的b_i，c_i，$d_i\cdots$等計算方式如下：

$$
b_1=\frac{a_1a_2-a_0a_3}{a_1}，b_2=\frac{a_1a_4-a_0a_5}{a_1}，b_3=\frac{a_1a_6-a_0a_7}{a_1}，\cdots
$$

$$
c_1=\frac{b_1a_3-a_1b_2}{b_1}，c_2=\frac{b_1a_5-a_1b_3}{b_1}，c_3=\frac{b_1a_7-a_1b_4}{b_1}，\cdots
$$

$$
d_1=\frac{c_1b_2-b_1c_2}{c_1}，d_2=\frac{c_1b_3-b_1c_3}{c_1}，d_3=\frac{c_1b_4-b_1c_4}{c_1}，\cdots
$$

$\vdots$

路斯表完成後，由上而下檢查其第一行係數，

1. 若都是同號，則特性方程式的根全部位於左半s平面內，亦即系統是穩定的。
2. 若有變號，則變號的次數即爲特性方程式的根位於右半平面的數目，而此系統是不穩定的。

例 7-1 有一系統的特性方程式爲

$$
\Delta(s)=s^4+3s^3+s^2+5s+6=0
$$

其路斯表如下：

s^4　1　16

s^3　3　5

s^2　$-\frac{2}{3}$　6

s^1　32

s^0　6

檢視路斯表第一行係數，有兩次變號，表示有兩個根位於右半s平面，另兩根位於左半s平面，所以系統是不穩定的。

例 7-2　考慮下列系統的特性方程式

$$\Delta(s) = 2s^4 + s^3 + 5s^2 + 2s + 1 = 0$$

其路斯表如下：

s^4　2　5　1

s^3　1　2

s^2　1　1

s^1　1

s^0　1

因爲路斯表第一行係數均同號，所以沒有任何根位於右半s平面，即所有四個根均位於左半s平面，故系統是穩定的。

計算路斯表時，若出現下列兩種情況，將無法繼續進行下去：

1. 某一列的第一個數字爲零，其餘不爲零。
2. 某一列的整列數字均爲零。

上述兩種特殊情況，解決方式說明如下：

情況 *1.*：某一列的第一個數字爲零，其餘不爲零，此種情況的解決方式通常有以下三種：

⑴以一個趨近零的正數ε取代零，繼續完成路斯表。

⑵以一已知項$(s+a)$乘以原方程式，新的方程式展開後，按正常方式完成路斯表。

⑶以$s=\frac{1}{x}$代入原方程式，新的方程式爲x的函數，即$\Delta(x)=0$，其根的位置所在的半平面與原方程式相同，所以可按正常方式列出$\Delta(x)=0$的路斯表，並判斷根的位置。

例 7-3　系統的特性方程式爲

$$\Delta(s)=s^4+s^3+4s^2+4s+5=0$$

其路斯表如下：

$$\begin{array}{llll} s^4 & 1 & 4 & 5 \\ s^3 & 1 & 4 & \\ s^2 & 0 & 5 & \end{array}$$

路斯表的s^2列第一個數爲零，其餘不爲零，分別用上述方法來求解：

⑴令$0\approx\varepsilon$，繼續完成路斯表。

$$\begin{array}{llll} s^4 & 1 & 4 & 5 \\ s^3 & 1 & 4 & \\ s^2 & 0\approx\varepsilon>0 & 5 & \\ s^1 & 4-\frac{5}{\varepsilon}\approx-\frac{5}{\varepsilon}<0 & & \\ s^0 & 5 & & \end{array}$$

由於路斯表第一行有兩次變號，所以有兩個根在右半s平面，另兩個根則位於左半s平面，故系統是不穩定的。

⑵將原方程式乘以$(s+1)$得

$$(s+1)(s^4+s^3+4s^2+4s+5)=s^5+2s^4+5s^3+8s^2+9s+5=0$$

其路斯表為：

s^5	1	5	9
s^4	2	8	5
s^3	1	6.5	
s^2	−5	5	
s^1	7.5		
s^0	5		

由路斯表第一行變號兩次可知：新方程式有兩根位於右半s平面，另三根位於左半s平面。因為原方程式乘上$(s+1)$項，表示我們多加了一個$s=-1$的根在新方程式上，所以從左半s平面上減一個根回來，即得原方程式應有右半s平面二根，左半s平面二根，故系統是不穩定的。

⑶令$s=\dfrac{1}{x}$代入原方程式，得

$$\Delta\left(\frac{1}{x}\right)=\left(\frac{1}{x}\right)^4+\left(\frac{1}{x}\right)^3+4\left(\frac{1}{x}\right)^2+4\left(\frac{1}{x}\right)+5=0$$

同乘x^4可得

$$5x^4+4x^3+4x^2+x+1=0$$

路斯表如下：

x^4	5	4 1
x^3	4	1
x^2	$\frac{11}{4}$	1
x^1	$-\frac{5}{11}$	
x^0	1	

變號兩次，代表有二根位於右半s平面，另二根位於左半s平面，所以系統是不穩定的。

至於爲何$\Delta(x)=0$與$\Delta(s)=0$根的位置相同，可說明如下：

若$s=\sigma+j\omega$，則

$$x=\frac{1}{s}=\frac{1}{\sigma+j\omega}=\frac{\sigma}{\sigma^2+\omega^2}-j\frac{\omega}{\sigma^2+\omega^2} \tag{7-1}$$

由式(7-1)可看出$\frac{\sigma}{\sigma^2+\omega^2}$與$\sigma$同號，即$x$與$s$的實部同號，故$\Delta(x)=0$與$\Delta(s)=0$根的位置在相同的半平面。

情況 2.：某一列的整列數字爲零。會出現此種特殊情況表示原方程式至少包含下列三種情形之一：

⑴方程式至少有一符號相反的等值實數根對，例如：$s=\pm 1$。

⑵方程式有一或多個虛根對，例如：$s=\pm j1$。

⑶方程式有對稱於原點的共軛複數根對，例如：$s=-1\pm j1$ 及 $s=1\pm j1$。

零列一定出現在s的奇次方列，例如：s^1，s^3，s^5，…，而其上一列的係數構成的偶次多項式$A(s)=0$，稱爲輔助方程式(Auxiliary equations)，輔助方程式的根也是原方程式的根。

當零列出現時，我們可用輔助方程式的微分$\frac{dA(s)}{ds}$的各項係數來代替零列，並繼續完成路斯表。有一點要注意的是：當路斯表第一行都沒變號，並不代表所有根都位在左半s平面，此時仍需解輔助方程式，看是否有根位於虛軸上，才能決定其穩定度。

例 7-4　系統的特性方程式爲

$$\Delta(s) = s^4 + 5s^3 + 7s^2 + 5s + 6 = 0$$

路斯表爲：

s^4 1 7 6

s^3 5 5

s^2 6 6

s^1 0

s^1列整列係數爲 0，其上一列的輔助方程式爲

$$A(s) = 6s^2 + 6 = 0$$

微分得

$$\frac{dA(s)}{ds} = 12s$$

以其係數取代s^1列，繼續完成路斯表。

s^4 1 7 6

s^3 5 5

s^2 6 6

s^1 12

s^0 6

因爲第一行係數沒有變號，所以沒有任何根位於右半s平面，但由輔助方程式可解得兩虛根$s = \pm j1$，故特性方程式有兩根在虛軸上，另兩根在左半s平面上，系統爲臨界穩定。

就穩定度分析而言，路斯－哈維次準則是最適合用來決定參數K的穩定範圍與K的臨界值。

例 7-5 包含一個參數的系統特性方程式爲

$$\Delta(s) = s^4 + 2s^3 + 4s^2 + 2s + K = 0$$

由路斯－哈維次準則，可決定使系統穩定的K值範圍。首先列出路斯表，

$$\begin{array}{llll} s^4 & 1 & 4 & K \\ s^3 & 2 & 2 & \\ s^2 & 3 & K & \\ s^1 & \dfrac{6-2K}{3} & & \\ s^0 & K & & \end{array}$$

爲了使系統穩定，特性方程式的根均須位在左半s平面，即路斯表第一行係數必須同號，所以系統穩定的條件爲

$$6 - 2K > 0 \text{及} K > 0$$

因此當$0 < K < 3$時，系統是穩定的。

若令$K = 3$，則s^1列變成零列，其上一列的輔助方程式爲$A(s) = 3s^2 + 3 = 0$可得兩個虛根$s = \pm j1$，即當$K = 3$時，系統變成臨界穩定，系統的零輸入響應是一個頻率爲1rad／s的無阻尼正弦波。

7-3　相對穩定度分析

路斯－哈維次準則只能判斷系統的特性根是否全部位於左半s平面，亦即只能判斷系統是否為絕對穩定。

s-平面上的虛軸($j\omega$軸)可以視為穩定與不穩定的界線，一個系統的特性根如果全部位於左半s平面，則它是穩定的，而且特性根愈遠離虛軸，其穩定度就愈高。如圖 7-1 所示，P_1，P_2，P_3均是位於左半平面的特性根，但是P_2及P_3的實部σ_2比P_1的實部σ_1大，亦即P_2及P_3距虛軸較遠，所以具有P_2及P_3特性根的系統，要比具有P_1特性根的系統來得穩定。

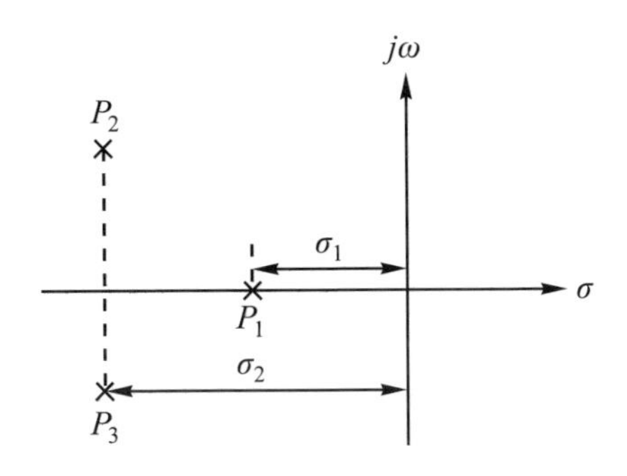

圖 7-1　相對穩定度

由二階系統的暫態響應分析知，安定時間t_s與系統的特性根的實部(即$\sigma=\zeta\omega_n$)成反比。即特性根愈遠離虛軸，安定時間愈短，亦即相對穩定度愈好。因此，若將s-平面之虛軸左移σ(如圖 7-2 所示)，亦即令$s=x-\sigma$代入特性方程式$\Delta(s)=0$，轉換成$\Delta(x)=0$，再以路斯－哈維次準則判定其根的分佈，即可了解根距虛軸的遠近，而知其相對穩定度。

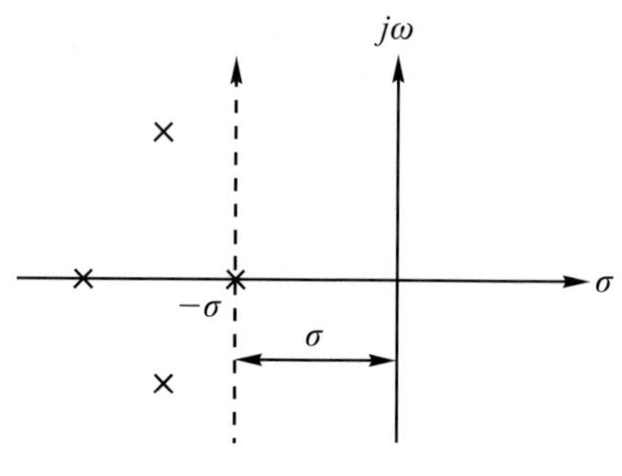

圖 7-2 虛軸平移

例 7-6 如圖 7-3 所示之系統，

(a)決定使系統穩定之a值。

(b)決定使閉迴路轉移函數之極點均位於s平面上$R_e(s)=-1$線左邊之a值。

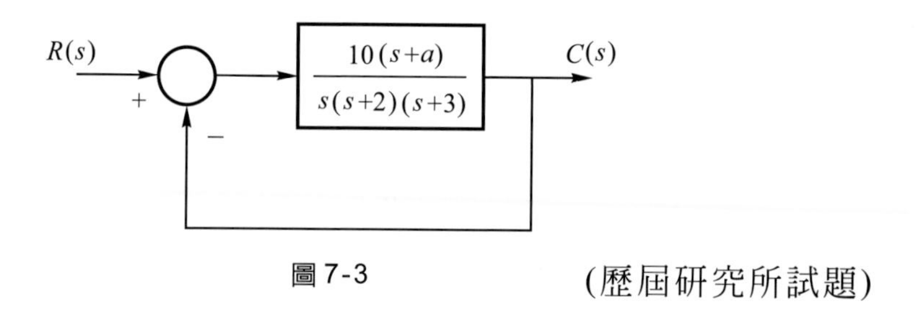

圖 7-3

(歷屆研究所試題)

解：(a)系統閉迴路轉移函數為

$$\frac{C(s)}{R(s)}=\frac{\dfrac{10(s+a)}{s(s+2)(s+3)}}{1+\dfrac{10(s+a)}{s(s+2)(s+3)}}=\frac{10(s+a)}{s^3+5s^2+16s+10a}$$

所以特性方程式為

$$\Delta(s)=s^3+5s^2+16s+10a=0$$

列出其路斯表如下：

$$
\begin{array}{lll}
s^3 & 1 & 16 \\
s^2 & 5 & 10a \\
s^1 & 16-2a & \\
s^0 & 10a &
\end{array}
$$

系統穩定的條件爲：

$$16-2a>0\text{且}10a>0$$

即

$$0<a<8$$

(b)將s平面之虛軸左移到$s=-1$，即令$s=x-1$代入系統特性方程式，得

$$\Delta(x)=(x-1)^3+5(x-1)^2+16(x-1)+10a=0$$

整理得

$$\Delta(x)=x^3+2x^2+9x+(10a-12)=0$$

其路斯表爲：

$$
\begin{array}{lll}
x^3 & 1 & 9 \\
x^2 & 2 & 10a-12 \\
x^1 & 15-5a & \\
x^0 & 10a-12 &
\end{array}
$$

故極點均位於$s=-1$左邊的條件爲：

$$15-5a>0\text{且}10a-12>0$$

即

$$1.2<a<3$$

7-4 系統之靈敏度

一個控制系統的參數，常會隨著環境與時間的改變或元件的老化而發生變動。這些參數的變動對系統各項性能及穩定度的影響，是我們所關心的，因此定義靈敏度(Sensitivity)以探討參數變化對系統的影響。

靈敏度可定義爲：系統轉移函數的變化率對系統參數的變化率之比，其數學式爲：

$$S_K^M = \frac{\partial M / M}{\partial K / K} = \frac{K}{M} \cdot \frac{\partial M}{\partial K} \tag{7-2}$$

其中M爲系統的轉移函數，K爲系統的參數。

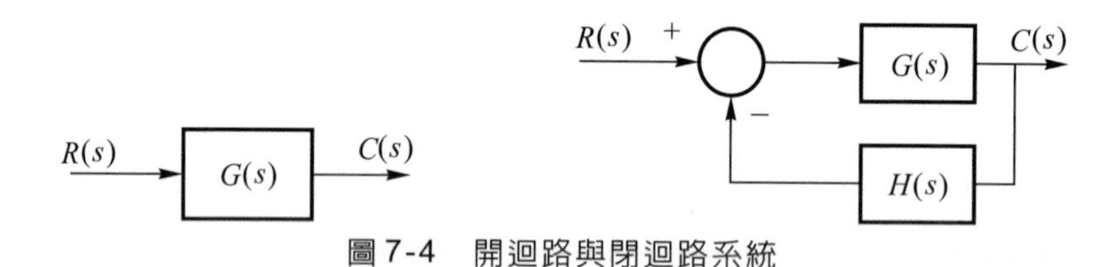

圖 7-4 開迴路與閉迴路系統

考慮圖 7-4(a)的開迴路系統，其轉移函數

$$M(s) = G(s) \tag{7-3}$$

則轉移函數$M(s)$對參數$G(s)$變化之靈敏度爲

$$S_G^M = \frac{G}{M}\frac{\partial M}{\partial G} = 1 \tag{7-4}$$

再考慮圖 7-4(b)的閉迴路系統，其轉移函數爲

$$M(s) = \frac{G(s)}{1 + G(s)H(s)} \tag{7-5}$$

則轉移函數$M(s)$對參數$G(s)$及$H(s)$變化之靈敏度爲

$$S_G^M = \frac{G}{M}\frac{\partial M}{\partial G} = \frac{1}{1+GH} \tag{7-6}$$

$$S_H^M = \frac{H}{M}\frac{\partial M}{\partial H} = -\frac{GH}{1+GH} \tag{7-7}$$

比較式(7-4)及式(7-6)可知在某些頻率範圍內，回授控制可降低參數$G(s)$變化之靈敏度$1+GH$倍。尤其當$GH \gg 1$時，靈敏度趨近於零，即系統對參數$G(s)$之變化沒有明顯的影響。不過我們必須注意到$GH \gg 1$的要求可能會造成系統響應成高度振盪，甚至變成不穩定。同時，當我們增加GH的大小時，也會降低$G(s)$對輸出的影響。

式(7-7)也可知：當GH很大時，靈敏度會趨於一，故$H(s)$的變動會直接影響輸出響應。

例 7-7　如圖 7-5 的兩個系統，在$K_1 = K_2 = 100$時具有相同轉移函數，試比較$K_1 = K_2 = 100$時，何者靈敏度$S_{K_1}^G$較大？(歷屆研究所試題)

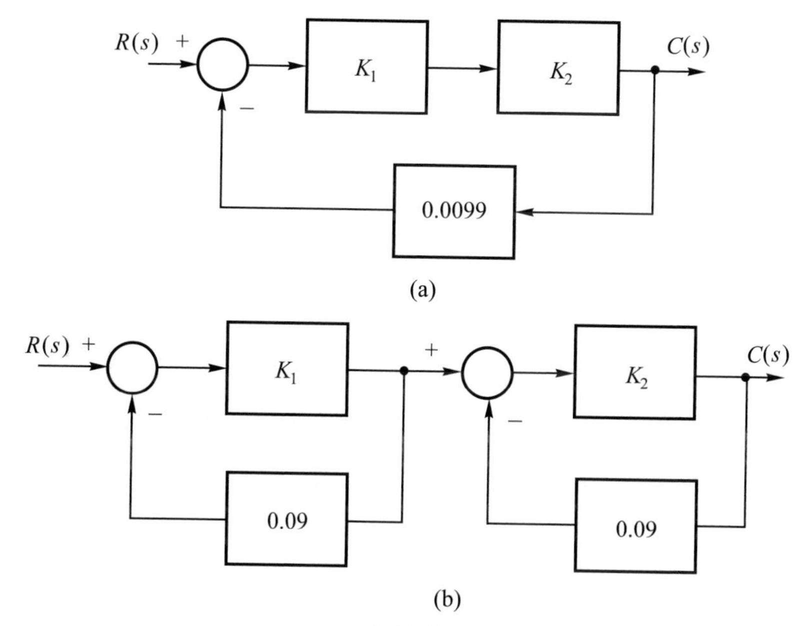

圖 7-5

解：圖 7-5(a)的轉移函數爲

$$G(s)=\frac{C(s)}{R(s)}=\frac{K_1K_2}{1+0.0099K_1K_2}$$

靈敏度

$$S_{K_1}^{G}=\frac{K_1}{G}\frac{\partial G}{\partial K_1}=\frac{1}{1+0.0099K_1K_2}\bigg|_{K_1=K_2=100}=0.01$$

圖 7-5(b)的轉移函數爲

$$G(s)=\frac{C(s)}{R(s)}=\frac{K_1}{1+0.09K_1}\cdot\frac{K_2}{1+0.09K_2}$$

靈敏度

$$S_{K_1}^{G}=\frac{K_1}{G}\frac{\partial G}{\partial K_1}=\frac{1}{1+0.09K_1}\bigg|_{K_1=K_2=100}=0.1$$

所以圖 7-5(a)的靈敏度小於圖 7-5(b)。

習題七

選擇題

(　) 7-1　試用路斯-哈維次準則判定特性方程式 $s^4+6s^3+9s^2+24s+20=0$ 其穩定度？ (A)穩定 (B)不穩定 (C)臨界穩定 (D)漸近穩定。

(　) 7-2　特性方程式爲 $2s^5+s^4+7s^3+4s+1.5=0$ 有幾個根位於右半平面(不包括需軸)？ (A) 1 (B) 2 (C) 3 (D) 4。

(　) 7-3　一系統的特性方程式爲 $s^4+2s^3+4s^2+2s+K=0$，則使系統穩定的 K 值範圍爲何？ (A) $K>3$ (B) $K<-3$ (C) $0<K<3$ (D) $-3<K<3$。

(　　) 7-4　一個控制系統稱爲穩定的系統，則該系統轉移函數中所有的極點必須位於 s 平面的　(A)右半平面　(B)虛軸　(C)左半平面　(D)正無窮遠處。

(　　) 7-5　一個線性非時變系統(linear time-invariant)之輸出輸入之系統轉移函數(system transfer function)爲$H(s)$，若該系統爲漸近穩定(asymptotically stable)，則下列敘述何者正確　(A)所有$H(s)$極點(poles)的實部均小於 0　(B) 所有$H(s)$零點(zeros)的實部均小於 0　(C)$H(s)$至少有一極點(poles) 的實部均小於 0　(D)$H(s)$至少有一零點(zeros)的實部均小於 0。

問答題

7-1　試用路斯－哈維次準則決定下列各系統特性方程式根的位置及其穩定度。

(a)　$2s^5 + s^4 + 7s^3 + 4s + \dfrac{3}{2} = 0$

(b)　$s^5 + s^4 + 6s^3 + 5s^2 + 12s + 20 = 0$

(c)　$s^4 + 3s^3 + s^2 + 3s + 5 = 0$

(d)　$s^4 + 6s^3 + 9s^2 + 24s + 20 = 0$

(e)　$s^6 + s^5 + 5s^4 + s^3 + 2s^2 - 2s - 8 = 0$

7-2　已知系統的特性方程式如下所示，試求出使各系統穩定的K值範圍。

(a)　$s^3 + 5Ks^2 + (2K + 3)s + 10 = 0$　　(歷屆高考試題)

(b)　$s^4 + 2s^3 + 4s^2 + 2s + K = 0$

(c)　$s^4 + 2Ks^3 + 2s^2 + (1 + K)s + 2 = 0$

(d) $s^3 + 5s^2 + (K - 6)s + K = 0$

(e) $s^4 + 2s^3 + 4s^2 + Ks + 6 = 0$

7-3 有一控制系統如圖P7-3所示，試求得到系統穩定時之K值範圍。 (歷屆高考試題)

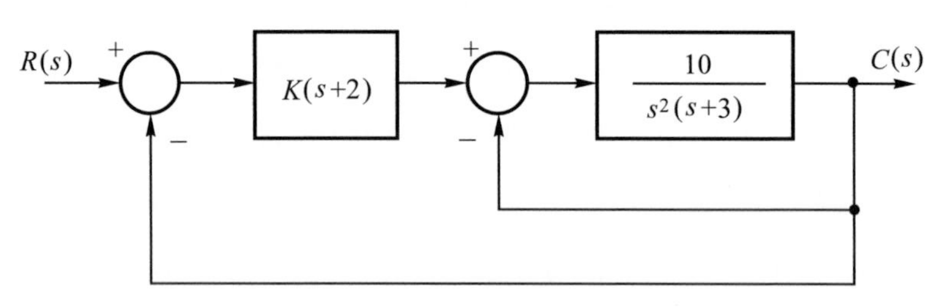

圖 P7-3

7-4 如下圖P7-4所示的系統，試求使系統穩定的K值範圍。

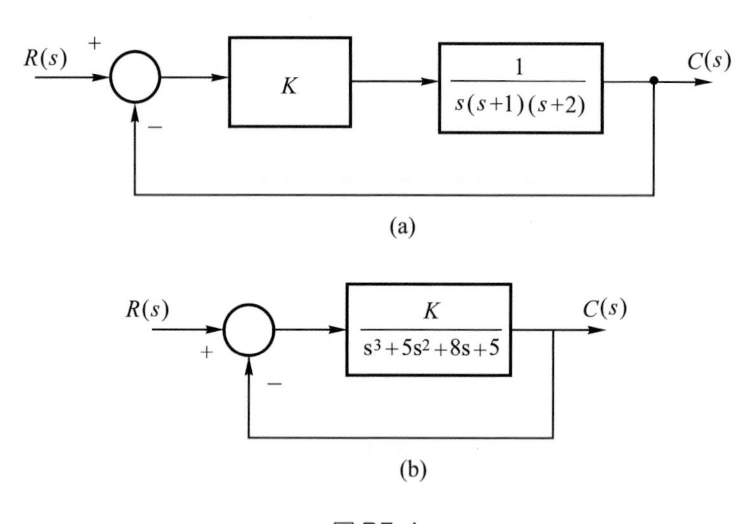

圖 P7-4

7-5　如圖P7-5所示的系統，畫出$K_p - K_D$的參數平面(K_p爲縱軸)，來表示系統穩定的區域。

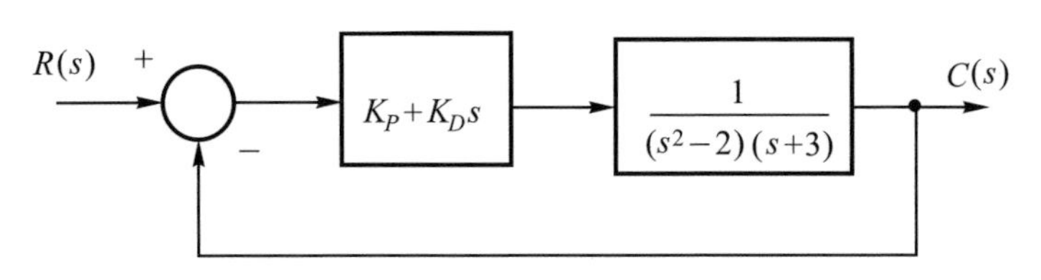

圖 P7-5

7-6　在現代電腦中，資料是儲存在磁碟中的，在儲存或取回的過程中，磁頭必須極準確地移動到磁碟上的不同位置，下圖P7-6 所示即爲磁碟儲存系統中磁頭的位置系統，K和a則爲系統的參數，試決定使系統穩定的K與a的範圍。(畫出$K-a$平面上的穩定區域)。

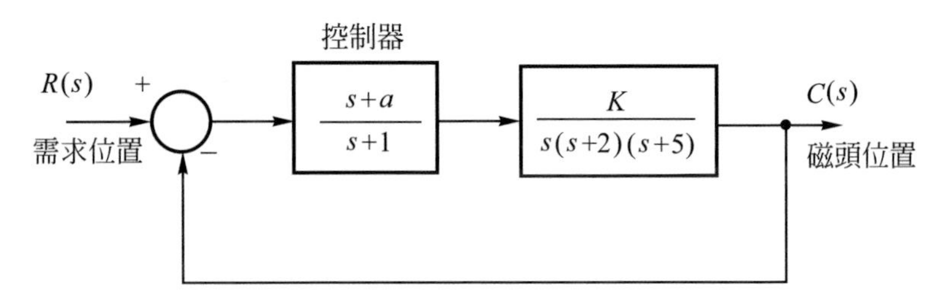

圖 P7-6

7-7　利用PI(比例積分)控制器$k+\frac{h}{s}$改善系統$G(s)=\frac{1}{s(s+4)}$使其閉迴路系統之極點在s-平面上$s=-1$之左邊，求k，h值之範圍，用kh-平面表示之。(限用 Series Compensation)。

(歷屆研究所試題)

7-8 一個控制程序如下的狀態方程式所示：

$$\dot{x}_1 = x_1 - 3x_2$$

$$\dot{x}_2 = 5x_1 + u$$

此控制是經由狀態回授而得的，其中$u = g_1x_1 + g_2x_2$，此處g_1和g_2是實常數。試決定在g_2對g_1平面上使整個系統穩定的區域。

(歷屆研究所試題)

7-9 如圖P7-9的系統，$M(s) = \dfrac{C(s)}{R(s)}$表示系統閉迴路轉移函數，當$K_1 = 10$ v/rad，$K_2 = 10$ v/rad，$G(s) = \dfrac{100}{s(s+1)}$時，求靈敏度$S_{K_1}^M$，$S_{K_2}^M$及$S_G^M$。

(歷屆研究所試題)

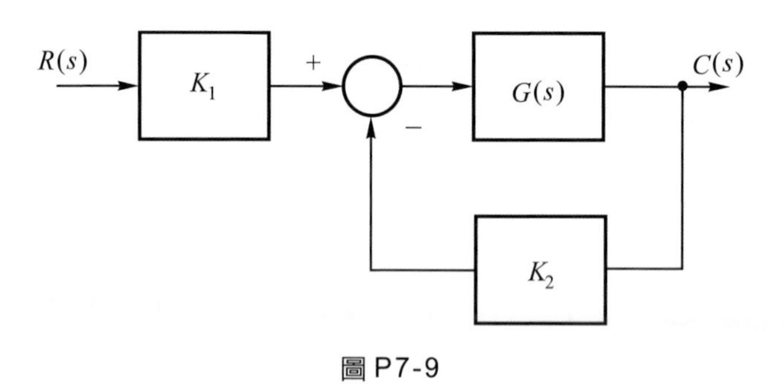

圖 P7-9

參考資料

1. 陸仁傑編譯，自動控制系統，全華，84年1月。
2. 張振添等編著，自動控制，文京，83年1月。
3. 胡永柟編著，自動控制，全華，85年1月。
4. 朱仁貴等譯，自動控制，全威，85年1月。
5. 楊受陞，江東昇編著，自動控制，儒林，1994，8月。
6. 江昭皚等編譯，自動控制系統，文京，84年1月。
7. 張文恭編譯，自動控制系統，松崗，79年10月。
8. 劉利誠編著，自動控制，全華，77年1月。
9. 王偉彥，陳新得編著，自動控制考題分析整理，81年9月。
10. 呂澤彥譯，自動控制系統問題詳解，儒林，75年4月。
11. 喬偉編解，控制系統研究所歷屆試題精解，立功。

心得筆記

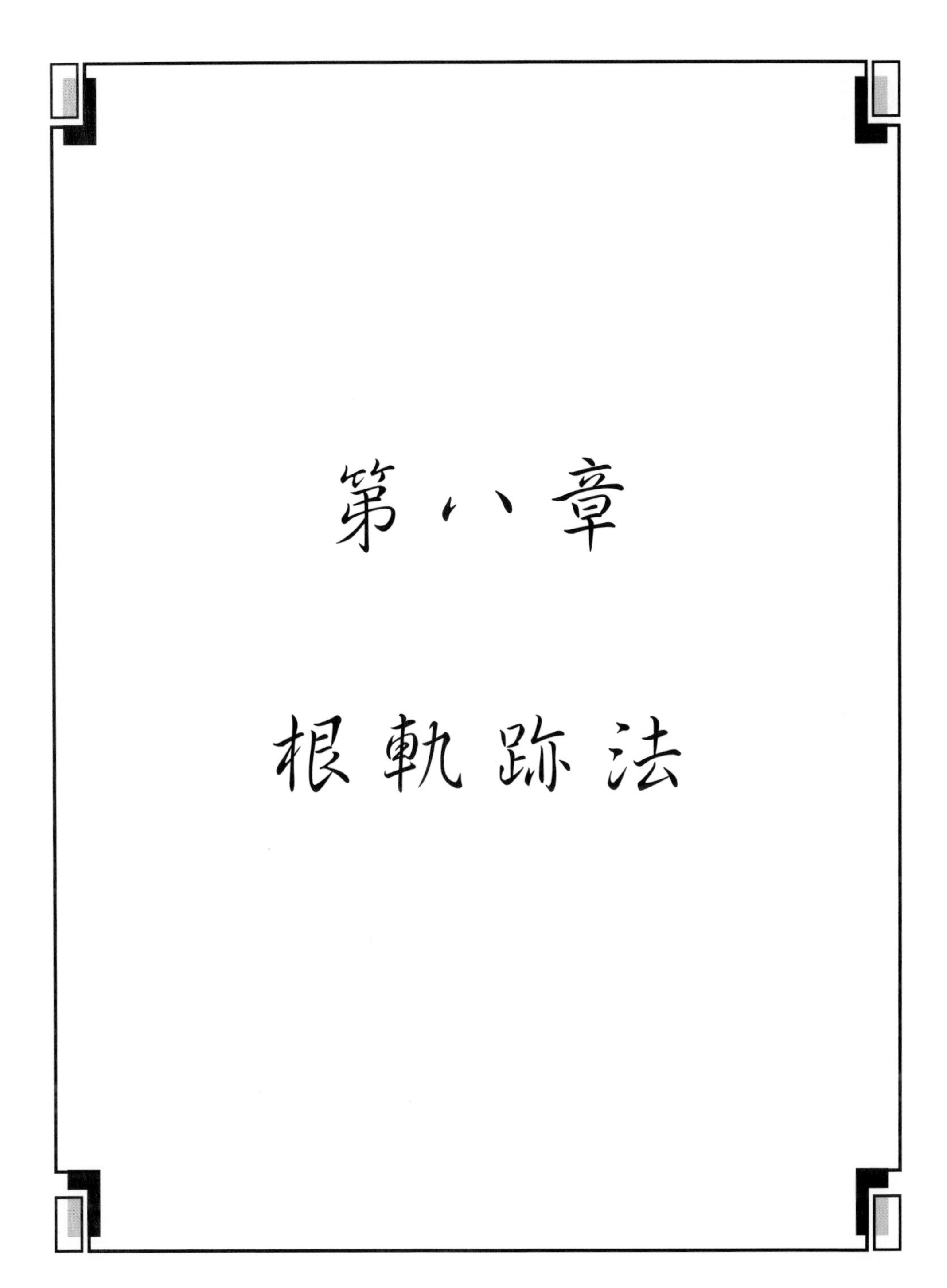

第八章

根軌跡法

§ 引言

當系統參數改變時，特性方程式的根也會隨之改變；如果將特性根隨著參數連續變化而形成的連續軌跡畫出來，此軌跡稱爲根軌跡(Root locus)，而利用根軌跡來判別系統穩定度的方法稱爲根軌跡法(Root locus technigue)。

考慮圖 8-1 所示的典型閉迴路控制系統，

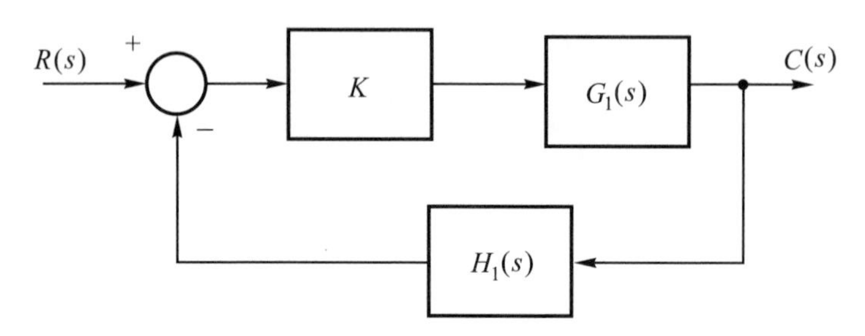

圖 8-1 典型閉迴路控制系統

其閉迴路轉移函數爲

$$\frac{C(s)}{R(s)}=\frac{KG_1(s)}{1+KG_1(s)H_1(s)} \tag{8-1}$$

依參數K的變化範圍不同可分成：

1. 根軌跡(Root locus，RL)：$0<K<\infty$之特性根移動軌跡。
2. 互補根軌跡(Complementary root locus，CRL)：$-\infty<K<0$之特性根移動軌跡。
3. 完整根軌跡(Complete root locus)：$-\infty<K<\infty$之特性根移動軌跡，即根軌跡和互補根軌跡的合成軌跡。

8-1　根軌跡的基本觀念

圖 8-1 的系統轉移函數為式(8-1)，令其分母為零，即得特性方程式

$$1 + KG_1(s)H_1(s) = 0 \tag{8-2}$$

或改寫成

$$G_1(s)H_1(s) = -\frac{1}{K} \tag{8-3}$$

上式應滿足下列二條件：

1. 大小條件：

$$|G_1(s)H_1(s)| = \frac{1}{|K|}，-\infty < K < \infty \tag{8-4}$$

2. 角度條件：

$$\angle G_1(s)H_1(s) = \begin{cases} (2k+1)\pi & ，K \geq 0 \\ 2k\pi & ，K \leq 0 \end{cases} \tag{8-5}$$

其中$k = 0$，± 1，± 2，⋯。

通常$G_1(s)H_1(s)$可寫成下式：

$$G_1(s)H_1(s) = \frac{(s+z_1)(s+z_2)\cdots(s+z_m)}{(s+p_1)(s+p_2)\cdots(s+p_n)} \tag{8-6}$$

其中$-p_i$，$i = 1$，⋯，n及$-z_i$，$i = 1$，⋯，m分別為實數或共軛複數極點及零點。將式(8-6)代入式(8-4)及式(8-5)可得

1. 大小條件：

$$|G_1(s)H_1(s)| = \frac{\prod_{i=1}^{m}|s+z_i|}{\prod_{j=1}^{n}|s+p_j|} = \frac{1}{|K|}\text{，} -\infty < K < \infty \tag{8-7}$$

2. 角度條件：

$$\angle G_1(s)H_1(s) = \sum_{i=1}^{m}\angle(s+z_i) - \sum_{j=1}^{n}\angle(s+p_j) = \begin{cases}(2k+1)\pi & \text{，} K \ge 0 \\ 2k\pi & \text{，} K \le 0\end{cases} \tag{8-8}$$

其中$k=0$，±1，±2，⋯。

式(8-7)中，$|s+z_i|=|s-(-z_i)|$代表複數s至零點$-z_i$的距離，而$|s+p_j|=|s-(-p_j)|$代表複數s至極點$-p_j$的距離。式(8-8)中，$\angle(s+z_i)=\angle(s-(-z_i))$代表零點$-z_i$至複數$s$之連線與實軸正方向的夾角，而$\angle(s+p_j)=\angle(s-(-p_j))$代表極點$-p_j$至複數$s$之連線與實軸的正方向的夾角。

例 8-1 假設$G_1(s)H_1(s)=\frac{s+z_1}{(s+p_1)(s+p_2)}$，則$s$平面上任意複數點$s$與極點、零點關係示於圖 8-2。

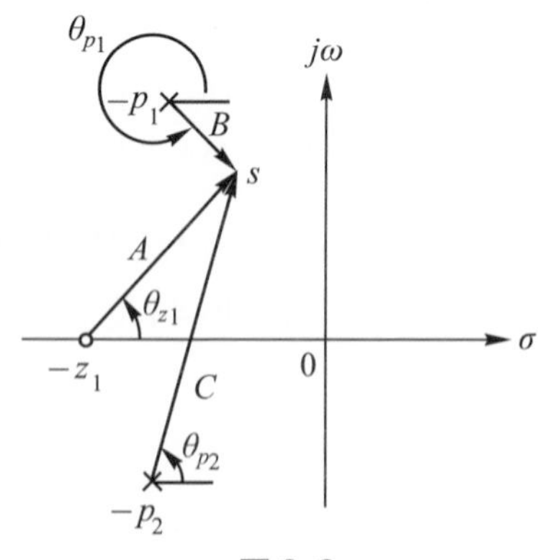

圖 8-2

若s在根軌跡$(0<K<\infty)$上，則需滿足角度條件

$$\angle(s+z_1)-\angle(s+p_1)-\angle(s+p_2)=\theta_{z1}-\theta_{p1}-\theta_{p2}$$
$$=(2k+1)\pi$$

若s在互補根軌跡$(-\infty<K<0)$上，則需滿足角度條件

$$\angle(s+z_1)-\angle(s+p_1)-\angle(s+p_2)=\theta_{z1}-\theta_{p1}-\theta_{p2}=2k\pi$$

若分別以A，B，C代表各向量大小，則K值可用大小條件求得

$$|K|=\frac{|s+p_1||s+p_2|}{|s+z_1|}=\frac{BC}{A}$$

當s在根軌跡上時，K取正值；在互補根軌跡上時，K爲負值。

8-2 根軌跡的作圖法則

根軌跡的作圖可分爲11個法則，爲了方便說明，本節各法則的說明將配合下式的根軌跡圖作介紹。

一系統的特性方程式爲

$$(s+2)(s^2+2s+2)+K(s+4)=0 \tag{8-9}$$

重新整理得

$$1+\frac{K(s+4)}{(s+2)(s^2+2s+2)}=0 \tag{8-10}$$

即

$$G_1(s)H_1(s)=\frac{s+4}{(s+2)(s^2+2s+2)} \tag{8-11}$$

其根軌跡如圖 8-3 所示。

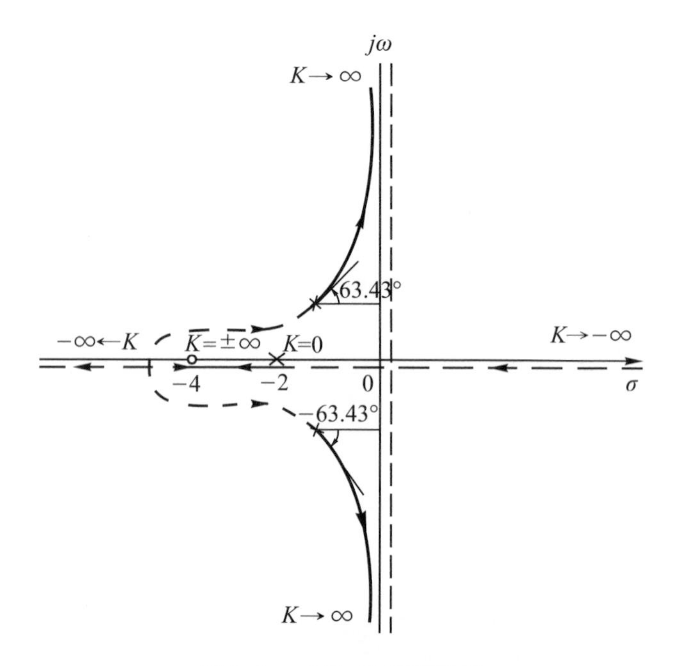

圖 8-3 式(8-9)的根軌跡

1. $K=0$點：在完全根軌跡上，$K=0$之點即位於$G_1(s)H_1(s)$的極點。

   例如：式(8-11)有三個極點：$s=-2$，$-1\pm j1$，因此$K=0$時，特性根即落在此三點上，如圖 8-3 所示。

2. $K=\pm\infty$ 點：在完全根軌跡上，$K=\pm\infty$ 之點即位於$G_1(s)H_1(s)$的零點。

   例如：式(8-11)有一個零點：$s=-4$，另有兩個無窮大的零點，因此$K=\pm\infty$時，特性根即落在這些零點上，如圖 8-3 所示。

3. 完整根軌跡的分支數：等於特性方程式的階數。

   例如：式(8-9)爲三階，因此，根軌跡有三個分支。

4. 完整根軌跡的對稱性：完全根軌跡對稱於實軸，且一般而言也會對稱於$G_1(s)H_1(s)$之極、零點的對稱軸。

例如：由圖 8-3 可看出完整根軌跡對稱於實軸，但無極、零點的對稱軸。

5. 完整根軌跡的漸近線：爲s趨近於$\pm\infty$時之軌跡，此軌跡近似爲直線，故以漸近線來表示。漸近線與實軸的夾角爲

$$\theta_k = \begin{cases} \dfrac{(2k+1)\pi}{|n-m|} & \text{，當 } K \geq 0 \text{ 時}(RL) \\ \dfrac{2k\pi}{|n-m|} & \text{，當 } K \leq 0 \text{ 時}(CRL) \end{cases} \tag{8-12}$$

其中$k = 0$，1，2，$\cdots$，$|n-m|-1$，n爲極點數目，m爲零點數目。

當$n = m$時，即極點與零點數目相等，則完整根軌跡沒有漸近線，所有根軌跡均終止於有限零點。當$n \neq m$時，則漸近線共有$2|n-m|$條，其中根軌跡與互補根軌跡各有$|n-m|$條漸近線。圖 8-3 的例子中，因爲$n = 3$，$m = 1$，所以$|n-m| = 3-1 = 2$故根軌跡與互補根軌跡各有 2 條漸近線，與實軸的夾角以式(8-12)計算爲：

$K \geq 0$(根軌跡)：$\theta_0 = 90°$，$\theta_1 = 270°$

$K \leq 0$(互補根軌跡)：$\theta_0 = 0°$，$\theta_1 = 180°$

6. 漸近線的交點：完整根軌跡之$2|n-m|$條漸近線相交於s-平面實軸上，此交點又稱爲重心(Centroid)，座標爲(σ_1，0)，其中

$$\sigma_1 = \frac{G_1(s)H_1(s)\text{的有限極點和} - G_1(s)H_1(s)\text{的有限零點和}}{n-m} \tag{8-13}$$

圖 8-3 中 4 條漸近線的交點爲

$$\sigma_1 = \frac{(-2)+(-1+j1)+(-1-j1)-(-4)}{3-1} = 0$$

7. 實軸上的根軌跡：實軸被完整根軌跡所佔滿，亦即實軸被極點與零點分成好幾個段落，

⑴ 若段落右邊的極、零點總數爲奇數時，則此段落屬於根軌跡。

⑵ 若段落右邊的極、零點總數爲偶數時，則此段落屬於互補根軌跡。

圖 8-3 上，以實線代表RL，虛線代表CRL，則實軸上的根軌跡與互補根軌跡可如上述判斷出來。

8. 完整根軌跡在極點之分離角(Angle of departure)與在零點之到達角(Angle of arrival)分別定義爲根軌跡離開極點之角度θ_d及到達零點之接近角度θ_a，可以下面公式計算：

⑴ 若$G_1(s)H_1(s)$有r階極點$-p_j$，則該極點之r條分支的分離角爲：

$$\theta_d = \begin{cases} \dfrac{1}{r}\left[180° + \angle (s+p_j)^r G_1(s)H_1(s)\big|_{s\to -p_j}\right] & ,\quad K \ge 0 \\ \dfrac{1}{r}\angle (s+p_j)^r G_1(s)H_1(s)\big|_{s\to -p_j} & ,\quad K \le 0 \end{cases} \tag{8-14}$$

⑵ 若$G_1(s)H_1(s)$有r階零點$-z_i$，則該零點之r條分支的到達角爲：

$$\theta_a = \begin{cases} \dfrac{1}{r}\left[180° - \angle \dfrac{G_1(s)H_1(s)}{(s+z_i)^r}\bigg|_{s\to -z_i}\right] & ,\quad K \ge 0 \\ \dfrac{-1}{r}\angle \dfrac{G_1(s)H_1(s)}{(s+z_i)^r}\bigg|_{s\to -z_i} & ,\quad K \le 0 \end{cases} \tag{8-15}$$

在極點$s=-1+j1$的分離角爲

$$\theta_d = 180° + \angle[(-1+j1)+4] - \angle[(-1+j1)+2] -$$

$$\angle[(-1+j1)+(1+j1)]$$
$$=180^\circ+\angle(3+j1)-\angle(1+j1)-\angle(j2)$$
$$=180^\circ+18.43^\circ-45^\circ-90^\circ=63.43^\circ$$

在極點$s=-1-j1$的分離角為

$$\theta_d=180^\circ+\angle(3-j1)-\angle(1-j1)-\angle(-j2)$$
$$=180^\circ+(-18.43^\circ)-(-45^\circ)-(-90^\circ)$$
$$=-63.43^\circ$$

9. 根軌跡與虛軸的交點：在s平面上與虛軸的交點及對應的K值，可由路斯－哈維次準則求出。

例如：式(8-9)的特性方程式展開成

$$s^3+4s^2+(K+6)s+(4K+4)=0 \tag{8-16}$$

路斯表如下：

s^3	1	$K+6$
s^2	4	$4K+4$
s^1	5	
s^0	$4K+4$	

由上表可看出s^1列不可能全部元素為零，所以根軌跡與虛軸交點除了原點($s=0$)以外，沒有其他交點。

10. 分叉點(Breakaway Points)：又稱為鞍點(Saddle Points)，特性方程式有多重根出現的點，即為分叉點的位置。特性方程式$1+KG_1(s)H_1(s)=0$之完整根軌跡的分叉點必須滿足

$$\frac{dG_1(s)H_1(s)}{ds}=0 \tag{8-17}$$

式(8-17)為求分叉點的必要而非充分條件，亦即式(8-17)的解亦須滿足$1+KG_1(s)H_1(s)=0$，才是分叉點。

例如：對式(8-11)微分

$$\frac{dG_1(s)H_1(s)}{ds}=\frac{(s+2)(s^2+2s+2)-(s+4)(3s^2+8s+6)}{(s+2)^2(s^2+2s+2)^2}=0$$

或

$$s^3+8s^2+16s+10=0$$

再由圖 8-3 實軸根軌跡判斷，可知在$s=-4$左邊互補根軌跡部分有一分叉點，利用嘗試錯誤方式可得分叉點約在$s=-5.365$。

至於到達及離開分叉點的角度稱為分叉角(Breakaway angle)及叉入角(Break in angle)，此角度與到達或離開一分叉點的根軌跡數目n有關，可用下式計算：

$$\theta=\frac{180°}{n} \tag{8-18}$$

圖 8-3 在分叉點$s=-5.365$有兩條互補根軌跡交會，所以分叉角為$\frac{180°}{2}=90°$

11. 軌跡上任一點s的K值可由下式計算：

$$|K|=\frac{1}{|G_1(s)H_1(s)|} \tag{8-19}$$

或

$$|K|=\frac{\prod_{j=1}^{n}|s+p_j|}{\prod_{i=1}^{m}|s+z_i|}$$

$$=\frac{\text{所有 } G_1(s)H_1(s)\text{極點至 } s \text{ 之向量長度的乘積}}{\text{所有 } G_1(s)H_1(s)\text{零點至 } s \text{ 之向量長度的乘積}} \tag{8-20}$$

若s在根軌跡上，則$K \geq 0$，若s在互補根軌跡上，則$K \leq 0$。

8-3　根軌跡的作圖實例

例 8-1　系統特性方程式$F(s)=s^3+10s^2+(24+K)s+2K=0$，試畫出$K>0$的根軌跡，並判斷其穩定度。　(歷屆高考試題)

解：首先將特性方程式整理成

$$F(s)=s^3+10s^2+24s+K(s+2)=0$$

或

$$1+\frac{K(s+2)}{s(s+4)(s+6)}=0$$

即

$$G_1(s)H_1(s)=\frac{s+2}{s(s+4)(s+6)}$$

(1) $K=0$點：$s=0$，-4，-6，$n=3$

(2) $K=\pm\infty$點：$s=-2$，∞，∞，$m=1$

(3)根軌跡有三個分支。

(4)根軌跡對稱於實數軸。

(5)根軌跡的漸近線有2條，其夾角

$$\theta_k=\frac{(2k+1)\pi}{3-1}\text{，}k=0\text{，}1\text{。即}\theta_0=90^\circ\text{，}\theta_1=270^\circ$$

(6)漸近線的交點：

$$\sigma_1 = \frac{0+(-4)+(-6)-(-2)}{3-1} = -4$$

⑺實軸的根軌跡在$-2<\sigma<0$及$-6<\sigma<-4$兩段上，如圖8-4所示。

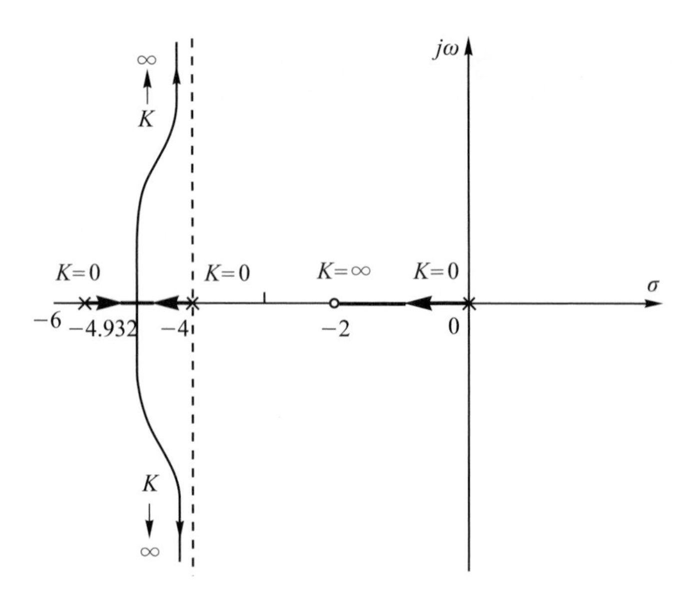

圖8-4　例8-1根軌跡圖

⑻分離角與到達角：因無複數的極、零點，所以不須求。

⑼與虛軸的交點可由路斯－哈維次準則來求：

s^3	1	$24+K$
s^2	10	$2K$
s^1	$24+0.8K$	
s^0	$2K$	

s^1列整列元素為0時，即與虛軸有交點，此時

$$24+0.8K=0$$

即$K=-30<0$，故此點在互補根軌跡上。將$K=-30$代入s^2列得輔助方程式

$$A(s)=10s^2-60=0$$

得$s=\pm\sqrt{6}$，此非虛根，表示就算互補根軌跡與虛軸也不相交(除了$s=0$點外)。

⑽分叉點：必須滿足下式

$$\frac{dG_1(s)H_1(s)}{ds}=\frac{s(s+4)(s+6)-(s+2)(3s^2+20s+24)}{s^2(s+4)^2(s+6)^2}=0$$

或

$$s^3+8s^2+20s+24=0$$

由上式配合圖 8-4 實軸根軌跡，可預知在$-6<s<-4$之間有一分叉點，經嘗試錯誤法推算得爲$s=-4.932$，因在此點有兩條根軌跡交會，所以分叉角爲$\frac{180°}{2}=90°$，可畫如圖 8-4 所示。

⑾由根軌跡圖可知，只要$K>0$，根軌跡就會位於左半s平面，即系統會穩定。

例 8-2　一個單位負回授系統的順向轉移函數爲

$$G(s)=\frac{K(s+6)}{s(s+4)(s^2+4s+8)}$$

畫出K爲正值的根軌跡，並描述系統的穩定度。(71 年台大電研)

解：由順向轉移函數知

$$G_1(s)=\frac{s+6}{s(s+4)(s^2+4s+8)}$$

(1) $K=0$點：$s=0$，-4，$-2\pm j2$，$n=4$

(2) $K=\pm\infty$點：$s=-6$，∞，∞，∞，$m=1$

(3)根軌跡有四個分支。

(4)根軌跡對稱於實數軸。

(5)根軌跡漸近線有$|4-1|=3$條，其夾角爲

$$\theta_k=\frac{(2k+1)\pi}{4-1}\text{，}k=0\text{，}1\text{，}2\quad 即\theta_0=60^\circ\text{，}\theta_1=180^\circ\text{，}\theta_2=300^\circ$$

(6)漸近線的交點：

$$\sigma_1=\frac{0+(-4)+(-2+j2)+(-2-j2)-(-6)}{4-1}=-\frac{2}{3}$$

(7)實軸的根軌跡在$-4<\sigma<0$及$\sigma<-6$兩段上，如圖 8-5 所示。

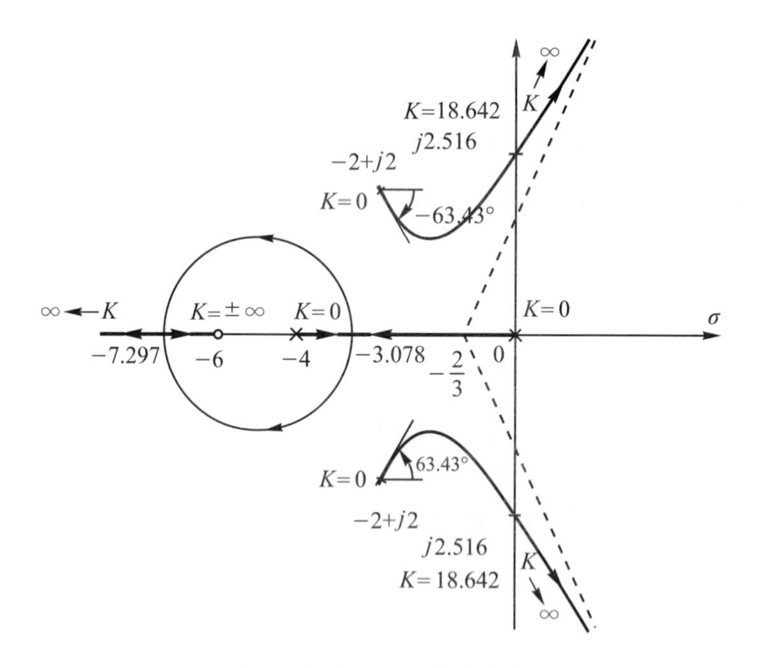

圖 8-5　例 8-2 根軌跡圖

(8)在$s=-2+j2$的分離角為

$$\theta_d=180^\circ+\angle(4+j2)-\angle(-2+j2)-\angle(2+j2)-\angle(j4)$$
$$=180^\circ+26.57^\circ-135^\circ-45^\circ-90^\circ$$
$$=-63.43^\circ$$

在$s=-2-j2$的分離角為

$$\theta_d=180^\circ+\angle(4-j2)-\angle(-2-j2)-\angle(2-j2)-\angle(-j4)$$
$$=180^\circ+(-26.57^\circ)-(-135^\circ)-(-45^\circ)-(-90^\circ)$$
$$=63.43^\circ$$

(9)與虛軸的交點：求得其特性方程式為

$$s(s+4)(s^2+4s+8)+K(s+6)=0$$

或

$$s^4+8s^3+24s^2+(K+32)s+6K=0$$

由路斯－哈維次準則：

s^4	1	24	$6K$
s^3	8	$K+32$	
s^2	$\dfrac{160-K}{8}$	$6K$	
s^1	$\dfrac{-K^2-256K+5120}{160-K}$		
s^0	$6K$		

由上表可看出：當s^1列整列元素為0時才有可能出現虛根，即

$$\frac{-K^2-256K+5120}{160-K}=0$$

但 $160-K\neq 0$，所以

$$K^2+256K-5120=0$$

即 $K=18.642$ 或 -274.642，因爲只有 $K>0$ 才在根軌跡上，所以取 $K=18.642$ 代入 s^2 列得輔助方程式

$$A(s)=17.66975s^2+111.852=0$$

解得虛根 $s=\pm j2.516$ 即爲與虛軸交點。

(10)分叉點：必須滿足下式

$$\frac{dG_1(s)}{ds}=\frac{s(s+4)(s^2+4s+8)-(s+6)(4s^3+24s^2+48s+32)}{s^2(s+4)^2(s^2+4s+8)^2}=0$$

或

$$3s^4+40s^3+168s^2+288s+192=0$$

由上式配合圖 8-5 實軸根軌跡，可預知在 $-4<\sigma<0$ 及 $\sigma<-6$ 各有一個分叉點，經嘗試錯誤法推算得爲 $s=-3.078$ 及 $s=-7.297$，因在此二點都有兩條根軌跡交會，所以分叉角均爲 $\frac{180°}{2}=90°$，可畫如圖 8-5 所示。

(11)由圖 8-5 的根軌跡可看出，若 $K\geq 18.642$，則根軌跡將進入右半 s 平面，而造成系統的不穩定，故只有 $0<K<18.642$ 時，系統才會穩定。

習題八

選擇題

(　　) 8-1　某單位負回授系統，其開迴路轉移函數為
$G(s)=\dfrac{k}{s(s+2)(s^2+2s+2)}$，求$k\geq 0$之閉迴路系統根軌跡圖中，漸近線的交點為何？　(A)$s=-4$　(B)$s=-3$　(C)$s=-2$　(D)$s=-1$。

(　　) 8-2　同上題之系統，在$k\geq 0$之閉迴路系統根軌跡圖中，下列哪一點為分離點(breakaway point)？　(A)$s=-0.5$　(B)$s=-1$　(C)$s=-2$　(D)$s=-3$。

(　　) 8-3　承上題，下列何者為根軌跡圖中漸近線與實數軸的交角？　(A)±45°　(B)±60°　(C)±90°　(D)±180°。

(　　) 8-4　承上題，根軌跡在分離點有n條根軌跡，則此n條根軌跡離開分離點時，彼此之間的間隔角度為多少？　(A)45°　(B)60°　(C)90°　(D)180°。

(　　) 8-5　某單位負回授系統，其開迴路轉移函數為$G(s)=K\dfrac{s+2}{s^2+2s+2}$，其中$K$為增益。當$K$值變化時，此系統在$S-$平面之根軌跡代表下列何者？　(A)開迴路系統之極點　(B)閉迴路系統之極點　(C)開迴路系統之零點　(D)閉迴路系統之零點。

問答題

8-1　已知系統的特性方程式為

$s(s+3)(s^2+2s+2)+K=0$

畫出根軌跡($0<K<\infty$)，並決定其穩定度。(歷屆研究所試題)

8-2 已知下列各單位負回授控制系統之順向轉移函數$G(s)$，試畫出根軌跡$(0<K<\infty)$，並決定使系統穩定之K值範圍。

(a) $G(s)=\dfrac{K(s+0.1)^2}{s^2(s^2+9s+20)}$ (歷屆研究所試題)

(b) $G(s)=\dfrac{K}{s(s+1)(s+3)(s+4)}$ (歷屆研究所試題)

(c) $G(s)=\dfrac{K}{s(s+1)(s+4)}$ (歷屆研究所試題)

(d) $G(s)=\dfrac{K(0.25s+1)}{s(0.4s+1)}$ (歷屆研究所試題)

(e) $G(s)=\dfrac{K}{s(1+0.01s)(1+0.05s)}$ (歷屆研究所試題)

(f) $G(s)=\dfrac{K}{s(0.1s+1)(1+s)}$ (歷屆高考試題)

8-3 如圖 P8-3 所示系統

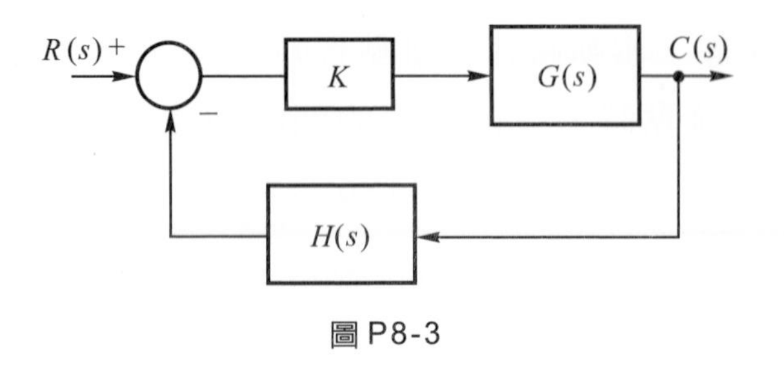

圖 P8-3

其中$G(s)=\dfrac{1}{s^2+s+1}$

$H(s)=\dfrac{1}{s+3}$

(a)畫出根軌跡$(0<K<\infty)$。

(b)求使系統穩定的K值範圍。

(c)求在(b)小題$K=K_{max}$(最大值)時，$1+KGH=0$的根。

(歷屆研究所試題)

8-4　畫出下圖 P8-4 系統之根軌跡，其中

$$G(s)=\frac{K(s+2)}{s^2+2s+2}\text{，}H(s)=\frac{1}{s+1}$$

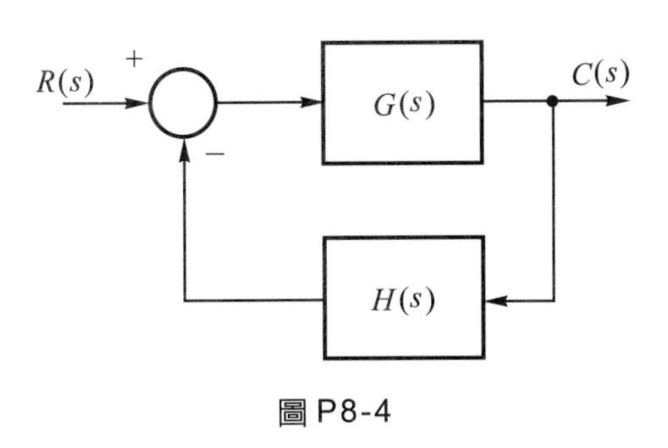

圖 P8-4

並決定

(a)重心及漸近線的夾角。

(b)分叉點。

(c)到達角及離開角。

(d)根軌跡與虛軸交點的K值。　(歷屆研究所試題)

8-5　求圖 P8-5 閉迴路系統的根軌跡($K>0$)　(歷屆研究所試題)

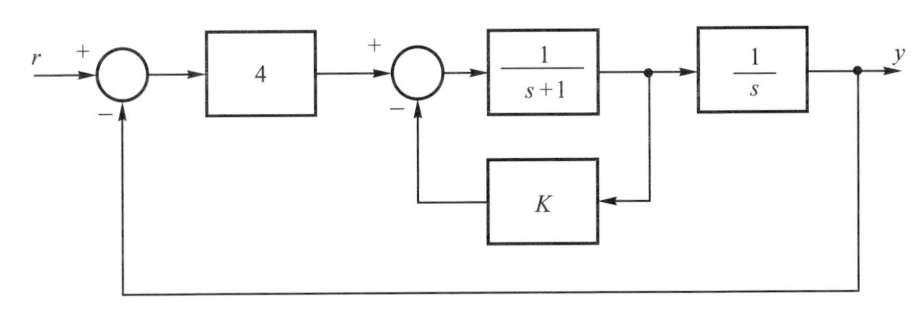

圖 P8-5

8-6 將下述系統畫成方塊圖，示出各狀態變數，並依Routh法及根軌跡法驗證其穩定度。

$$\begin{bmatrix} \dot{x}_1 \\ \dot{x}_2 \\ \dot{x}_3 \end{bmatrix} = \begin{bmatrix} 0 & 1 & 0 \\ 0 & -10 & 4 \\ 0 & 0 & -100 \end{bmatrix} \begin{bmatrix} x_1 \\ x_2 \\ x_3 \end{bmatrix} + \begin{bmatrix} 0 \\ 0 \\ 100 \end{bmatrix} u$$

$y = x_1$，$u = 10(r - x_1)$ (歷屆研究所試題)

參考資料

1. 陸仁傑編譯，自動控制系統，全華，84年1月。
2. 張振添等編著，自動控制，文京，83年1月。
3. 江昭皚等編譯，自動控制系統，文京，84年1月。
4. 林淑君，黃維富譯，回饋控制系統，東華，84年12。
5. 楊維楨著，自動控制，三民，76年2月。
6. 王偉彥，陳新得編著，自動控制考題分析整理，81年9月。
7. 喬偉編解，控制系統研究所歷屆試題精解，立功。

第九章

控制系統的頻域分析

§ 引言

控制系統的分析與設計，除了時域方式外，尚可採用頻率方式。頻域分析方式都是採用圖解法，主要有三種：

1. 波德圖(Bode plot)。
2. 極座標圖(Polar plot)：又稱為奈氏圖(Nyquist Plot)。
3. 大小－相位圖：又稱為尼可士圖(Nichols chart)。

9-1 線性非時變系統之頻率響應

如圖 9-1 所示的BIBO穩定之線性非時變系統，若其輸入為正弦波

$$r(t) = R\sin\omega t \tag{9-1}$$

則其穩態輸出也是正弦波

$$c(t) = A\sin(\omega t + \phi) \tag{9-2}$$

其中

$$A = R|G(j\omega)| \tag{9-3}$$

$$\phi = \angle G(j\omega) \tag{9-4}$$

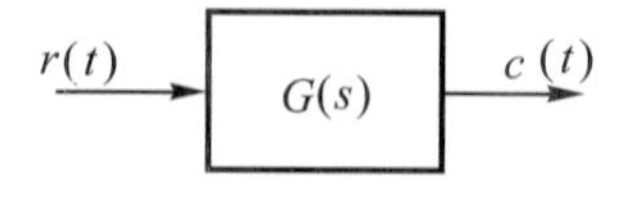

圖 9-1　線性非時變系統

9-1.1　頻率響應之性能規格

如圖 9-2 所示的閉迴路控制系統之轉移函數為

$$M(s)=\frac{C(s)}{R(s)}=\frac{G(s)}{1+G(s)H(s)} \tag{9-5}$$

在輸入為正弦波之穩態響應，可令$s=j\omega$而得

$$M(j\omega)=\frac{C(j\omega)}{R(j\omega)}=\frac{G(j\omega)}{1+G(j\omega)H(j\omega)} \tag{9-6}$$

或

$$M(j\omega)=|M(j\omega)|\angle M(j\omega) \tag{9-7}$$

其中$M(j\omega)$的大小為

$$|M(j\omega)|=\frac{|G(j\omega)|}{|1+G(j\omega)H(j\omega)|} \tag{9-8}$$

$M(j\omega)$的相角為

$$\angle M(j\omega)=\angle G(j\omega)-\angle[1+G(j\omega)H(j\omega)] \tag{9-9}$$

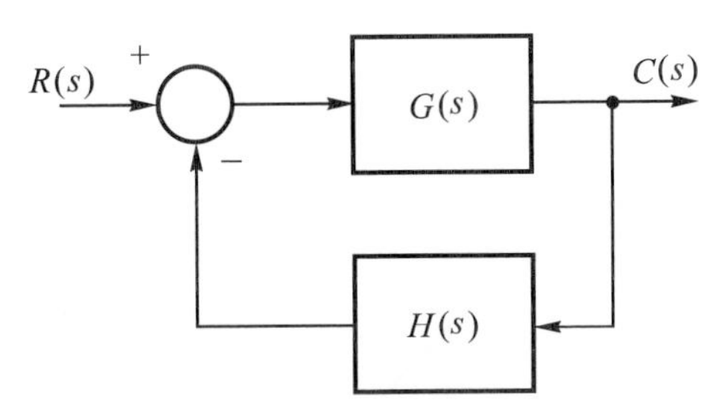

圖 9-2　閉迴路控制系統

上述閉迴路控制系統的大小和相位如圖 9-3 所示。在頻域設計中，經常以四種性能規格來描述系統的特性：

1. 尖峰共振值M_r(Peak resonance value)：定義爲式(9-8)中$|M(j\omega)|$的最大值，M_r可衡量閉迴路控制系統的相對穩定度。通常有較大的M_r，其步階響應也會有較大的最大超越量M_p。
2. 共振頻率ω_r(Resonant frequency)：發生尖峰共振值時之頻率。
3. 頻寬BW(Band width)：定義爲$|M(j\omega)|$的大小降至零頻率值的0.707倍或－3 dB 時的頻率，此頻率又稱爲截止頻率(Cut off frequency)。一般說來，BW較大表示高頻信號可通過，所以上升時間較短，但雜訊抑制力較差，因爲雜訊大多是高頻訊號；而BW較小則上升時間較長，但雜訊抑制力較好。
4. 截止率(Cut off rate)：定義爲$|M(j\omega)|$在高頻時的斜率，表示系統分辨訊號與雜訊之能力。

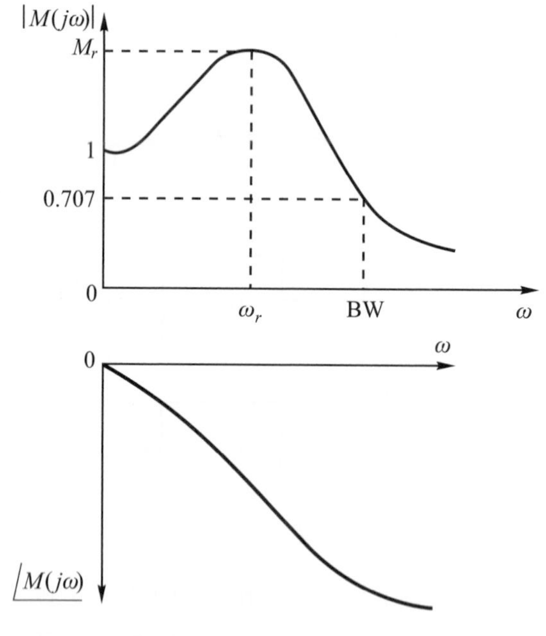

圖 9-3　閉迴路控制系統之大小和相角特性

9-1.2 標準二階系統之頻域特性

假設二階系統的閉迴路轉移函數爲

$$M(s)=\frac{C(s)}{R(s)}=\frac{\omega_n^2}{s^2+2\zeta\omega_n s+\omega_n^2} \tag{9-10}$$

穩態時可令$s=j\omega$代入而得

$$M(j\omega)=\frac{1}{1-\left(\frac{\omega}{\omega_n}\right)^2+j2\zeta\left(\frac{\omega}{\omega_n}\right)} \tag{9-11}$$

若令$u=\frac{\omega}{\omega_n}$代入式(9-11)可簡化爲

$$M(ju)=\frac{1}{1-u^2+j2\zeta u} \tag{9-12}$$

$M(ju)$的大小和相位爲

$$|M(ju)|=\frac{1}{\sqrt{(1-u^2)^2+(2\zeta u)^2}} \tag{9-13}$$

和

$$\angle M(ju)=-\tan^{-1}\frac{2\zeta u}{1-u^2} \tag{9-14}$$

1. 尖峰共振值與共振頻率：

將$|M(ju)|$對u微分並令爲零，即

$$\frac{d|M(ju)|}{du}=-2[(1-u^2)^2+(2\zeta u)^2]^{-\frac{3}{2}}u(u^2-1+2\zeta^2)=0 \tag{9-15}$$

從上式得

$$u(u^2-1+2\zeta^2)=0 \tag{9-16}$$

所以$u=0$(不合)或

$$u=\sqrt{1-2\zeta^2} \tag{9-17}$$

因為$u=\dfrac{\omega}{\omega_n}$，故得共振頻率為

$$\omega_r=\omega_n\sqrt{1-2\zeta^2}\text{，}\zeta\le 0.707 \tag{9-18}$$

將式(9-17)代入式(9-13)，並簡化得尖峰共振值為

$$M_r=\frac{1}{2\zeta\sqrt{1-\zeta^2}}\text{，}\zeta\le 0.707 \tag{9-19}$$

2. 頻寬：

令式(9-13)等於0.707，可得

$$|M(ju)|=\frac{1}{\sqrt{(1-u^2)^2+(2\zeta u)^2}}=0.707 \tag{9-20}$$

解得

$$u^2=(1-2\zeta^2)\pm\sqrt{4\zeta^4-4\zeta^2+2} \tag{9-21}$$

上式取正號，所以

$$u=\sqrt{(1-2\zeta^2)+\sqrt{4\zeta^4-4\zeta^2+2}} \tag{9-22}$$

故頻寬為

$$BW=\omega_n\sqrt{(1-2\zeta^2)+\sqrt{4\zeta^4-4\zeta^2+2}} \tag{9-23}$$

例 9-1 標準二階系統的轉移函數為

$$\frac{C(s)}{R(s)}=\frac{\omega_n^2}{s^2+2\zeta\omega_n s+\omega_n^2}$$

其最大超越量M_p為10％，尖峰時間t_p為1秒，

試求(1)阻尼比ζ與自然無阻尼頻率ω_n。

(2)共振頻率ω_r、尖峰共振值M_r與頻寬BW。

解：(1)由$M_p = 10\% = 0.1$，即

$$e^{\frac{-\pi\zeta}{\sqrt{1-\zeta^2}}} = 0.1$$

解得$\zeta = 0.59$，又由尖峰時間$t_p = 1$，即

$$\frac{\pi}{\omega_n\sqrt{1-\zeta^2}} = 1$$

將$\zeta = 0.59$代入上式可得$\omega_n = 3.89(\text{rad/s})$

(2)由式(9-18)、式(9-19)與式(9-23)可求得

共振頻率

$$\omega_r = \omega_n\sqrt{1-2\zeta^2} = 3.89\sqrt{1-2\times 0.59^2} = 2.14(rad/s)$$

尖峰共振值

$$M_r = \frac{1}{2\zeta\sqrt{1-\zeta^2}} = \frac{1}{2\times 0.59\sqrt{1-0.59^2}} = 1.05$$

頻寬

$$BW = \omega_n\sqrt{(1-2\zeta^2)+\sqrt{4\zeta^4-4\zeta^2+2}} = 4.51(\text{rad/s})$$

練習題

1. 一二階系統之轉移函數爲$\frac{C(s)}{R(s)} = \frac{2500}{s^2+20s+2500}$，試求$\omega_r$，$M_r$及$B.W.$。

2. 一二階系統之輸入爲單位步階函數，若其最大超越量爲10%，時間常數爲0.5秒，則M_r及ω_r=？

答案：

1. $\omega_r = 47.96$，$M_r = 2.55$，$B.W. = 75.5$

2. $M_r = 1.05$，$\omega_r = 1.86$

9-2　波德圖

波德圖是用系統開迴路轉移函數探討系統之穩定度。若系統開迴路轉移函數以大小及相位表示為

$$G(j\omega)H(j\omega)=|G(j\omega)H(j\omega)|\angle G(j\omega)H(j\omega) \tag{9-24}$$

波德圖分為兩部分：

1. 大小對頻率波德圖：以$20\log|G(j\omega)H(j\omega)|$對$\omega$或$\log\omega$作圖。
2. 相位對頻率波德圖：以$\angle G(j\omega)H(j\omega)$對$\omega$或$\log\omega$作圖。

9-2.1 基本函數之波德圖

1. 常數K：

$$|K|_{\text{dB}}=20\log|K| \tag{9-25}$$

$$\angle K=\begin{cases}0^\circ & ,\ K>0\\ -180^\circ & ,\ K<0\end{cases} \tag{9-26}$$

其波德圖如圖 9-4 所示。

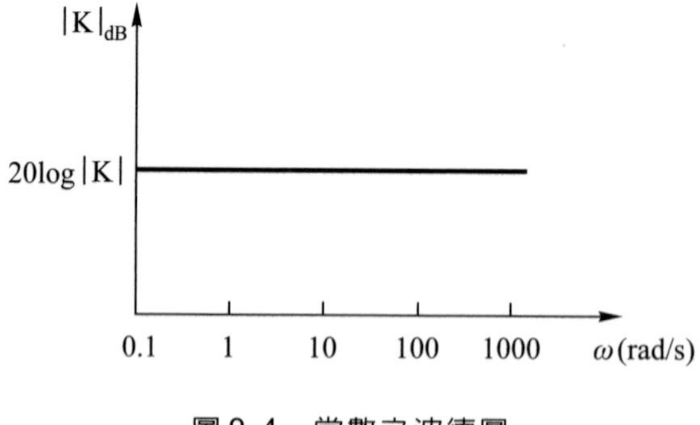

圖 9-4　常數之波德圖

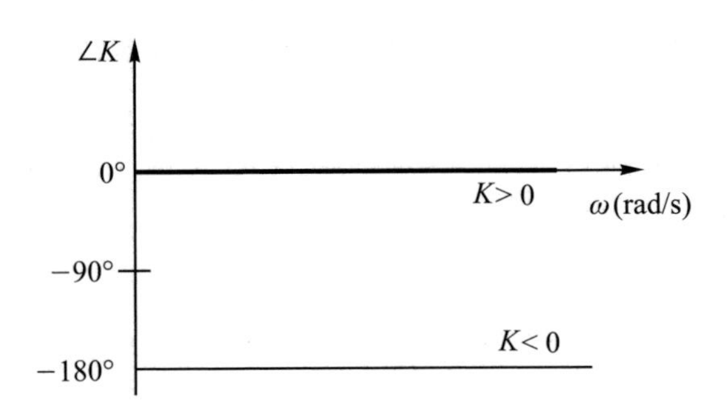

圖 9-4　常數之波德圖(續)

2.　在原點處之極點或零點：$(j\omega)^{\pm r}$

$$|(j\omega)^{\pm r}|_{\text{dB}} = 20\log|(j\omega)^{\pm r}| = \pm 20r\log\omega \tag{9-27}$$

$$\angle(j\omega)^{\pm r} = \pm r \times 90° \tag{9-28}$$

其波德圖如圖 9-5 所示。

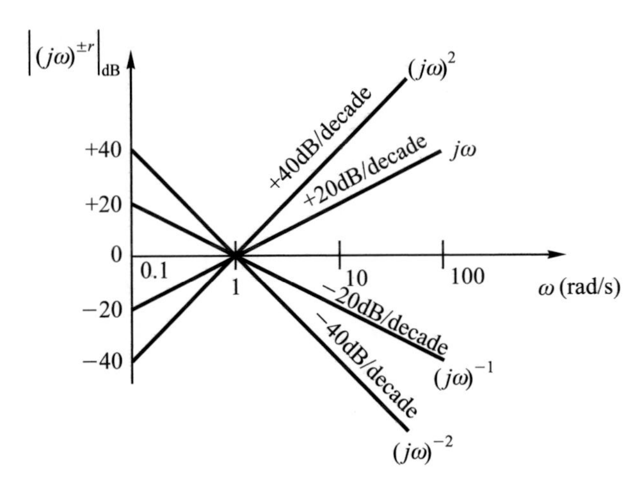

圖 9-5　$(j\omega)^{\pm r}$之波德圖

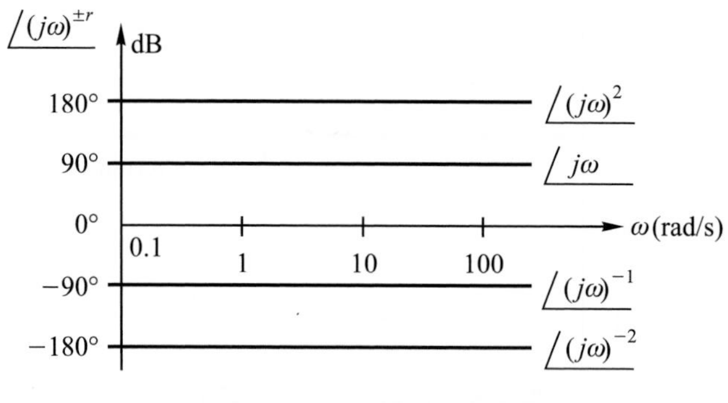

圖 9-5 $(j\omega)^{\pm r}$之波德圖(續)

3. 不在原點處之極點或零點：$(1+j\omega T)^{\pm 1}$

$$
\begin{aligned}
|(1+j\omega T)^{\pm 1}|_{\text{dB}} &= 20\log|(1+j\omega T)^{\pm 1}| \\
&= \pm 20\log\sqrt{1+\omega^2 T^2} \\
&= \begin{cases} 0\text{，}\omega T \ll 1 \text{ (低頻)} \\ \pm 3\text{，}\omega T = 1 \text{ (轉角頻率)} \\ \pm 20\log\omega T\text{，}\omega T \gg 1 \text{(高頻)} \end{cases}
\end{aligned} \tag{9-29}
$$

$$
\begin{aligned}
\angle(1+j\omega T)^{\pm 1} &= \pm\tan^{-1}\omega T \\
&= \begin{cases} 0\text{，}\omega T \ll 1 \text{ (低頻)} \\ \pm 45^\circ\text{，}\omega T = 1 \text{ (轉角頻率)} \\ \pm 90^\circ\text{，}\omega T \gg 1 \text{(高頻)} \end{cases}
\end{aligned} \tag{9-30}
$$

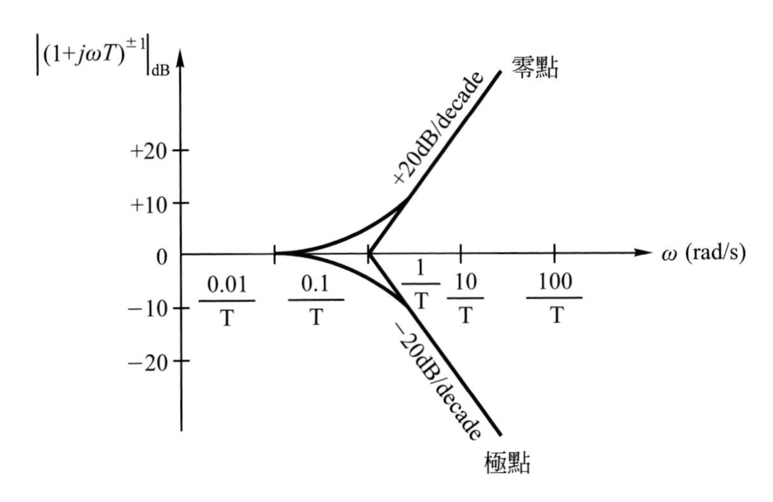

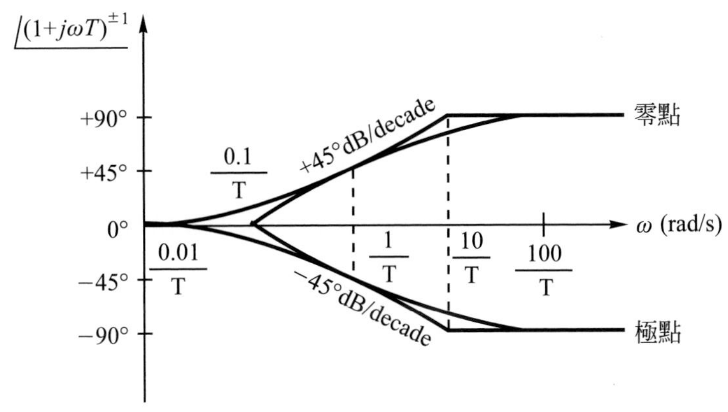

圖 9-6　$(1+j\omega T)^{\pm 1}$之波德圖

其波德圖如圖 9-6 所示，圖中高頻漸近線與低頻漸近線(0dB)之交點

$$\omega = \frac{1}{T} \tag{9-31}$$

稱為轉角頻率(Corner frequency)。

4. 共軛複數之極點或零點：$G(j\omega)H(j\omega)=\left[1+j2\zeta\frac{\omega}{\omega_n}+\left(j\frac{\omega}{\omega_n}\right)^2\right]^{\pm 1}$

$$|G(j\omega)H(j\omega)|_{dB}=20\log\left|\left[1+j2\zeta\frac{\omega}{\omega_n}+\left(j\frac{\omega}{\omega_n}\right)^2\right]^{\pm 1}\right| \tag{9-32}$$

$$=\pm 20\log\sqrt{\left(1-\frac{\omega^2}{\omega_n^2}\right)^2+\left(2\zeta\frac{\omega}{\omega_n}\right)^2}$$

$$=\begin{cases} 0\text{，}\frac{\omega}{\omega_n}\ll 1\ (\text{低頻}) \\ \pm 20\log 2\zeta\text{，}\omega=\omega_n\ (\text{轉角頻率}) \\ \pm 40\log\frac{\omega}{\omega_n}\text{，}\frac{\omega}{\omega_n}\gg 1\ (\text{高頻}) \end{cases}$$

$$\angle G(j\omega)H(j\omega)=\pm\tan^{-1}\frac{2\zeta\frac{\omega}{\omega_n}}{1-\left(\frac{\omega}{\omega_n}\right)^2} \tag{9-33}$$

$$=\begin{cases} 0^\circ\text{，}\frac{\omega}{\omega_n}\ll 1\ (\text{低頻}) \\ \pm 90^\circ\text{，}\omega=\omega_n\ (\text{轉角頻率}) \\ \pm 180^\circ\text{，}\frac{\omega}{\omega_n}\gg 1\ (\text{高頻}) \end{cases}$$

$\left[1+j2\zeta\frac{\omega}{\omega_n}+\left(j\frac{\omega}{\omega_n}\right)^2\right]^{-1}$之波德圖如圖 9-7 所示，至於$1+j2\zeta\frac{\omega}{\omega_n}+\left(j\frac{\omega}{\omega_n}\right)^2$之波德圖與圖 9-7 相同，惟表示大小及相位之線性刻度值符號相反。

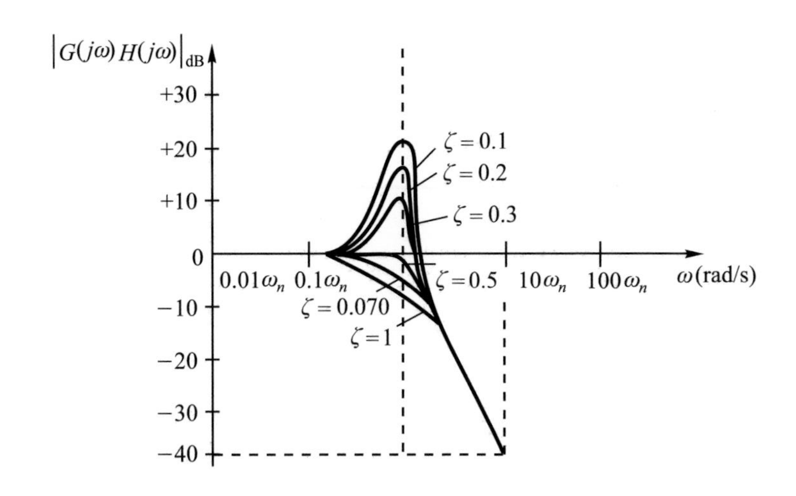

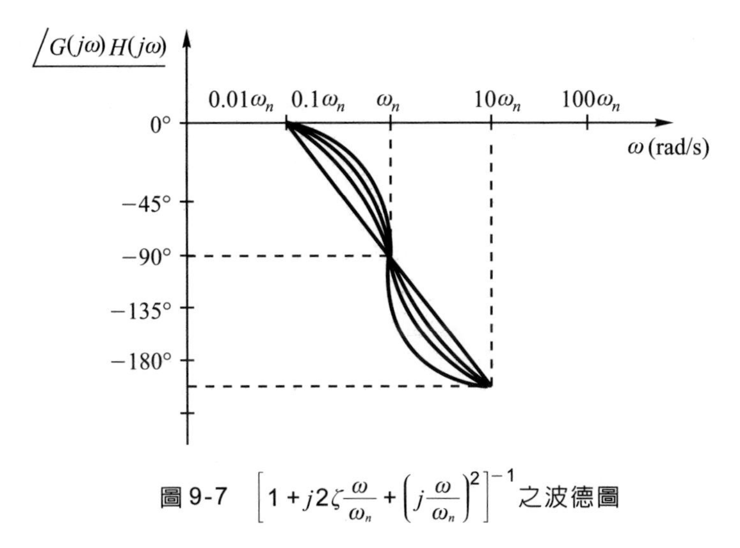

圖 9-7 $\left[1+j2\zeta\frac{\omega}{\omega_n}+\left(j\frac{\omega}{\omega_n}\right)^2\right]^{-1}$之波德圖

5. 時間延遲：$e^{-j\omega T}$

$$\left|e^{-j\omega T}\right|_{\mathrm{dB}}=20\log\left|e^{-j\omega T}\right|=20\log 1=0\ \mathrm{dB} \tag{9-34}$$

$$\angle e^{-j\omega T}=-\omega T\text{或}(57.3^\circ)\times\omega T \tag{9-35}$$

其波德圖如圖 9-8 所示。

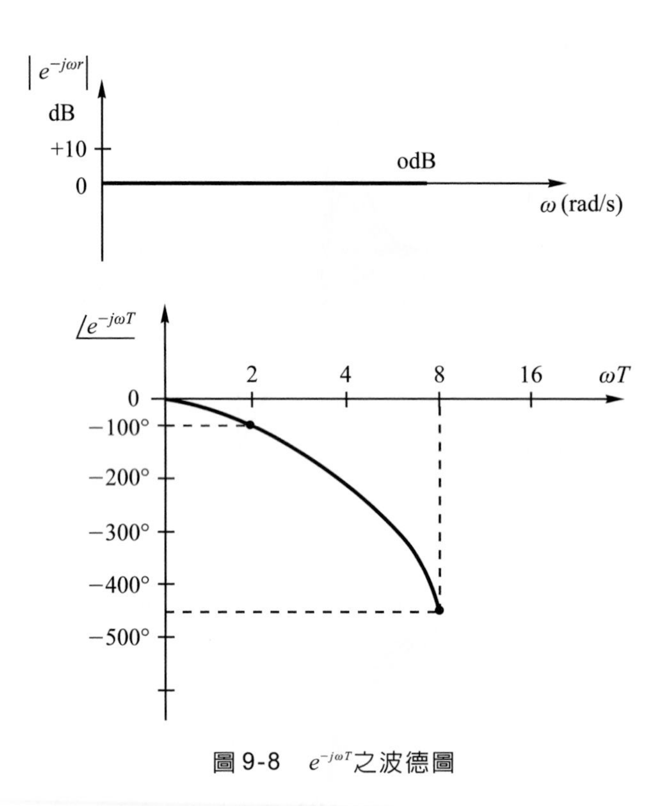

圖 9-8　$e^{-j\omega T}$之波德圖

9-2.2　波德圖之作圖步驟

繪轉移函數$G(j\omega)H(j\omega)$之波德圖步驟如下：

1. 將$G(j\omega)H(j\omega)$分解成前面所討論的基本因式之積。
2. 求出每一基本因式之轉角頻率。
3. 根據轉角頻率繪出每一基本因式之漸近線(包括大小及相位)。
4. 將各個漸近線相加，並作適當修正，即得波德圖。

例 9-2　對下列控制系統畫波德圖

$$G(s)H(s)=\frac{s}{(s+1)(5s+1)}$$

解：(1) $G(j\omega)H(j\omega)$ 可寫成

$$G(j\omega)H(j\omega)=\frac{j\omega}{(1+j\omega)(1+j5\omega)}$$

(2) $(1+j\omega)^{-1}$ 轉角頻率為 1rad/s

$(1+j5\omega)^{-1}$ 轉角頻率為 0.2rad/s

(3)分別繪 $j\omega$、$(1+j\omega)^{-1}$ 及 $(1+j5\omega)^{-1}$ 之大小及相位漸近線，如圖 9-9 所示。

(4)將各個漸近線相加，即得近似波德圖。

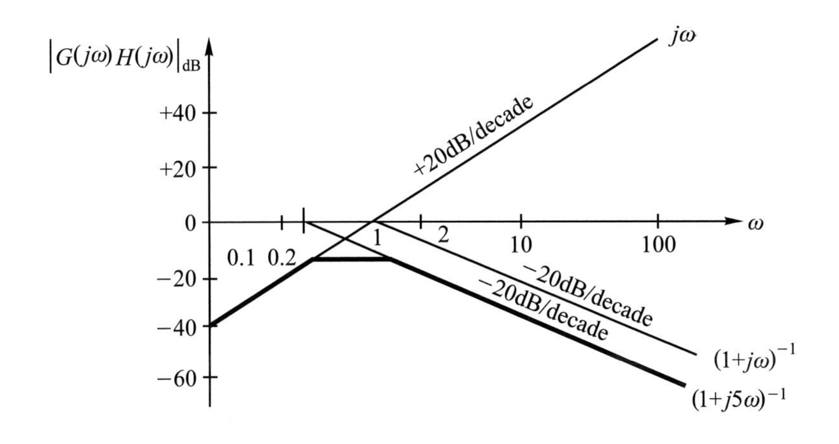

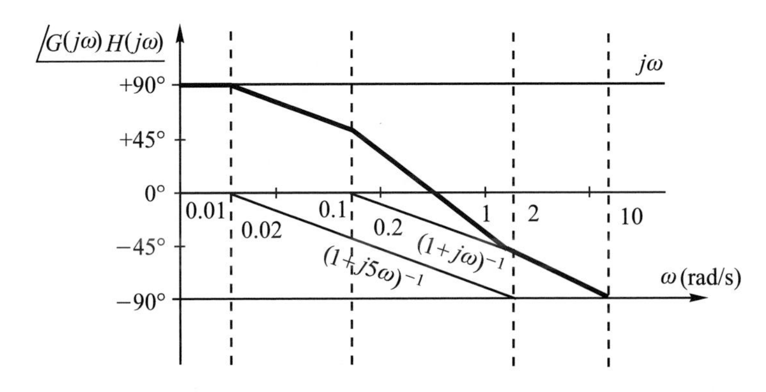

圖 9-9　例 9-2 之波德圖

9-2.3　系統型態與大小對數圖之關係

1. 型態0系統：

$$G(j\omega)=\frac{K_p}{1+j\omega T} \tag{9-36}$$

$$|G(j\omega)|_{\text{dB}}=\begin{cases}20\log K_p\text{，} & \omega\ll\dfrac{1}{T}\ (\text{低頻})\\ 20\log K_p-20\log\omega T\text{，} & \omega\gg\dfrac{1}{T}\ (\text{高頻})\end{cases} \tag{9-37}$$

如圖9-10所示。

(1) 低頻時斜率為0。

(2) 低頻時大小為 $20\log K_p$。

(3) 增益 $K_p=\lim\limits_{s\to 0}G(s)=\lim\limits_{\omega\to 0}G(j\omega)$　(9-38)

為系統穩態步階位置誤差常數。

(4) 相位在0°至−90°之間分佈。

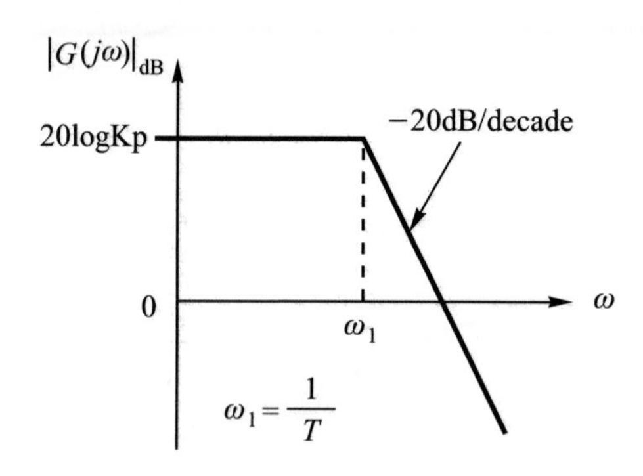

圖9-10　型態0系統之大小對數圖

2. 型態1系統：

$$G(j\omega)=\frac{K_v}{j\omega(1+j\omega T)} \tag{9-39}$$

$$|G(j\omega)|_{\text{dB}} = \begin{cases} 20\log K_v - 20\log\omega, & \omega T \ll 1\ (\text{低頻}) \\ 20\log K_v T - 40\log\omega T, & \omega T \gg 1\ (\text{高頻}) \end{cases} \tag{9-40}$$

如圖 9-11 所示

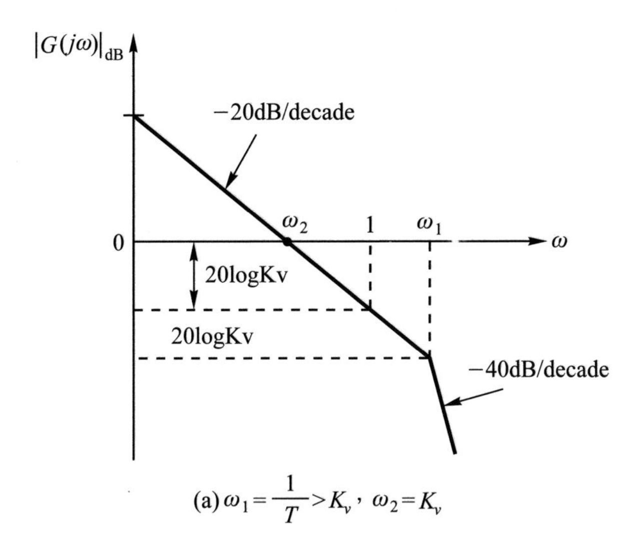

(a) $\omega_1 = \dfrac{1}{T} > K_v$，$\omega_2 = K_v$

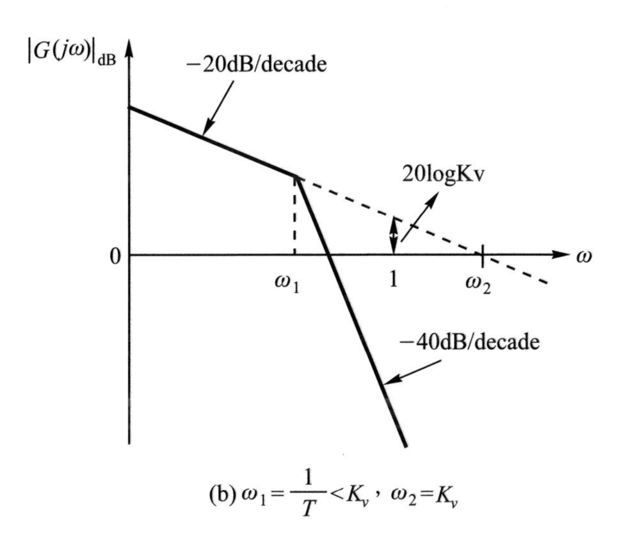

(b) $\omega_1 = \dfrac{1}{T} < K_v$，$\omega_2 = K_v$

圖 9-11　型態 1 系統之大小對數圖

⑴　在低頻時斜率為−20dB/decade。

⑵　低頻漸近線(或其延長線)與0dB軸交於$\omega = K_v$。

⑶　在$\omega = 1$時，低頻漸近線(或其延長線)之大小為$20\log K_v$。

⑷　增益$K_v = \lim_{s \to 0} sG(s)$　(9-41)

為系統單位斜坡響應穩態誤差常數。

⑸　在高頻時斜率為−40dB/decade。

3.　型態2系統：

$$G(j\omega) = \frac{K_a}{(j\omega)^2(1+j\omega T)} \tag{9-42}$$

$$|G(j\omega)|_{\text{dB}} = \begin{cases} 20\log K_a - 40\log\omega, & \omega T \ll 1\ (\text{低頻}) \\ 20\log K_a T^2 - 60\log\omega T, & \omega T \gg 1\ (\text{高頻}) \end{cases} \tag{9-43}$$

低頻時，與0 dB軸之交點：可令

$$20\log K_a - 40\log\omega = 0$$

或

$$20\log\frac{K_a}{\omega^2} = 0$$

即

$$\frac{K_a}{\omega^2} = 1$$

所以

$$\omega = \sqrt{K_a} \tag{9-44}$$

如圖9-12所示。

⑴　在低頻時，斜率為−40dB／decade。

⑵　低頻漸近線(或其延長線)與0 dB軸交於$\omega = \sqrt{K_a}$處。

(3)　在$\omega=1$時，低頻漸近線(或其延長線)之大小爲$20\log K_a$。

(4)　增益$K_a=\lim\limits_{s\to 0} s^2G(s)$　　(9-45)

爲系統常態拋物線響應之穩態加速度誤差常數。

(5)　在高頻時，斜率爲－60dB／decade。

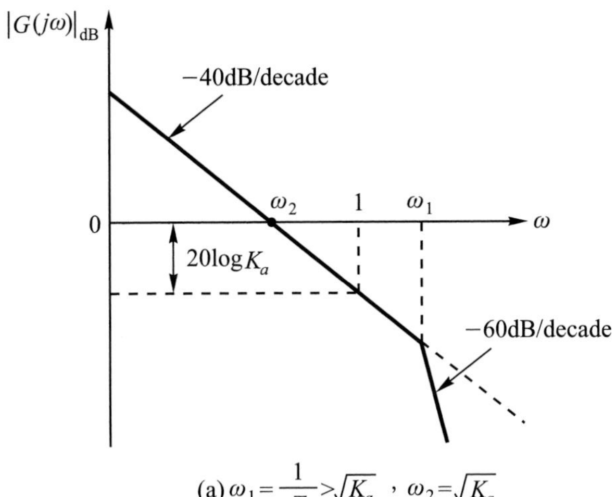

(a) $\omega_1=\dfrac{1}{T}>\sqrt{K_a}$，$\omega_2=\sqrt{K_a}$

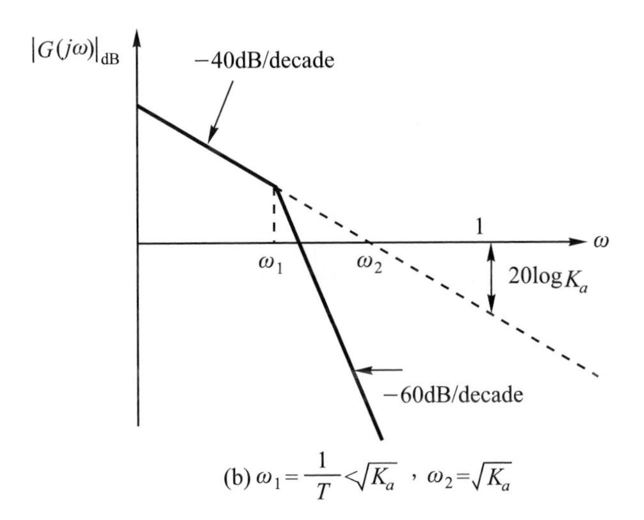

(b) $\omega_1=\dfrac{1}{T}<\sqrt{K_a}$，$\omega_2=\sqrt{K_a}$

圖 9-12　型態 2 系統之大小對數圖

練習題

1. 若系統爲極小相位系統，試求圖 9-13 之轉移函數。

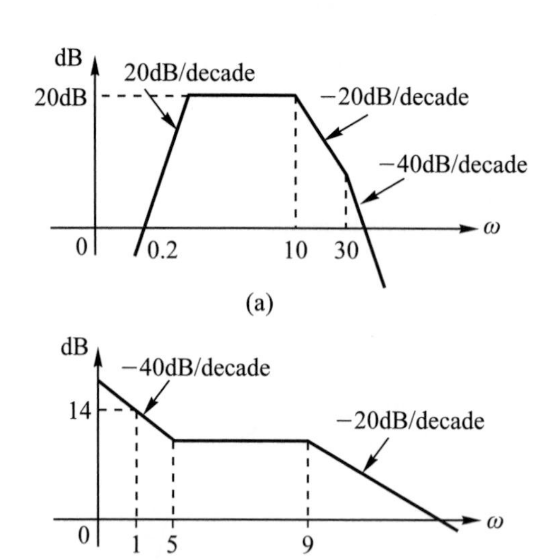

圖 9-13

答案：

1. $\dfrac{(1+\frac{s}{0.2})}{\left(1+\frac{s}{2}\right)\left(1+\frac{s}{10}\right)\left(1+\frac{s}{30}\right)}$，$\dfrac{5(1+\frac{s}{5})^2}{s^2(1+\frac{s}{9})}$

9-3　奈氏穩定度準則(Nyquist Stability Criterion)

閉迴路系統的特性方程式：

$$\Delta(s) = 1 + F(s) = 1 + G(s)H(s) = 0$$

1. 極點與零點的識別：
   迴路轉移函數零點 = $F(s)$的零點。
   迴路轉移函數極點 = $F(s)$的極點。
   閉迴路轉移函數極點 = $1+F(s)$的零點
   = 特性方程式的根。
2. $1+F(s)$的極點與$F(s)$的極點相同。
3. 對閉迴路系統為漸近穩定，迴路轉移函數$F(s)$的極點與零點的位置並沒有任何限制，但是閉迴路轉移函數的極點或特性方程式的根，則必須全部位於s-平面的左半面。

9-3.1 幅角原理(Principle of the Argument)

設$\Delta(s)$為一單值有理函數，且其在s-平面上某個特定區域內，除少數點外均為可解析的。在s-平面上任選一封閉路徑Γ_s，以使$\Delta(s)$在Γ_s上的每一點是可解析的；則在$\Delta(s)$-平面上所對應的$\Delta(s)$軌跡Γ，其包圍原點的次數，就等於在s-平面上軌跡Γ_s所包圍的$\Delta(s)$之零點與極點數目的差。即

$$N = Z - P \tag{9-46}$$

其中：

$N = \Delta(s)$-平面上，軌跡Γ包圍原點的次數。

$Z = s$-平面上，軌跡Γ_s所包圍$\Delta(s)$零點之數目。

$P = s$-平面上，軌跡Γ_s所包圍$\Delta(s)$極點之數目。

上式有三種情況：

1. $N>0(Z>P)$：Γ和Γ_s方向相同。
2. $N=0(Z=P)$：Γ不包圍$\Delta(s)$平面原點。

3. $N<0(Z<P)$：Γ和Γ_s方向相反。

求N的方法：從$\Delta(s)$-平面的原點畫一直線至無窮遠處，這條線和$\Delta(s)$軌跡Γ的淨相交數就是N的大小。

例 9-3 (假設Γ_s是反時針方向)

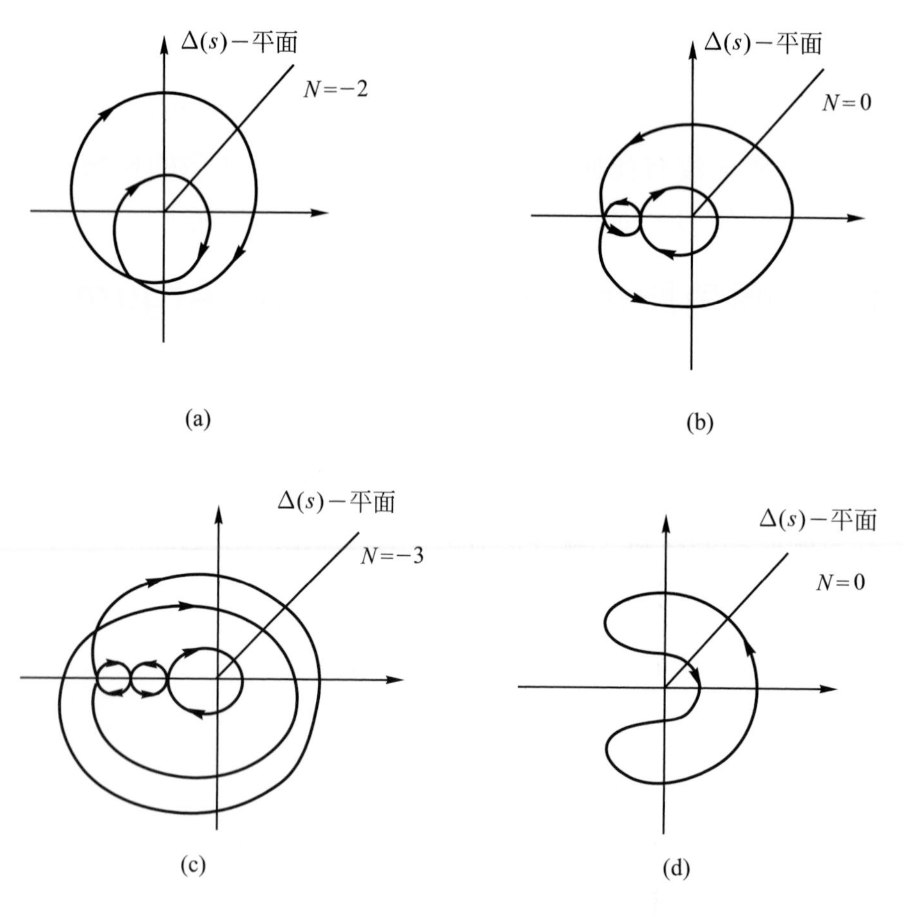

圖 9-14

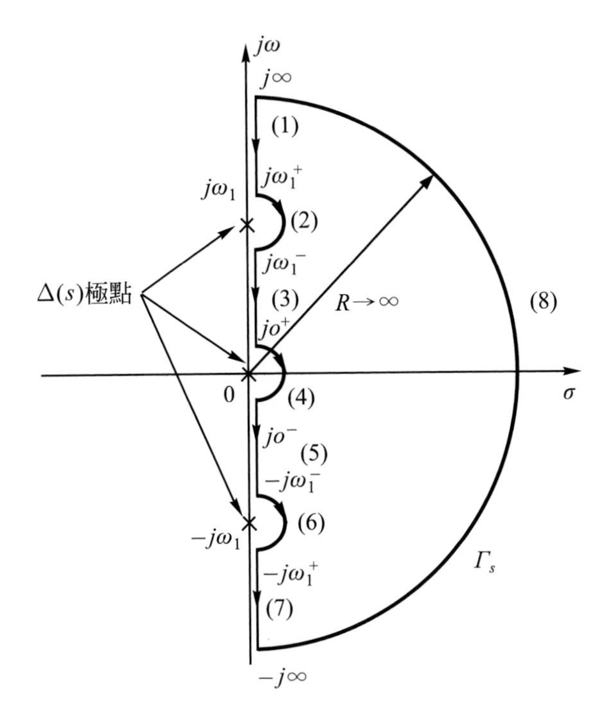

圖 9-15　奈氏路徑

9-3.2　奈氏路徑(Nyquist Path)

在s-平面上，選擇一反時針方向包圍整個s-平面右半面的軌跡Γ_s，稱爲奈氏路徑，如圖 9-15 所示。

奈氏路徑不能經過$\Delta(s)$的任何奇異點，所以在$j\omega$軸上遇有奇異點，則以小半圓繞過。

9-3.3　奈氏準則和$F(s)=G(s)H(s)$之奈氏圖

閉迴路系統的穩定度可由$\Delta(s)=1+F(s)$軌跡對原點的關係來決定。在s-平面上取奈氏路徑Γ_s，可對應到$\Delta(s)$-平面上的軌跡Γ_Δ，此稱爲$\Delta(s)$的奈氏圖。

閉迴路系統穩定度的決定，可由$F(s)$圖與$F(s)$-平面上$(-1，j0)$點的關係得到相同結果。因爲$\Delta(s)$-平面上的原點，相當於$F(s)$-平面上的$(-1，j0)$點。

閉迴路穩定度隱含著$\Delta(s)=1+F(s)$的零點只位於s-平面的左半面。開迴路穩定度隱含著$F(s)$的極點只位於s-平面的左半面。

符號定義：

$N_0=F(s)$包圍原點的次數。

$Z_0=$奈氏路徑所包圍$F(s)$的零點數目，或是在s-平面右半面$F(s)$的零點數目。

$P_0=$奈氏路徑所包圍$F(s)$的極點數目，或是在s-平面右半面$F(s)$的極點數目。

$N_{-1}=F(s)$包圍$(-1，j0)$點的次數。

$Z_{-1}=$奈氏路徑所包圍$\Delta(s)=1+F(s)$的零點數目，或是在s-平面右半面$\Delta(s)=1+F(s)$的零點數目。

$P_{-1}=$奈氏路徑所包圍$\Delta(s)=1+F(s)$的極點數目，或是在s-平面右半面$\Delta(s)=1+F(s)$的極點數目。

上面定義的符號有如下特性：

1. $P_0=P_{-1}$(因爲$F(s)$和$1+F(s)$極點相同)。
2. 閉迴路穩定度要求$Z_{-1}=0$。
3. 開迴路穩定度要求$P_0=0$。

以開迴路轉移函數$F(s)$的奈氏圖來決定閉迴路系統的穩定度，其步驟如下：

(1) 由$F(s)$的極點，零點特性，定出奈氏路徑。

(2) 畫出$F(s)$的奈氏圖。

(3) 觀察$F(s)=G(s)H(s)$分別對原點和$(-1, j0)$點的情況，以決定N_0及N_{-1}。

(4) 如Z_0爲已知(由觀察$F(s)$得知)，則P_0可由下式求得

$$N_0 = Z_0 - P_0 \tag{9-47}$$

因爲

$$P_{-1} = P_0 \tag{9-48}$$

所以Z_{-1}可由下式求得

$$N_{-1} = Z_{-1} - P_{-1} \tag{9-49}$$

例 9-4 $G(s)H(s)=\dfrac{K(s-1)}{s(s+1)}$

(1)奈氏路徑如圖 9-16 所示。

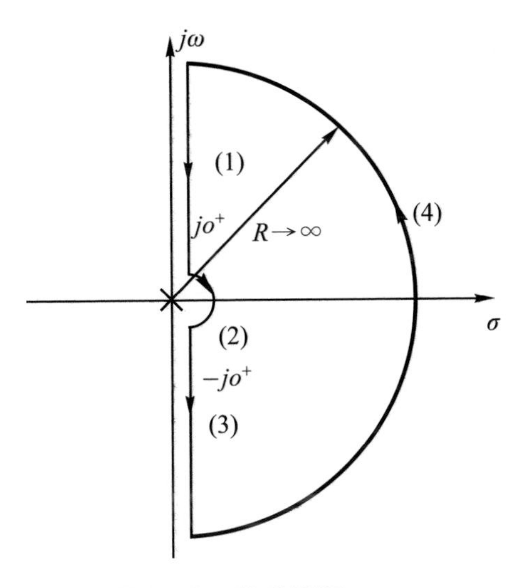

圖 9-16　奈氏路徑

(2)$G(s)H(s)$的奈氏圖畫法如下：先決定每一段落的變化

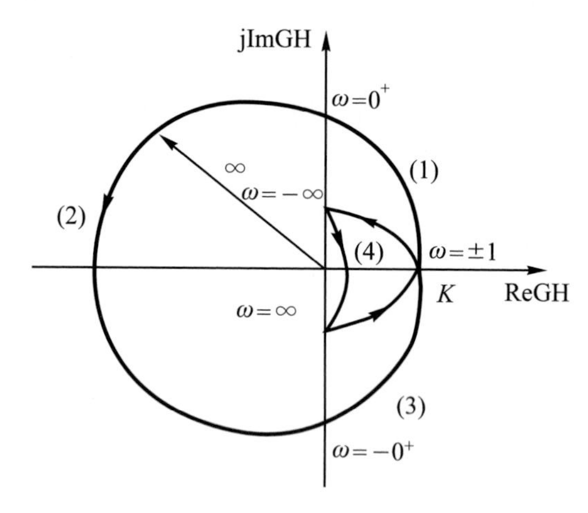

圖 9-17　奈氏圖

段落(2)：$s=\varepsilon e^{j\theta}$，$\varepsilon\to 0$，$\theta$：$90°\to 0°\to -90°$(順時針)

$$G(s)H(s)|_{s=\varepsilon e^{j\theta}}\cong \left.\frac{-K}{s}\right|_{s=\varepsilon e^{j\theta}}=\frac{-K}{\varepsilon e^{j\theta}}=\infty e^{-j(\theta+\pi)}$$

其中$-(\theta+\pi)$：$-270°\to -180°\to -90°$或

$90°\to 180°\to -90°$(逆時針)

段落(4)：$s=Re^{j\phi}$，$R\to\infty$，ϕ：$-90°\to 0°\to 90°$(逆時針)

$$G(s)H(s)|_{s=Re^{j\phi}}\cong \left.\frac{K}{s}\right|_{s=Re^{j\phi}}=\frac{K}{Re^{j\phi}}=0e^{-j\phi}$$

其中$-\phi$：$90°\to 0°\to -90°$(順時針)

段落(1)**或**(3)：$s=j\omega$，$\omega=\infty\to 0^{+}$或$\omega=-0^{+}\to -\infty$

$$G(j\omega)H(j\omega)=\frac{K(j\omega-1)}{j\omega(j\omega+1)}=\frac{K[2\omega+j(1-\omega^2)]}{\omega(\omega^2+1)}$$

與實軸交點，可令虛部爲 0，即

$$\frac{K(1-\omega^2)}{\omega(\omega^2+1)}=0$$，解得$\omega=\pm 1$，$\pm\infty$

當$\omega=1$時，$G(j1)H(j1)=K$

與虛軸交點，可令實部爲0，即

$$\frac{2K\omega}{\omega(\omega^2+1)}=0，解得\omega=\pm\infty$$

由以上的段落分析，即可完成圖 9-17 示的奈氏圖。因爲$Z_o=1$(已知)，由奈氏圖知：$N_0=N_{-1}=1$，代入式(9-47)可得

$$1=1-P_0$$

即$P_0=0$，又由$P_{-1}=P_0=0$，代入式(9-49)可得

$$1=Z_{-1}-0$$

即$Z_{-1}=1\neq 0$，故閉迴路系統不穩定。

9-3.4　相對穩定度分析

判定閉迴路系統之相對穩定性是用增益邊際(Gain margin)及相位邊際(Phase margin)來量測，定義如下：

1. 增益邊際(G.M.)：在$G(s)H(s)$平面上相位交越點對$(-1，j0)$點接近程度的一種度量，或在閉迴路系統維持穩定的條件下，其所能容許增加的增益量，以dB表示。參考圖 9-18(a)

$$\text{G.M.}=20\log\frac{1}{|G(j\omega_c)H(j\omega_c)|} \tag{9-50}$$

其中ω_c：相位交越頻率(Phase crossover freguency)。

2. 相位邊際(P.M.)：爲了使軌跡上的增益交越點通過$(-1，j0)$點，則$G(j\omega)H(j\omega)$圖必須對原點旋轉，此旋轉的角度稱爲相位邊際。參考圖 9-18(b)

$$P.M. = \angle G(j\omega_g)H(j\omega_g) - (-180°) \tag{9-51}$$

其中ω_g：增益交越點(Gain crossover freguency)。

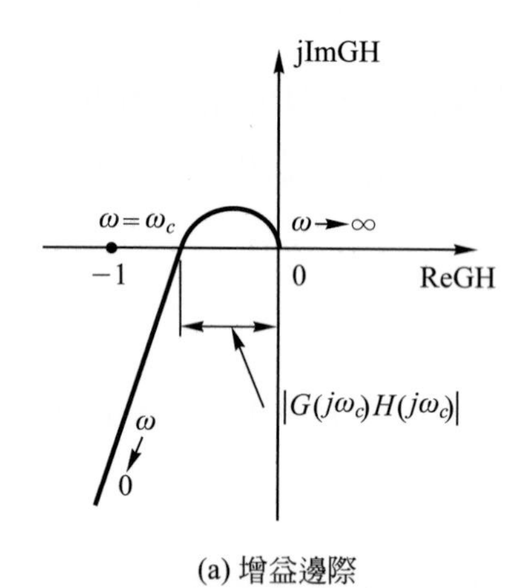

(a) 增益邊際

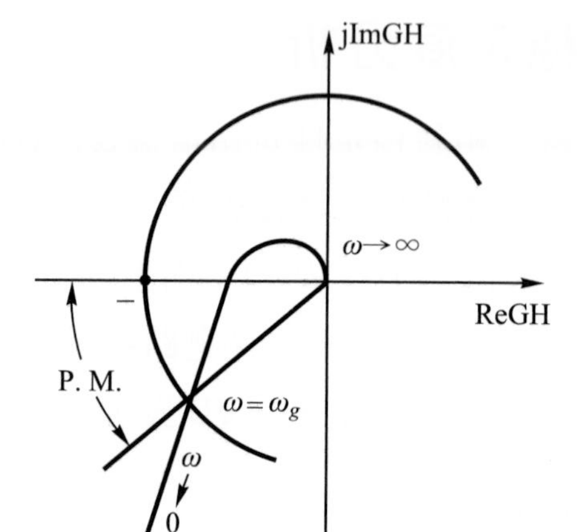

(b) 相位邊際

圖 9-18　增益邊際與相位邊際參考圖

例 9-5 一單位回授控制系統的開迴路轉移函數爲

$$G(s)=\frac{K}{s(1+0.1s)(1+s)}$$

試求(1)使系統增益邊際爲 20 dB 的K值。

(2)使系統相位邊際爲60°的K值。

解：(1) $G(j\omega)=\dfrac{K}{j\omega(1+j0.1\omega)(1+j\omega)}$

$$|G(j\omega)|=\frac{K}{\omega\sqrt{(1+0.01\omega^2)(1+\omega^2)}}$$

$$\angle G(j\omega)=-90^\circ-\tan^{-1}(0.1\omega)-\tan^{-1}\omega$$

當$\angle G(j\omega)=-180^\circ$時，則

$$\tan^{-1}(0.1\omega_c)+\tan^{-1}\omega_c=90^\circ$$

即

$$\frac{0.1\omega_c+\omega_c}{1-0.1\omega_c^2}=\tan 90^\circ=\infty$$

或

$$1-0.1\omega_c^2=0\Rightarrow\omega_c=\sqrt{10}(\text{rad/s})$$

代入式(9-50)得

$$20\log\frac{11}{K}=20$$

解得$K=1.1$

(2)當 P.M. = 60°時，$\angle G(j\omega_g)=-180^\circ+60^\circ=-120^\circ$，

即$-90^\circ-\tan^{-1}(0.1\omega_g)-\tan^{-1}\omega_g=-120^\circ$

整理得$\tan^{-1}(0.1\omega_g)+\tan^{-1}\omega_g=30^\circ$

即$\dfrac{0.1\omega_g+\omega_g}{1-0.1\omega_g^2}=\tan 30^\circ=\dfrac{1}{\sqrt{3}}$

解得$\omega_g=1.0223$

又由$|G(j\omega_g)|=1$，即

$$\frac{K}{\omega_g\sqrt{(1+0.01\omega_g^2)(1+\omega_g^2)}}=1$$

可求得$K=1.4696$

練習題

在如圖 9-19 所示系統中，其增益邊際與相位邊際爲何？

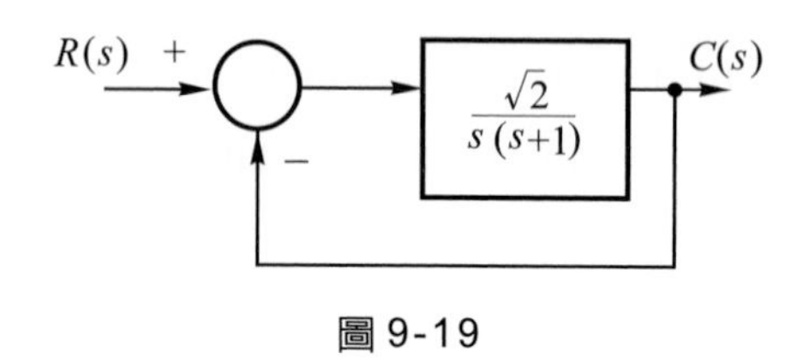

圖 9-19

答案：∞，45°

習題九

選擇題

(　)9-1 某系統之轉移函數$T(s)=\frac{1}{s+3}$，求系統之頻寬(bandwidth) $\omega_{BW}(rad/\text{sec})$ 爲何？ (A)$\frac{1}{3}$ (B)$\sqrt{3}$ (C) 3 (D) 6。

(　)9-2 某系統之轉移函數$G(s)=\frac{100}{1+\frac{s}{10^4}}$，則系統之增益頻寬(gain-bandwidth)乘積爲何？ (A)10^4Hz (B)10^6Hz (C)1.592 kHz (D)159.2 kHz。

(　)9-3 某系統之轉移函數$T(s)=\frac{10}{10+s}$，試問下列敘述何者正確？ (A)高頻時相角接近$-90°$ (B) 直流增益爲 10 (C)此唯一高通電路 (D)3 分貝頻率爲 1 rad/s。

(　　) 9-4　一 RC 低通濾波電路之$R = 2\text{k}\Omega$，$C = 1\mu f$，則此濾波電路之截止頻率(cut-off frequency) 為何？　(A) 250Hz　(B) 25Hz　(C)79.58Hz　(D)7.958Hz。

(　　) 9-5　函數$\frac{1}{s^2}$，其波德圖大小之斜率為多少？　(A) 20 dB/decade　(B) 40 dB/decade　(C)－20 dB/decade　(D)－40 dB/decade。

(　　) 9-6　一個 RLC 串聯電路系統圖 4 中，如果希望電路之轉移函數具有高通濾波器，則輸出電壓應測量(跨接)何者之兩端？　(A)電阻　(B)電感　(C)電容　(D)電源。

(　　) 9-7　一個 RLC 串聯電路系統圖 4 中，如果希望電路之轉移函數具有帶通濾波器，則輸出電壓應測量(跨接)何者之兩端？　(A)電阻　(B)電感　(C)電容　(D)電源。

(　　) 9-8　一個 RLC 串聯電路系統圖 4 中，如果希望電路之轉移函數具有低通濾波器，則輸出電壓應測量(跨接)何者之兩端？　(A)電阻　(B)電感　(C)電容　(D)電源。

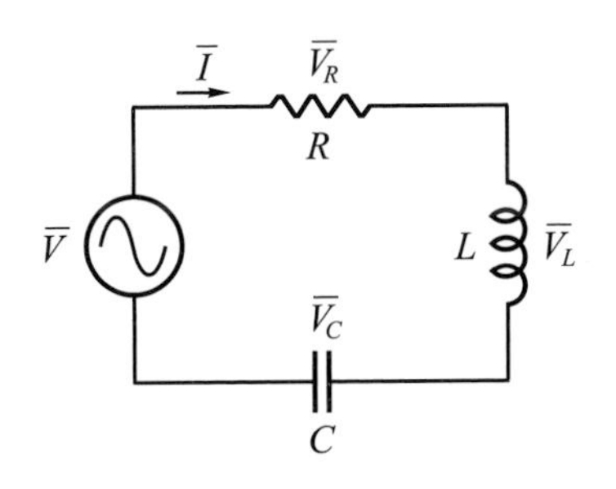

圖 4

( )9-9 一個 RLC 並聯電路系統圖5中，如果希望電路之轉移函數具有低通濾波器，則輸出電流應該取哪一元件的電流？
(A)電阻 (B)電感 (C)電容 (D)電源。

( )9-10 一個 RLC 並聯電路系統圖5中，如果希望電路之轉移函數具有帶通濾波器，則輸出電流應該取哪一元件的電流？
(A)電阻 (B)電感 (C)電容 (D)電源。

( )9-11 一個 RLC 並聯電路系統圖5中，如果希望電路之轉移函數具有高通濾波器，則輸出電流應該取哪一元件的電流？
(A)電阻 (B)電感 (C)電容 (D)電源。

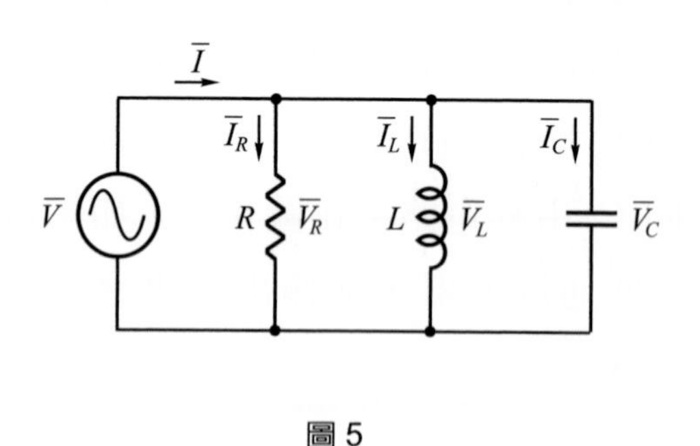

圖5

問答題

9-1 求下列系統的尖峰共振值M_r，共振頻率ω_r及頻寬BW。

$$\frac{C(s)}{R(s)}=\frac{5}{s^2+2s+5}$$

9-2 試繪下列開迴路轉移函數的波德圖。

(a) $G(s)=s(s+1)$

(b) $G(s)=\dfrac{10}{s(2s+1)}$

(c) $G(s)=\dfrac{(s+1)(s+6)}{(s+2)(s+3)}$

(d) $G(s)=\dfrac{s^2+2s+4}{2s(s+0.5)(s+4)}$

9-3　如圖 P9-3 所示之控制系統，利用奈氏準則求使閉迴路系統穩定之K值，並用路斯－哈維次準則印證此結果。

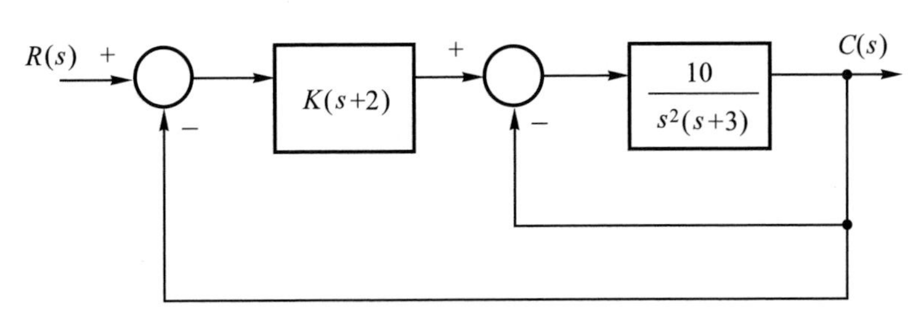

圖 P9-3

9-4　畫出下列迴路轉移函數的奈氏圖，並由奈氏圖判斷此閉迴路系統的穩定度。

$$G(s)H(s)=\frac{100}{s(s+2)(s+1)}$$

9-5　回授控制系統的特性方程式為

$$s^3+4Ks^2+(K+3)s+10=0$$

利用奈氏準則求使閉迴路系統穩定之K值範圍，並用路斯－哈維次準則驗算此答案。

9-6　單位回授控制系統的開迴路轉移函數為

$$G(s)=\frac{10}{s(1+0.05s)}$$

(a)求阻尼比ζ及無阻尼自然頻率ω_n。(b)求M_r，G.M.及P.M.。

參考資料

1. 陸仁傑編譯，自動控制系統，全華，84年1月。
2. 張振添等編著，自動控制，文京，83年1月。
3. 楊受陞，江東昇編著，自動控制，儒林，1994，8月。
4. 楊維楨著，自動控制，三民，76年2月。
5. 童景賢，童景垣主編，自動控制，高立，82年5月。
6. 丘世衡等編著，自動控制，高立，81年2月。
7. 王偉彥，陳新得編著，自動控制考題分析整理，全華，81年9月。
8. 曾強編著，自動控制，全華，86年1月。

國家圖書館出版品預行編目資料

自動控制 / 劉柄麟, 蔡春益編著. – 四版. -- 新北市：全華圖書, 2019.02
面； 公分
ISBN 978-986-503-037-7(平裝)

1.CST: 自動控制

448.9 108001063

自動控制

作者 / 劉柄麟、蔡春益
發行人 / 陳本源
執行編輯 / 張峻銘
出版者 / 全華圖書股份有限公司
郵政帳號 / 0100836-1 號
圖書編號 / 0301303
四版四刷 / 2024 年 9 月
定價 / 新台幣 340 元
ISBN / 978-986-503-037-7
全華圖書 / www.chwa.com.tw
全華網路書店 Open Tech / www.opentech.com.tw
若您對書籍內容、排版印刷有任何問題，歡迎來信指導 book@chwa.com.tw

臺北總公司(北區營業處)
地址：23671 新北市土城區忠義路 21 號
電話：(02) 2262-5666
傳真：(02) 6637-3695、6637-3696

南區營業處
地址：80769 高雄市三民區應安街 12 號
電話：(07) 381-1377
傳真：(07) 862-5562

中區營業處
地址：40256 臺中市南區樹義一巷 26 號
電話：(04) 2261-8485
傳真：(04) 3600-9806(高中職)
(04) 3601-8600(大專)